今日から モノ知り シリーズ

トコトンやさしい

レーザ加工の本

レーザ加工は、自動車やモバイル機器などの製造で、切断や穴あけ、溶接、焼入れ、3Dプリンティングなどに使われてきました。加工能力を左右すると言われるレーザの高品質化・超高パワー化が進み、超微細や極厚板の加工が実現するなど用途は広がっています。

片山 聖二

B&Tブックス
日刊工業新聞社

はじめに

「レーザ」と「レーザー」は、米国のゴードン・グールドが命名した「LASER（Light Amplification by Stimulated Emission of Radiation）」を日本語で表記したもので、新たに発明された「人工の強力な高品位な光」であり、同じものを表しています。機械加工や溶接などの工学の分野では「レーザ」を用いますが、一般の全国紙や物理学会関係の科学の分野では「レーザー」が用いられます。一般的にどちらも使われており、どちらを使ったらよいか困惑される場合がありますが、本書では加工分野での記述を主としていますので、「レーザ」と表記します。

レーザは、金属やプラスチック、セラミックス、ガラスなどのような材料でも、いとも簡単に加熱、溶融、蒸発させることができるため、さまざまな加工に利用されます。それぞれの現象を利用して、焼入れ、クラッディング（肉盛）、溶接、ブレージング（ろう付）、ソルダリング（はんだ付）、切断、穴あけ、マーキング、クリーニング、3Dプリンティングなどの加工が実際に行われています。このように広範囲の各種加工に適用でき、種々の工業分野で利用されている熱源は他にありません。「レーザによるモノづくり」の象徴である「レーザ加工」ほど、すばらしい技術は他にないと実感されます。

レーザ加工の研究開発は、各国で最先端の加工としてしのぎを削って取り組まれています。レーザの開発当初から1990年頃までは、米国を中心に日本やドイツ、イギリス、フランスなどの先進国で実用化研究が活発に行われていました。20世紀末頃、日本では大出力のCO_2レーザやYAGレーザがいち早く導入され、各工業分野での導入も活発になり、レーザ加工が世界的に最も進んでいる状況にありました。しかし、その後の20世紀末から現在まで、ドイツが頭角を表すようになりました。工業分野で「レーザを制するものは世界を制す」という掛け声の下、研究機関や企業が参画する大型プロジェクトが継続的に立案され、フラウンホーファー研究所や大学の研究機関などに多額の研究費と多数の大学院生・研究者が投入され、レーザ加工の発展を牽引してきています。

今、身の回りにあるモノを眺めてみると、レーザによるモノづくりや加工のほかに、レーザによる各種手術・治療からレーザ通信、プリンタ、ディスプレイ、バーコードリーダ、光・光磁気ディスク、野菜の成長促進、距離測定、ホログラフィ、核融合、兵器などにもレーザは使われています。人間の英知が伴ったより良い利用を推進してもらいたいと考えています。

私は、大学でレーザ加工、特にレーザ溶接法やハイブリッド溶接法、異種材料接合法の開発と溶接性の評価、ガス合金化やアモルファス化、PVD、クラッディングなどのレーザ表面改質、超微粒子の創成などの研究開発を、約35年間にわたって行ってきました。そして、退職後もレーザ加工関係の仕事をしています。また、レーザ加工学会や溶接学会、日本溶接協会や軽金属溶接協会などの学協会活動、加工技術展示会やセミナーなどでレーザ加工、レーザ溶接関係の普及活動を行ってきました。

しかし、残念ながらレーザの素晴らしさや魅力、レーザ加工の実情については断片的に語られることが多く、全体像はそれほど知られていなくて、レーザ加工の専門家を名乗る人でも少し分野が異なると、あまりよくわからないというのが実情です。そこで、レーザ加工に興味がある人や少し関係する人、今後レーザ加工を有効利用しようとする人たちを念頭に、レーザ加工の全体像がわかってもらえるように、そしてレーザによるモノづくりの素晴らしさを知っていただきたく、本書を執筆しました。

本書では、第1章でレーザとレーザ加工の基本事項を理解いただき、第2章では実際の加工に利用されるレーザを紹介しています。レーザ加工は、①溶接・接合、②除去加工、③表面改質、④機能性材料の創成に大別されることから、それぞれ第3〜6章に詳記しています。そして第7章は、使用されている材料に対してどのようなレーザ加工が適用されているか、材料にスポットを当てて解説しています。最後の第8章では、各種工業分野におけるレーザ加工の適用・実用化の現状を紹介しています。したがって、興味がある章や項から読み始めて理解をいただき、その比較として他章や他項を読み加えられるようにも配慮しています。

本書が、レーザとレーザ加工を学ぼうとされる技術者や学生、またレーザを使い、レーザ加工を実施しようとする技術者、設計者、経営者など、さらには教養として、レーザとレーザ加工を知りたい読者（大学・大学院の研究者、科学者）の参考書としてお役に立てれば幸いです。

本書の出版に際し、何かとご配慮・激励をいただきました日刊工業新聞社出版局の矢島俊克氏をはじめ、関係各位に心から感謝いたします。

2019年1月

片山　聖二

CONTENTS

第1章 レーザとレーザ加工の基本を理解しよう

第2章 加工用レーザにはどんなものがある?

第3章 レーザで溶かして溶接・接合する

第4章
レーザで穴あけ・切断する

第5章
レーザで表面を改質する

第6章 レーザで高機能材料を作る

第7章 材料から見た用途の拡がり

第8章
各工業分野での新しい適用の姿

【コラム】

第1章

レーザとレーザ加工の基本を理解しよう

1 特徴はいろいろ

高パワー密度の熱源で種々の加工に利用

レーザ（Laser）は、「Light Amplification by Stimulated Emission of Radiation（放射の誘導放出による光の増幅）」というレーザの発振原理を表す英単語の頭文字から作られた造語です。人工の光であり、地球上の自然界には存在しません。

レーザは、一般的に波長が1つの光で、遠方まで拡がらずに進むことができ、光の波が干渉して強め合ったり弱め合ったりしますが、一点に集中させることが可能です。これらを、専門用語ではそれぞれ単色性、指向性、可干渉性（時間的・空間的コヒーレンス）および集光性が優れると表現します。

レーザを、レンズかミラーで集光させると、小さく絞られた場所では高パワー密度の熱源になります。このため、レーザは金属やセラミックスなどの材料を容易に加熱、溶融、蒸発させることができ、工具による加工が困難な硬い材料や脆い材料でも加工でき、レーザほど優れた熱源は他にありません。

レーザは、種々の雰囲気中や真空中でもほとんど減衰せず、遠く離れた位置から照射して非接触での加工が可能で、大きな形状物でも加工できます。また光エネルギーを利用しているため、プラスチック、ガラスなどの加工や透明体内部の加工も可能です。その加工結果は電気や磁気に影響されません。

特に、波長の短いレーザは光子エネルギーが大きく、励起された原子または分子の解離やイオン化と化学反応の促進が可能で、穴あけや光化学反応処理を行うことができます。非熱的な蒸発・気化をアブレーションと呼びますが、短波長レーザとパルス時間の極めて短い超高ピークパワーレーザは、アブレーション加工を行うことができます。

これまでに、レーザによる焼入れ、クリーニング、クラッディング（肉盛）、溶接、ソルダリング（はんだ付）、ブレージング（ろう付）、切断、穴あけなどの各種加工法が実用化されてきています。

要点BOX
- ●単色性・指向性に優れている
- ●可干渉性が強く、集光性が良い
- ●いろいろな加工ができる

レーザの特徴

比較項目	自然光	レーザ	応用、その他
① 単色性	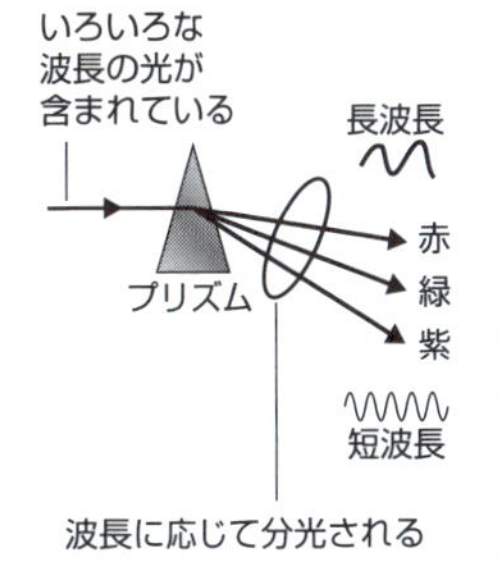	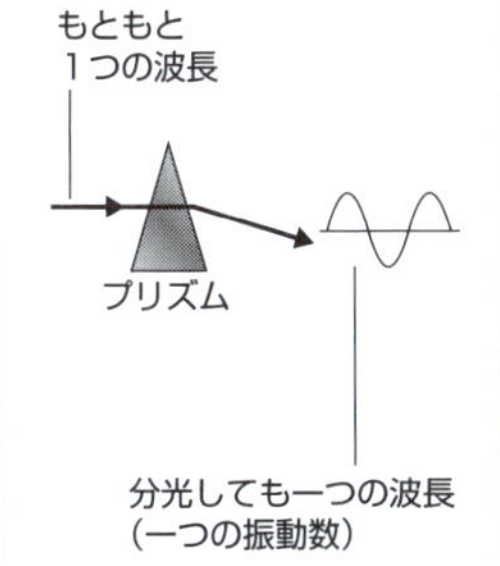	分光分析 同位体分離
② 指向性	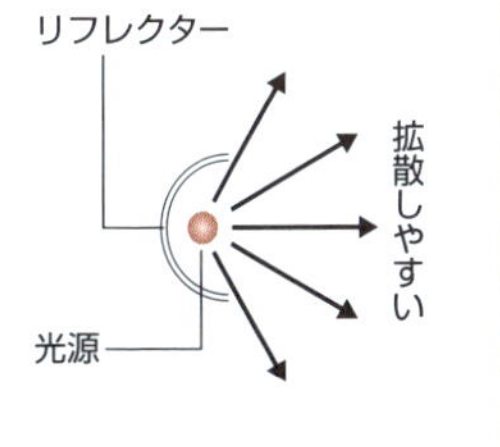	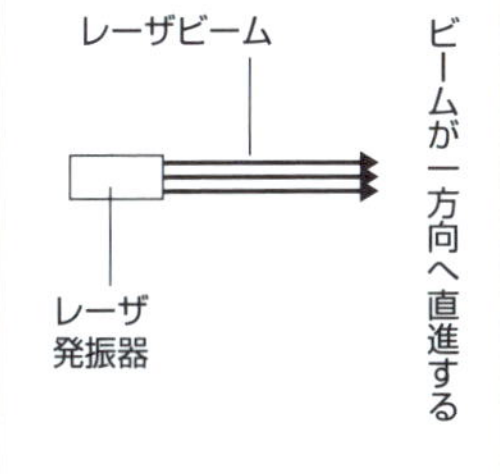	光通信 レーザスキャナ 光ディスク レーザレーダー
③ 可干渉性	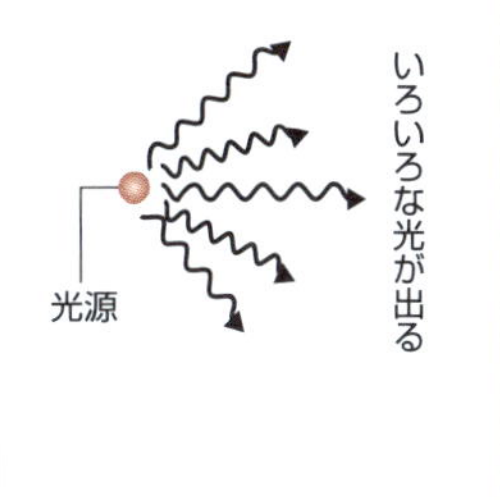	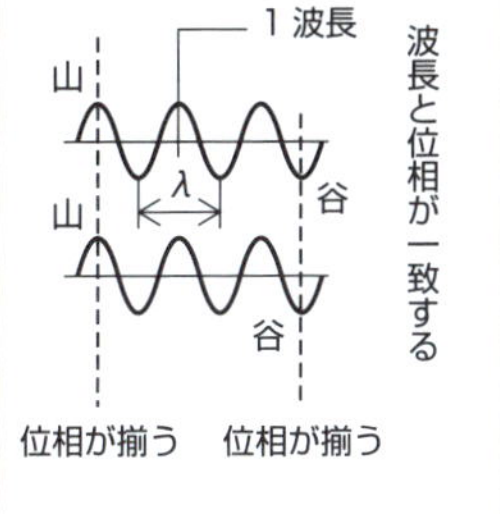	ホログラフィ 干渉縞による精密測定
④ 集光性・高輝度（高エネルギー密度）	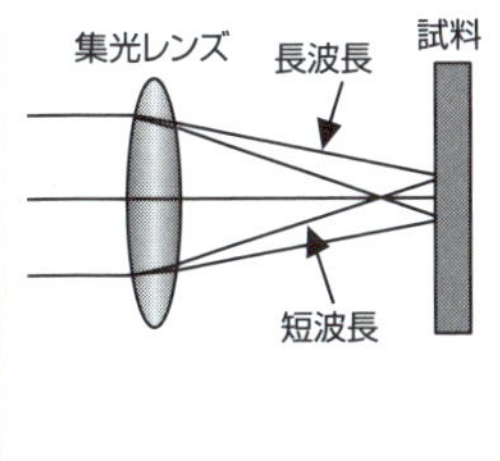	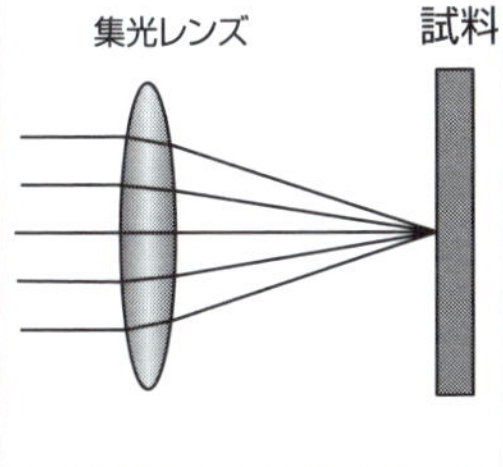	レーザ加工 レーザメス レーザ兵器

2 レーザが発振する原理

レーザ発振には3以上のエネルギー準位と共振器が必要

原子は、主に陽子と中性子からなる原子核と、そこからある距離だけ離れて飛び飛びの軌道を自転しながら回るいくつかの電子から構成されています。このため、原子のエネルギー状態は、電子の数と軌道によって飛び飛びの値になります。一方、分子は2つ以上の原子から構成され、原子間の距離と角度が一定で安定な基底状態と、原子間の距離や角度が変動するエネルギーの高い状態があります。

飛び飛びのエネルギー状態の原子・分子などのミクロな物質に、プラズマや電子、光を照射してエネルギーを与えると、高いエネルギー状態になります。これが吸収です。一方、高いエネルギーの物質は不安定で、自然に低いエネルギー状態に移ります。これが自然放出です。特に、高いエネルギー準位の物質に特定の振動数を持ったフォトンを照射すると、それを引き金として同等のフォトンが放出され、フォトン数が増加していきます。これが誘導放出です。

自然放出と誘導放出では、エネルギー差（$\Delta E = E_2 - E_1 = h\nu$）で決まる特定の振動数$\nu$を有するフォトン（光子）を発します。

レーザ発振のためには、3、4つのエネルギー準位の物質と、2枚のミラーからなる共振器が必要です。4準位系の場合、基底状態にある物質をプラズマや光でエネルギー準位E_3より高い状態に励起します。その状態から準位E_2へは、光を出さずに急速に遷移し、E_2準位の物質数が多くなります。一方、E_1準位の物質はE_0基底準位へ瞬時に遷移し、E_1準位の物質数が速く減少します。この結果、E_2準位の物質数（N_2）がE_1準位の物質数（N_1）より多くなり、E_2準位からE_1準位への移行時にレーザが発振するのです。$N_2 > N_1$の状態を反転分布と呼びます。

共振器では、1つのミラーの反射率を100％とし、他方のミラーの反射率を小さくして、反射率の小さいミラーからレーザを取り出し発振させます。

要点BOX
- ●レーザ発振には誘導放出と反転分布が関与
- ●3以上のエネルギー準位が必要
- ●2個以上のミラーが不可欠

光の吸収、自然放出および誘導放出

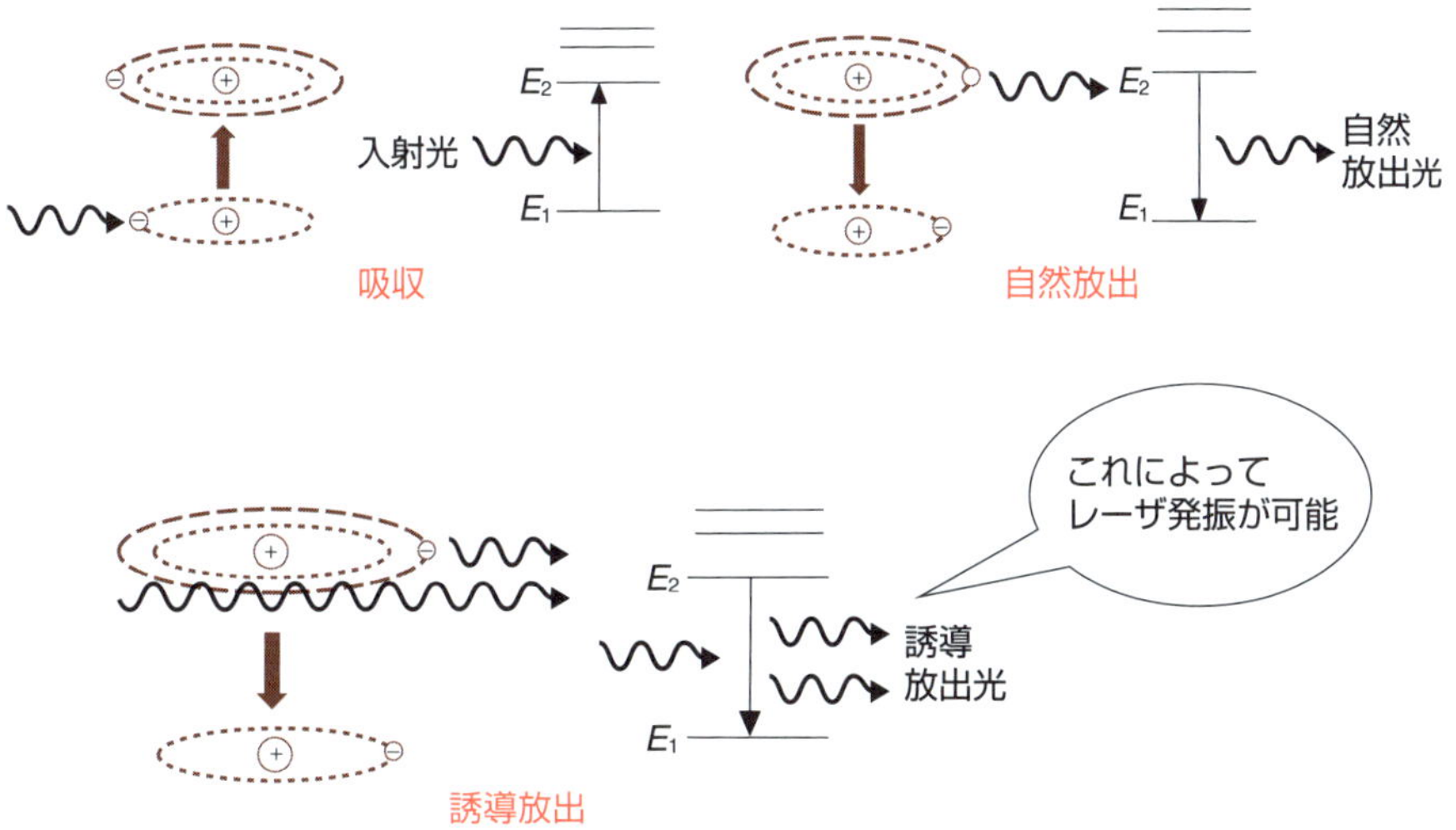

4エネルギー準位におけるレーザ発振

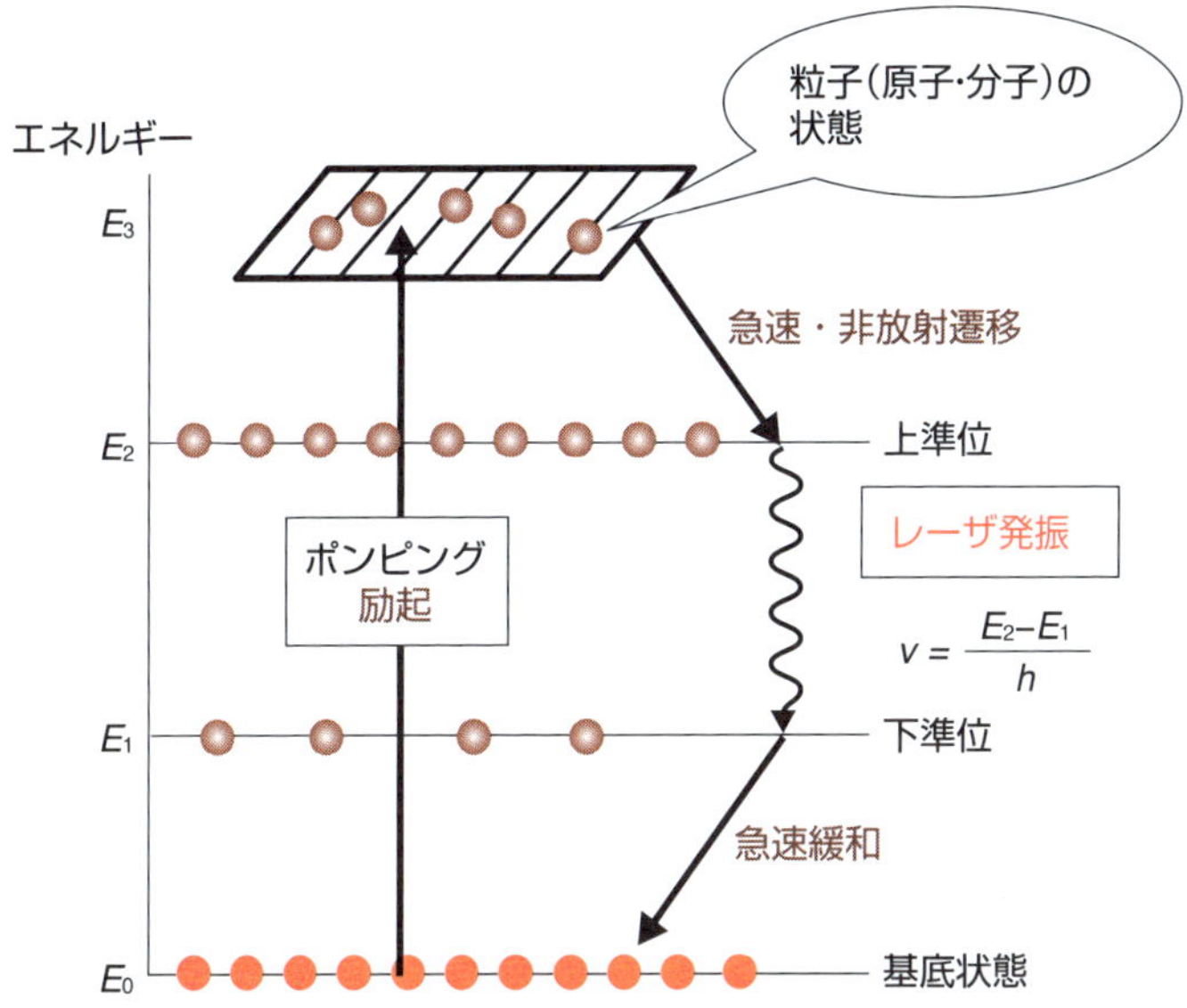

3 レーザとレーザ加工が発展してきた歴史

レーザは人の英知・信念のもとに作られた人工光線

1960年5月16日、セオドア・H・メイマンによってルビーレーザ（波長：694nm）が真っ赤に極短時間光ったことで、世界で初めてレーザの発振が確認されました。その後、数年間にHe‐Neレーザ、Nd：ガラスレーザ、Arイオンレーザ、半導体レーザ、炭酸ガス（CO_2）レーザ、連続発振YAGレーザ、ファイバレーザ、銅蒸気レーザ、ピコ秒パルスレーザ、有機色素レーザなどの発振が報告されています。現在、1000種類以上のレーザが開発されていますが、材料加工に使われるレーザは10種類程度です。

開発初期は、パルス発振のルビーレーザやNd：YAG（ネオジウム・ヤグ）レーザが、金属材料やダイヤモンドの穴あけに利用されました。Nd：YAGレーザは、パルス照射時の繰返しの安定化とパワー制御性の向上が図られ、連続発振が可能になったことから、微細穴あけやスポット溶接、シーム溶接など微細加工に利用されました。一方、連続発振のCO_2レーザは高パワー化が図られ、焼入れ、溶接や切断、一部クラッディングに適用されました。次に、短波長のエキシマレーザの高パワー化が図られ、樹脂やセラミックスの穴あけや切断に使われ、半導体製造のリソグラフィにも利用されています。

近年、パルス発振で波長9・6µmのCO_2レーザはプリント基板の穴あけに活用され、携帯電話の小型・高性能化を支えています。YAGレーザの短波長化が図られ、有害ガスを用いるエキシマレーザの代替に使われています。一時期、高パワーのCOレーザ（波長約5µm）やヨウ素レーザ（波長約1µm）が開発されましたが、実用化には至りませんでした。

21世紀に入り、電気からレーザに変換する効率の高い半導体レーザ、ディスクレーザおよびファイバレーザの高パワー化と高輝度化が実現し、これらのレーザによる各種加工法が検討され、各レーザとも種々の産業分野に導入され、実用化が進んでいます。

要点BOX
- ●レーザは20世紀最大の発明
- ●広範囲に応用されるレーザ
- ●レーザ加工は魅力がいっぱい

メイマンが世界で最初にレーザを発振

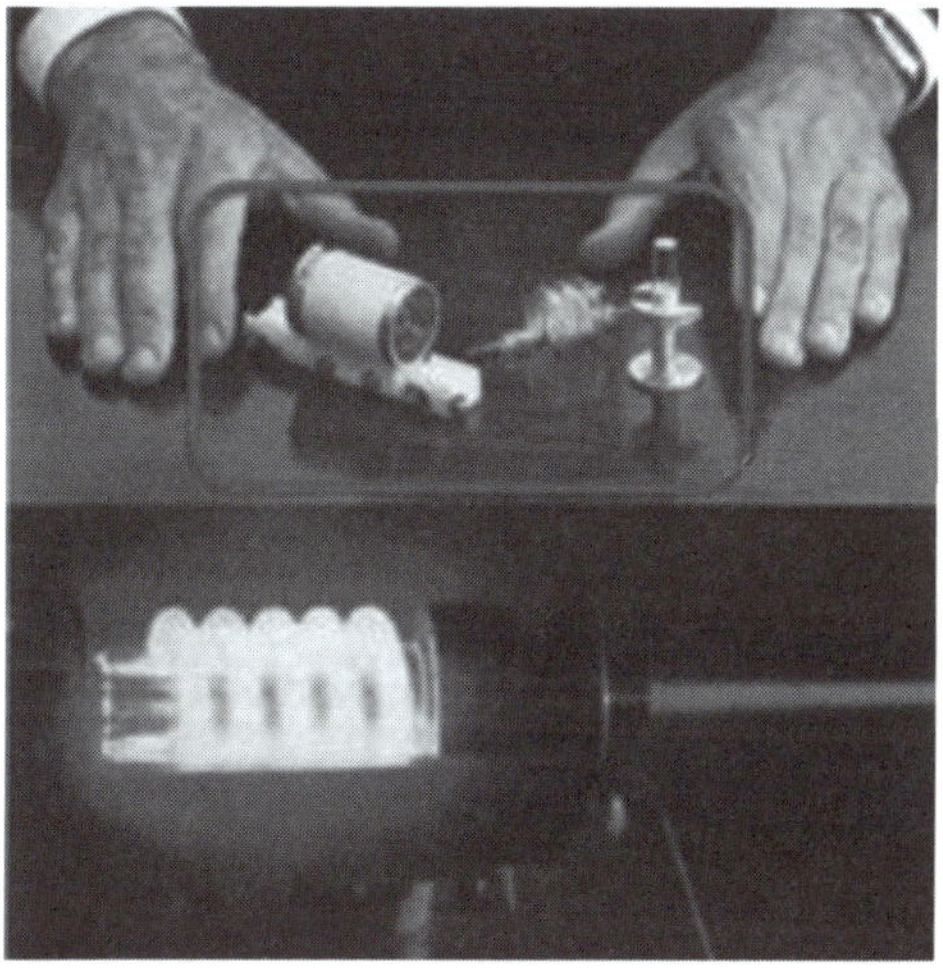

レーザの歴史

1863	マックスウェル: 「電磁波の方程式」発表
1917	アインシュタイン: 「放射の量子論について」発表(レーザの理論的基礎を確立)
1953	タウンズら: アンモニアガスによる分子発振器(MASER:メーザと命名)を開発
1955	プロホロフとバソフ: 反転分布のため多準位系の光ポンピング法を示唆
1958	シャウロウとタウンズ: 「光メーザ(光増幅)の可能性」論文発表
1960	**メイマン: (赤色パルス状)ルビーレーザ発振に成功**
1960	ジャバン: ヘリウム・ネオンガスレーザによる連続発振に成功
1962	レディカら、ホール、ホロニアックら多数のグループ: 半導体レーザ発振を発表
1964	多数のクループ: YAGレーザ発振を発表
1964	パテル: 炭酸ガス(CO_2)レーザ発振を発表
1970	バソフ: エキシマレーザ発振に成功
1970	ティファニ社: 高速軸流型CO_2レーザを開発
1972	UTRC社: 循環型20 kWCO_2レーザを開発
1990	**東芝,NEC: 高出力YAGレーザ(2 kW級)を市販** ←日本
1999	ギーセン: デイスクレーザを開発
2001	レーザーライン社: 高出力半導体レーザ(4 kW)を開発・市販
2002	IPG社: 高出力ファイバーレーザ(0.7 kW; 2010年 100 kW)を開発・販売
2005	超短パルスレーザの開発が進展
2010	テラダイオード社、ダイレクトホトニクス社: 高輝度半導体レーザを開発・販売

4 加工用レーザの特徴

秘められた無限大の可能性

多くの科学者・研究者らにより、実加工に使えるレーザが開発されてきました。各レーザの名称は、発振媒質（材質）、形状、発振媒体、波長、パルス幅など、それぞれの特徴から命名されています。

レーザは、気体レーザ、液体レーザ、固体レーザ（半導体を含む）に分類して理解されます。このうち、取り扱いが容易なものは固体レーザです。特に波長が約0・4～2μmの半導体レーザ、Nd：YAGレーザ、ディスクレーザ、ファイバレーザなどはファイバ伝送が可能で、装置から数～200m離れた場所でも加工できるのが大きなメリットです。

CO_2（炭酸ガス）レーザは波長が約10・6と9・6μmの気体レーザで、励起されたCO_2が低エネルギー状態に遷移するときにレーザを発振します。高パワーレーザをファイバ伝送できないのが欠点です。

Nd：YAG（ネオジウム：ヤグ）レーザは、波長約1・06μmの固体レーザです。レーザはロッド状または板状のYAG結晶中のY^{3+}イオンに、1～4％置換されたNd^{3+}イオンから発振します。

エキシマ（Excimer）レーザは、波長が約0・15～0・35μmの気体レーザです。Ar、Kr、Xeなどの希ガスと、フッ素（F）や塩素（Cl）などのハロゲン原子または分子からなる混合ガスを電子ビームや放電により励起させ、たとえば（ArF^*）の高エネルギー準位のエキシマを作り、低エネルギー準位のArFになるときにレーザを発振させます。

固体レーザを光変換して短波長化した第2、3、4高調波のレーザが、エキシマレーザの代わりに利用されようとしています。最近はピコ秒やフェムト秒の超短パルスレーザの開発も盛んで、微細加工への適用展開が図られています。また、半導体レーザやディスクレーザ、ファイバレーザの高パワー化と高品質化・高効率化が進み、CO_2レーザやNd：YAGレーザの代わりに利用されつつあります。

要点BOX

- 連続発振とパルス発振、超短パルス発振も可能
- ファイバ伝送が可能なレーザは将来性が高い
- 高効率・高品質・高輝度のレーザが主役

加工用レーザの名称と特性

名称:呼称(レーザ)	発振媒質(材質)	形状	発振媒体	波長(nm)	パルス幅
CO_2(炭酸ガス)	Gas		CO_2	9600, 10640	連続,ms, ns
Nd:YAG	YAG	棒,スラブ	Nd^{3+}	1064	連続,ms, ns
ディスク	YAG	Disk	$Yb^{\omega+}$	1030	連続,ms, ns
ファイバ	Crystal(SiO_2)	Fiber	Yb^{3+}, Er^{3+}	1070	連続,ms
半導体(LD)	Semiconductor		AlGaAs(Diode)	450〜1100	連続,ms
グリーン(第2高調波)	YAG		光変換素子	532	ms, ns
UV(第3·第4高調波)	YAG		光変換素子	355, 266	ns
エキシマ	GAS		希ガス+ハロゲン XeCl(308nm),KrF(248nm),ArF(193nm)		ns
ナノ秒 (QスイッチYAGなど)	YAG		Nd^{3+}	1064	ns
超短パルス ピコ秒	チタン·サファイア、ファイバ、ディスク				ps
超短パルス フェムト秒					fs

レーザの種類と発振波長

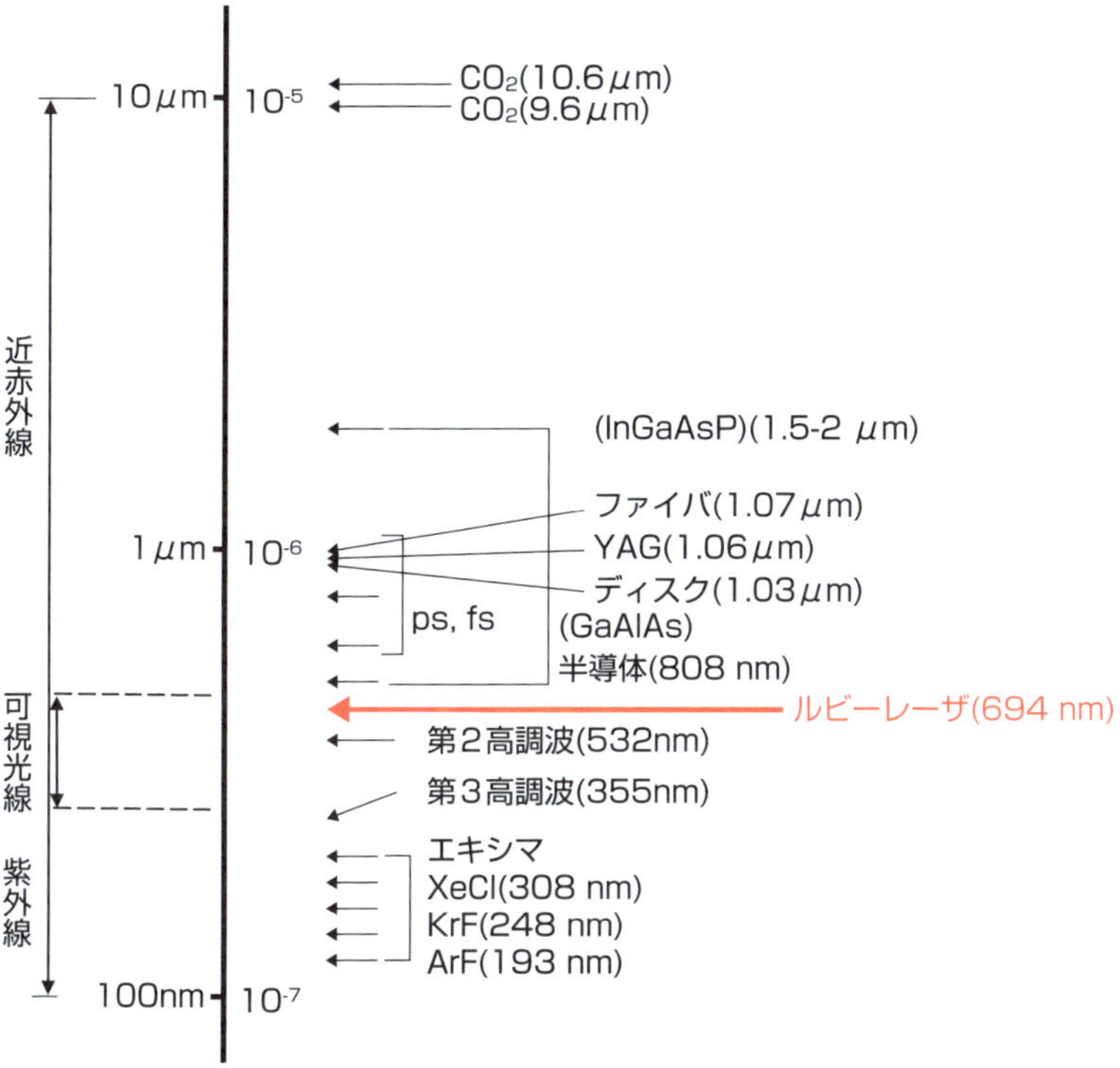

5 光ファイバの種類と特徴

ファイバ伝送により柔軟性の高い加工ができる

光ファイバは、「光を伝送する細い繊維」のことです。光が伝搬する屈折率の大きいコア部と、その周囲に屈折率の小さいクラッド部から構成され、いずれも石英ガラス（SiO_2）でできています。ファイバは脆弱なため、周囲は樹脂で保護被覆され、さらに金属薄管で保護されています。

光ファイバは通信用途としての利用がよく知られています。レーザ加工においては、ファイバでレーザ光を発振装置から集光光学系の加工箇所まで、数～200m伝送できるのが大きなメリットです。

レーザ加工分野では、波長約0・8～1・1㎛の半導体レーザ、波長約1・03～1・09㎛のNd：YAGレーザ、ディスクレーザ、ファイバレーザなどがファイバ伝送で利用されています。また第2高調波のYAGレーザ（グリーンレーザ：波長：532㎚）や波長約450㎚の青色半導体レーザも、10m以内の短距離ならファイバで伝送されます。

エキシマレーザや第3高調波固体レーザは、波長が短くレイリー散乱や紫外線吸収が起こるため、また炭酸ガスレーザは波長が長くて吸収が起こるため、ファイバが使えずミラー伝送が利用されます。

レーザ加工用ファイバには、SI（Step Index：ステップインデックス）型、GI（Graded Index：グレーディッドインデックス）型、SM（Single Mode：シングルモード）型があります。近年、kW級の高パワーのレーザは、直径約50㎛～1㎜のSI型ファイバを用います。GI型ファイバはガウス分布に近いパワー密度分布が得られるメリットがありますが、Geがドープされ、高パワーでは損傷するため、低パワーのパルスNd：YAGレーザで用いられます。

SMファイバはコア部が約20㎛以下と細く、基本モードのみ伝播します。kW級のレーザも伝搬できますが、レーザパワーが高いほどファイバの伝送可能な距離は短くなります。

要点BOX

- ファイバにはコアとクラッドが必要
- SI型、GI型、SMファイバの3種類がある
- 5～100 mのファイバ伝送が可能

レーザ装置とファイバ伝送光学系

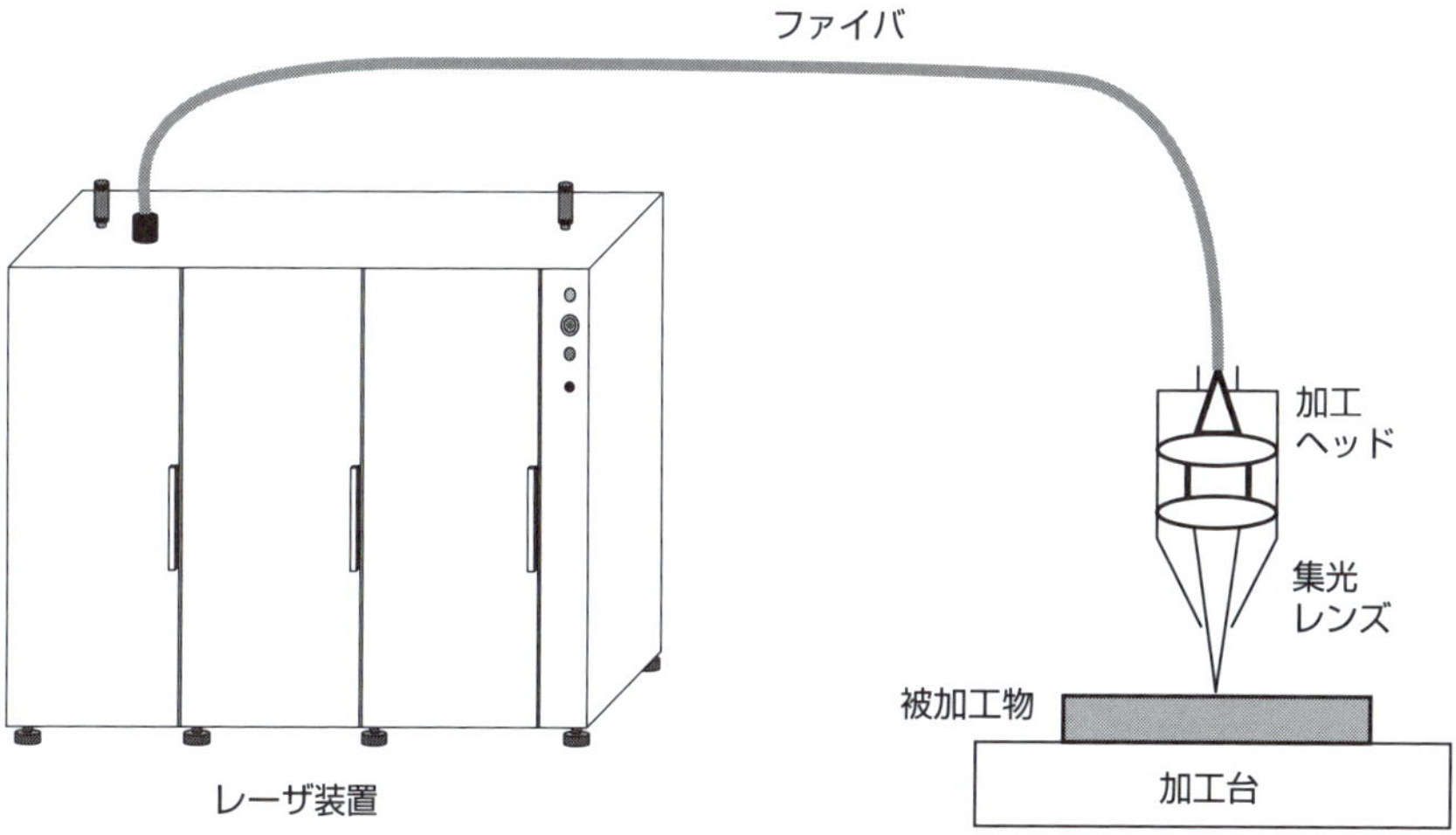

光ファイバの種類、形状と伝播形態

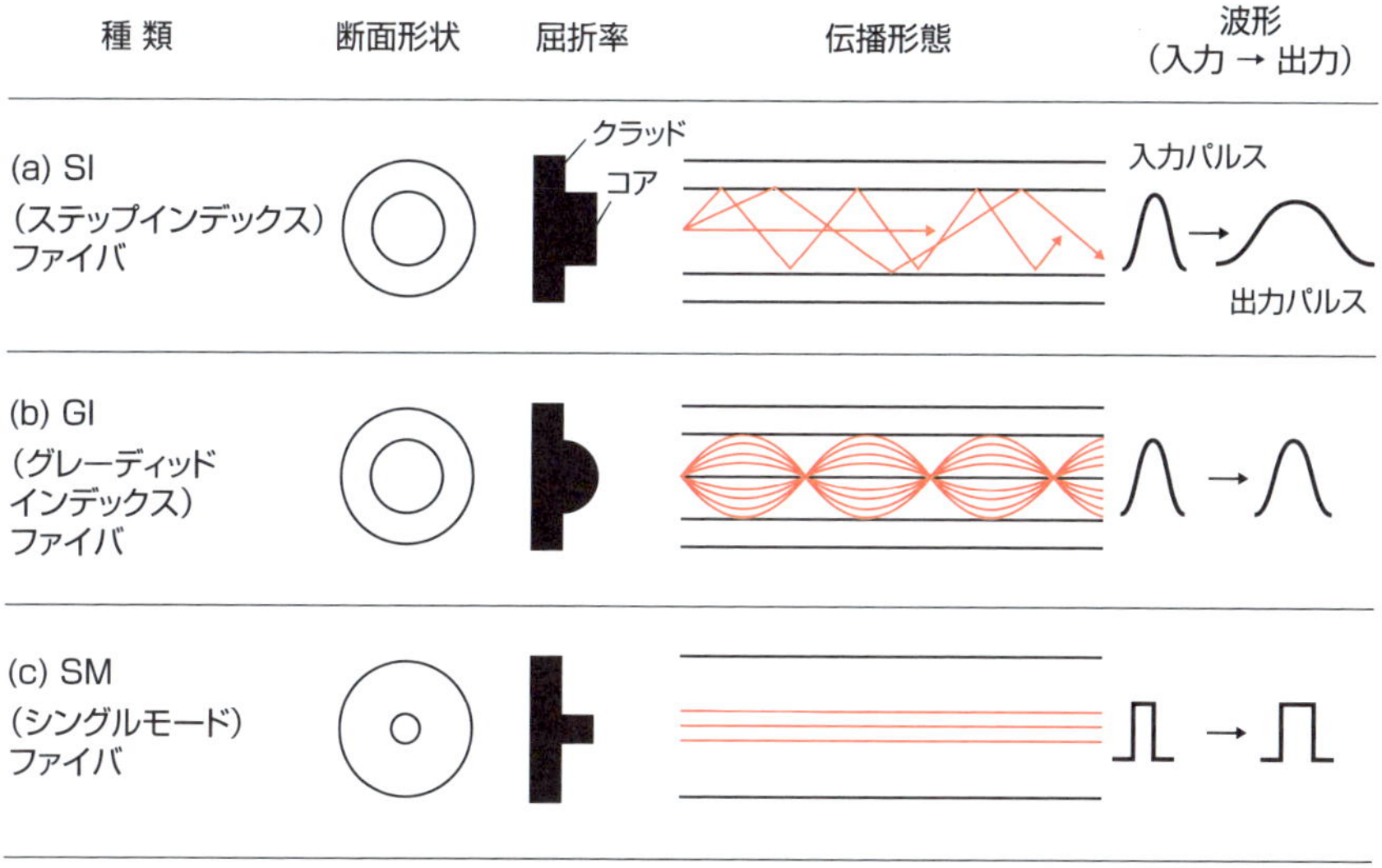

6 レーザビーム品質の定義

加工結果に及ぼす影響は大きい

レーザ加工は通常、レーザビームをレンズかミラーで小さく集光して、高パワー密度を達成します。ビームのスポット径を小さくする手法は、①焦点距離の短い集光光学系を用いる、②集光前のビーム径をビームエクスパンダなどでいったん広げる、③ビーム品質が優れたレーザを用いる、④波長の短いレーザを用いる、などが挙げられます。

レーザは通常マルチモードであり、そのビーム品質は、従来、シングルモードに対するマルチモードの拡がり係数で、$\pi\alpha\omega_0/\lambda$で表される$M^2$（エムスクエア）、またはK（ケー：1／$M^2$）値で（1に近いほどよいとして）表されてきました。しかし、最近は$\alpha\omega_0$で表記されるBPP（Beam Parameter Product、ビームパラメータ積）値が用いられます。ここで、αはビームの集光角の半分で、ω_0は集光ビームの半径であり、単位は㎜・mradです。

レーザビームの品質はBPPが小さいほど高いと判断されます。そして、①焦点距離が同じレンズではより小さいビーム径に集光でき、高パワー密度化が図れる、②小型・軽量の集光光学系が利用でき、ロボットと一緒に利用される、③同一の集光径を得るのにより長焦点の光学系が利用でき、作業性が上がる、という利点があります。

各種レーザにおけるパワーと、ビーム品質（BPP）の関係について紹介します。低パワーでは、いずれのレーザもBPPが小さく、ビーム品質が良好です。しかし、高パワーになるとYAGレーザのBPPが大きくなり、次にLD励起固体レーザ、ディスクレーザ、ファイバレーザの順にBPPも大きくなります。半導体レーザはBPPが大きいのが欠点でしたが、最近ではビーム品質が従来のYAGレーザと同等以上に改善され、ディスクレーザと同等にまで改善されたkW級の連続発振のレーザ装置が市販されています。

要点BOX

- ●ビーム径はレーザのエネルギーが86.5%含有されたものとして扱う
- ●ビーム品質はBPP値で評価される

レーザのビーム品質

M^2（エムスクエア）

$$M^2 = \omega_0/r_0 = \alpha\,\omega_0\,\frac{\pi}{\lambda} = BPP\,\frac{\pi}{\lambda}$$

K（ケー）値	ビームパラメータ積
$K = 1/M^2$	$BPP = \alpha\,\omega_0$

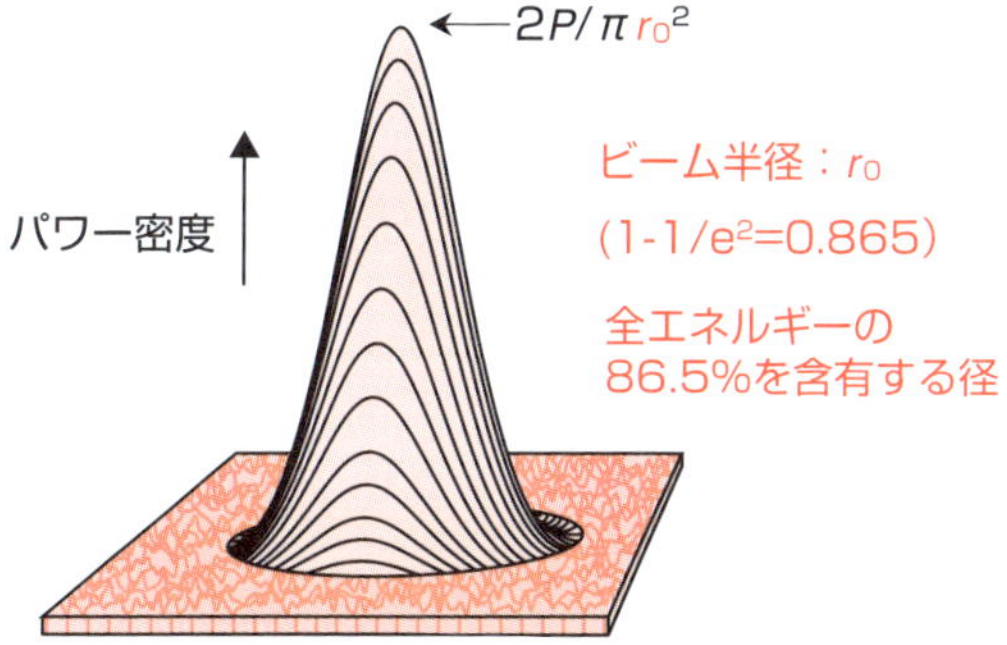

ガウス分布（TEM_{00}）

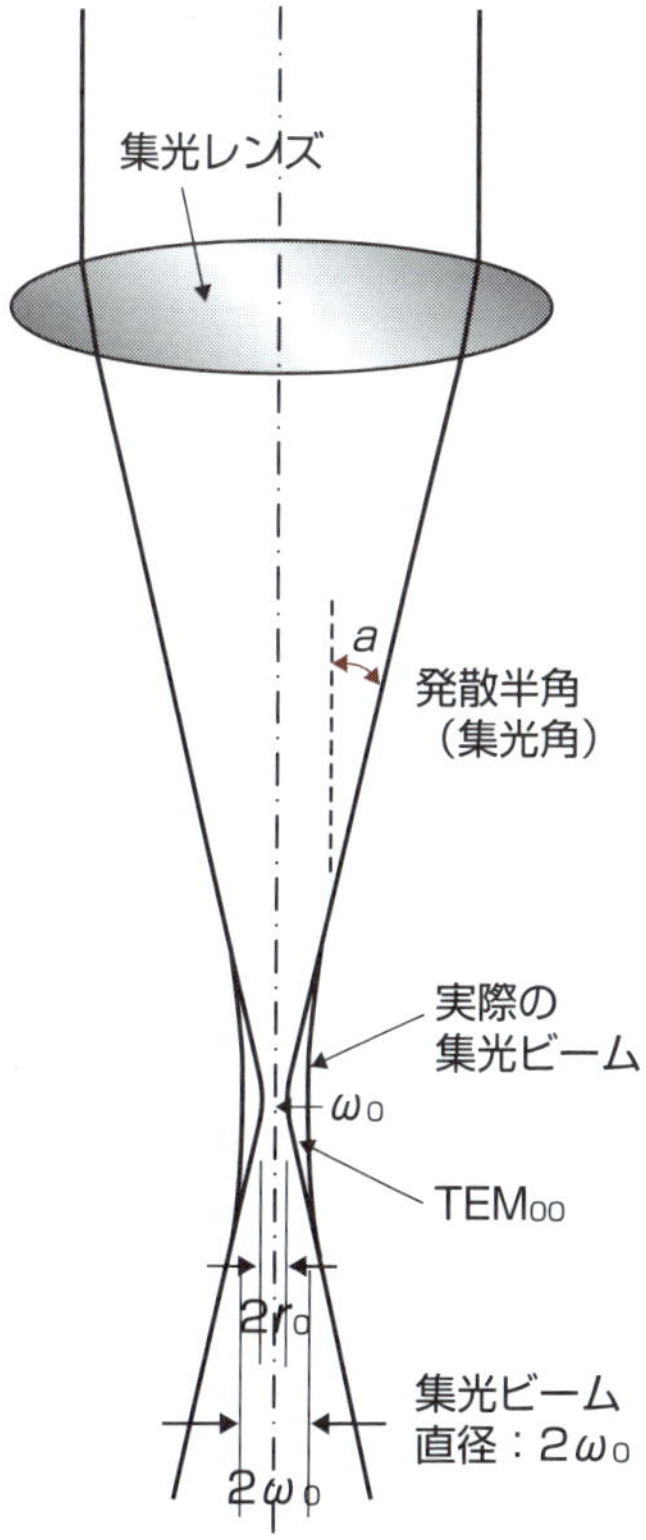

高ビーム品質レーザの集光光学系における利点

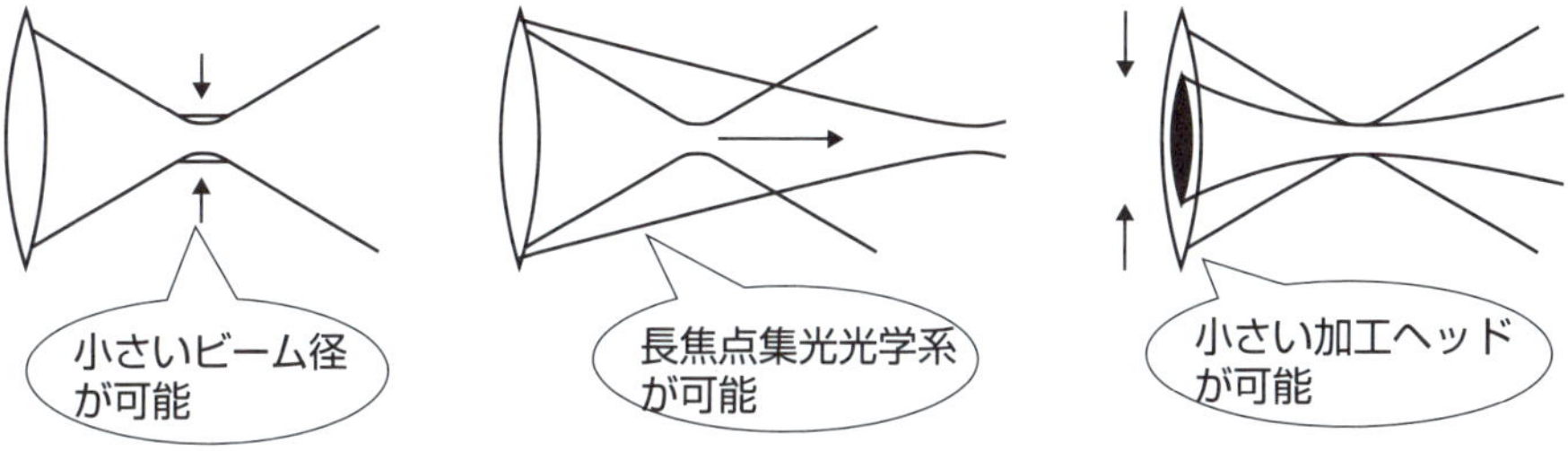

7 材料に対するレーザの反射、吸収、透過

レーザと材料の基本的な相互作用

レーザを材料に照射すると、吸収、反射、透過、屈折、散乱が起こります。それぞれの程度は、金属・合金、セラミックス、プラスチック、ガラスなど材料の種類とサイズによって異なります。板状材料の光の吸収率Aは、反射率をR、透過率をTとすると、$A=1-R-T$と表され、金属の場合は透過がない（$T≒0$）ため、$A=1-R$と表されます。

金属は、伝導帯の底レベルが電子で占められ、上レベルが空状態であり、価電子が結晶全体を自由に動き回れるため電気伝導度が高いです。波長が目に見える可視から、目に見えない遠赤外までの領域にあるレーザを金属に照射すると、自由電子の移動が容易なことからレーザはほとんど吸収されません。

ただ一部、自由電子のバンド内遷移が起こり、その電子と格子の振動によって生じるフォノン、双極子による固有振動、結晶の不完全さや不純物、欠陥によるポテンシャルの乱れとの相互作用が起こり、レーザエネルギーの一部は熱エネルギーに変換され、金属の温度が上昇します。

金属にレーザを垂直に照射した場合のレーザの吸収率は、波長が短いほど高くなり、金属の温度が高くなると吸収率は若干高くなります。レーザの吸収は溶融状態ではさらに高くなり、溶接時に深い窪みであるキーホールができると、その内部にレーザが多重反射により底部に達して吸収され、吸収率はさらに高くなります。

ガラスやプラスチックは、透過率がレーザの波長によって変化するため、それぞれ各レーザの吸収率と透過率を測定・評価する必要があります。直線偏光のレーザの場合、反射率はs偏光では垂直照射方向からの角度の増加に比例して徐々に高くなります。一方、p偏光では約80～88度のブリュースター角でいったん極めて低くなります。材料の吸収率はレーザの偏光の影響を受けることがわかります。

要点BOX

- レーザは、材料において吸収、反射、透過、散乱、屈折し、材料中の自由電子と相互作用する
- 材料の吸収は偏光の影響を受ける

レーザ照射で起きる現象

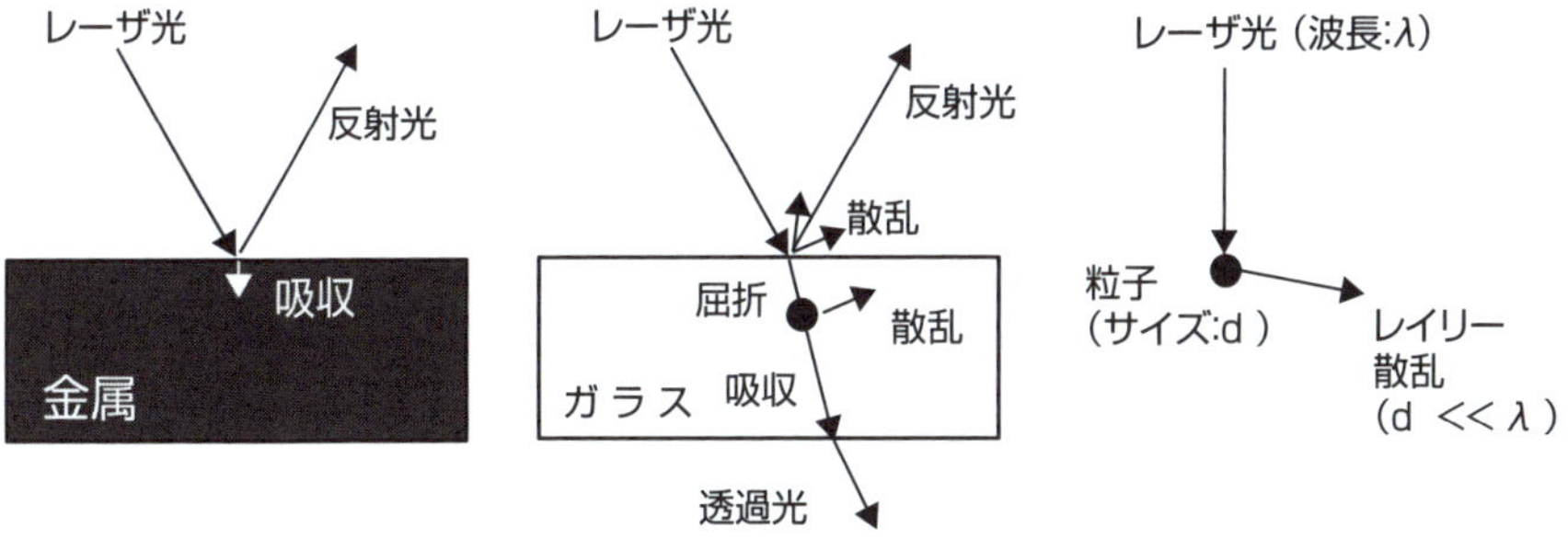

(a) 吸収、反射　(b) 反射、屈折、散乱、透過　(c) レイリー散乱

金属におけるレーザ吸収特性

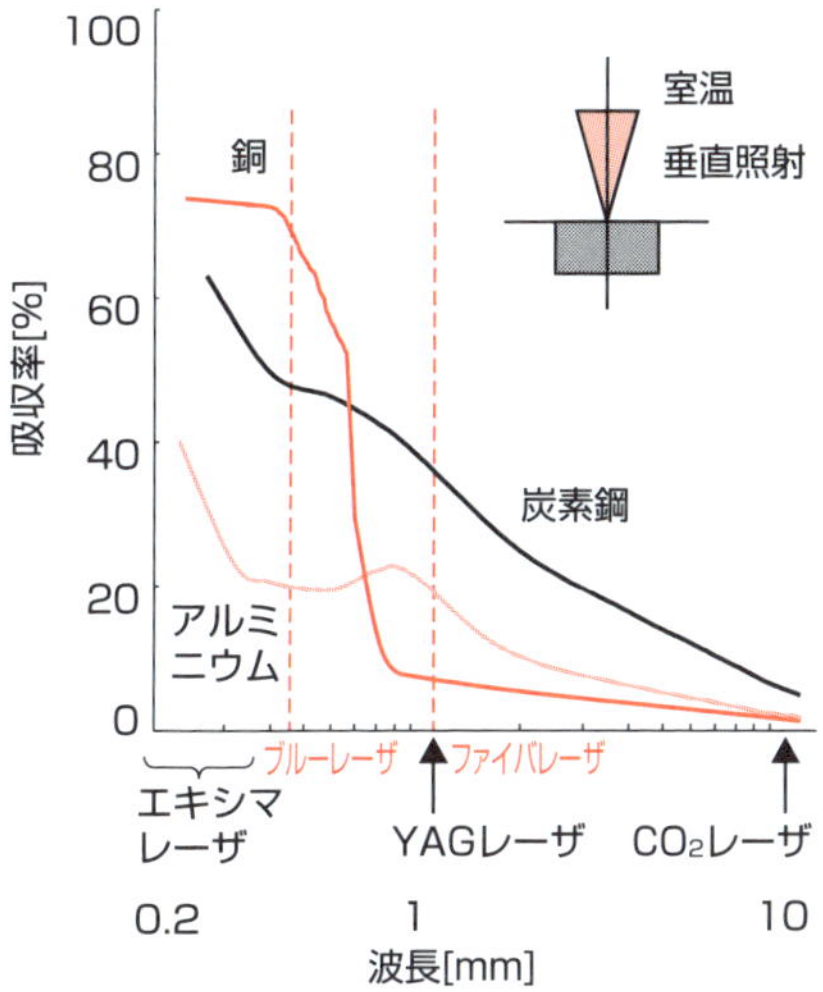

レーザ吸収特性に及ぼす温度の影響

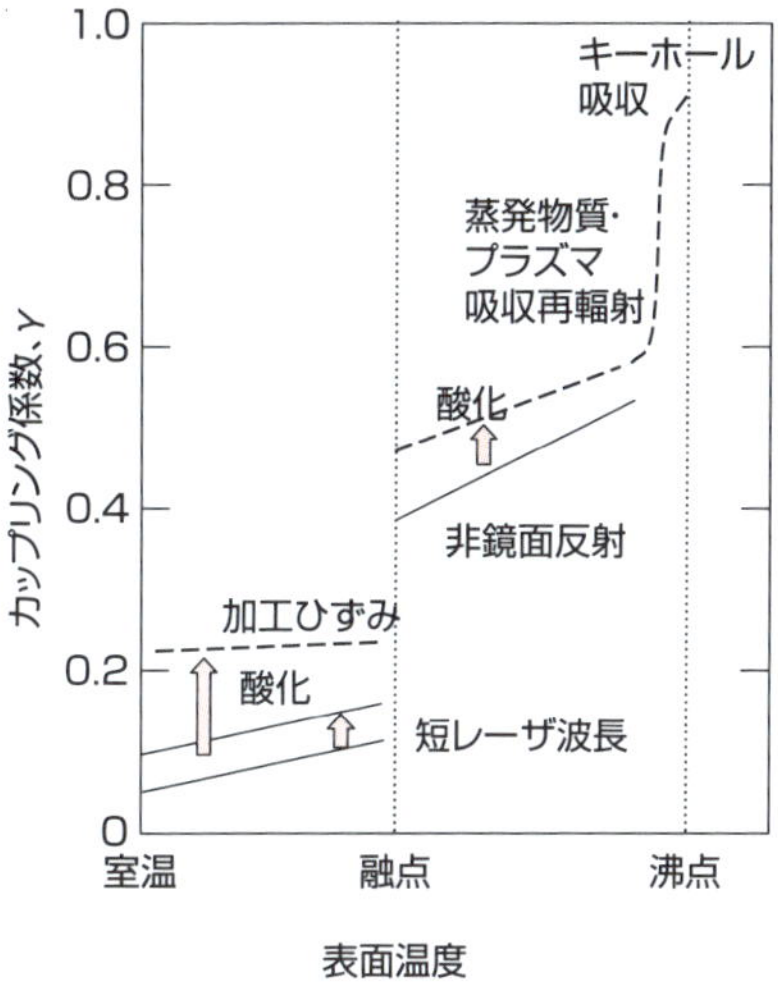

8 レーザ加工に及ぼす偏光の影響

加工結果に大きく関わる

金属加工において、レーザの偏光は切断・穴あけや溶接などの加工品質に大きな影響を及ぼします。

レーザは、電場とそれに垂直な磁場を持つ電磁波ですが、加工時の偏光では、材料中の電子との相互作用が強いことから電場で扱います。レーザビームの入射方向と、材料表面の垂線でできる面を「入射面」と呼び、入射面に電場の方向が平行か垂直かが、材料に照射されたときの吸収率が異なるため重要です。偏光方向と切断方向が同一の場合、切断面前壁での吸収率が高く、幅の狭い切断部が高速で得られます。一方、垂直な場合、前壁でのレーザの反射が高く、切断速度は遅くなります。横切断面の吸収が高く、幅広の切断部が形成されます。偏光方向が切断方向に対して斜めである場合、深さ方向の切断面の前壁では、*p*偏光ならよく溶け、*s*偏光なら反射が強く反対側の底部で吸収されるようになり、切断面が斜めになります。

直線偏光や楕円偏光のレーザビームで金属を切断する場合、偏光方向に依存して光の吸収が異なるため、切断幅と切断面の粗さが異なって品質が低下します。このため、実際のレーザ切断では円偏光のビームが利用されます。ファイバ伝送のレーザビームは、いろいろな偏光面を有することから、ランダム偏光と呼ばれ、円偏光に似た結果が得られます。

偏光レーザによる溶接の場合、溶接速度が遅いとレーザビームがキーホール内に照射され、吸収率が高いため偏光の影響を受けず、深い溶込みが得られます。一方、溶接速度が3m／min以上に速くなると、レーザはキーホールの前壁に照射されるようになり、溶接方向と偏光の方向が一致する場合、その前壁での吸収が高くなり（小さい*Rp*となり）、深い溶込みが得られます。しかし、偏光方向が溶接方向と垂直の場合、キーホール前壁で反射の高い（*Rs*の）状況となり、溶込みは浅くなります。

要点BOX

- p（平行）偏光とs（垂直）偏光で考える
- CO_2レーザは直線偏光のままだと影響が出る
- 多方向への切断を考慮して円偏光を採用

斜入射と偏光成分の定義

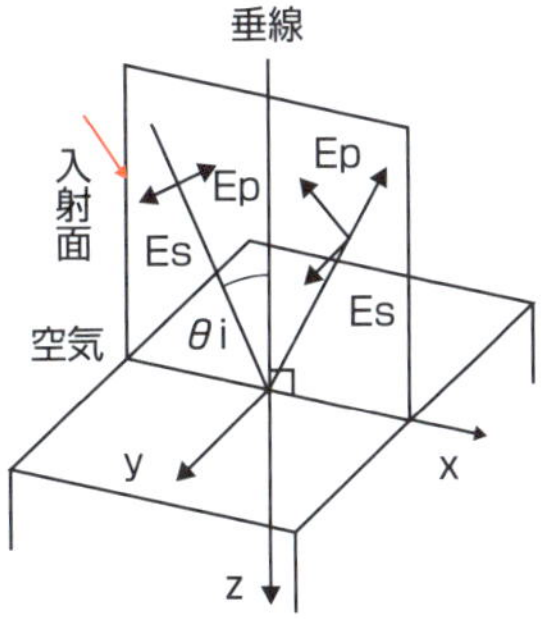

偏光反射率の入射角依存性

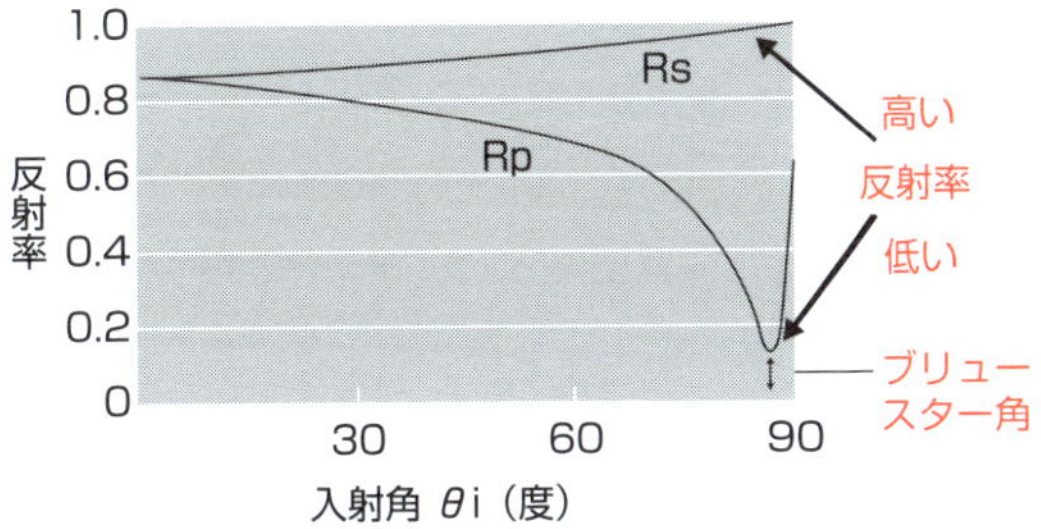

レーザ切断面形状に及ぼす偏光の影響

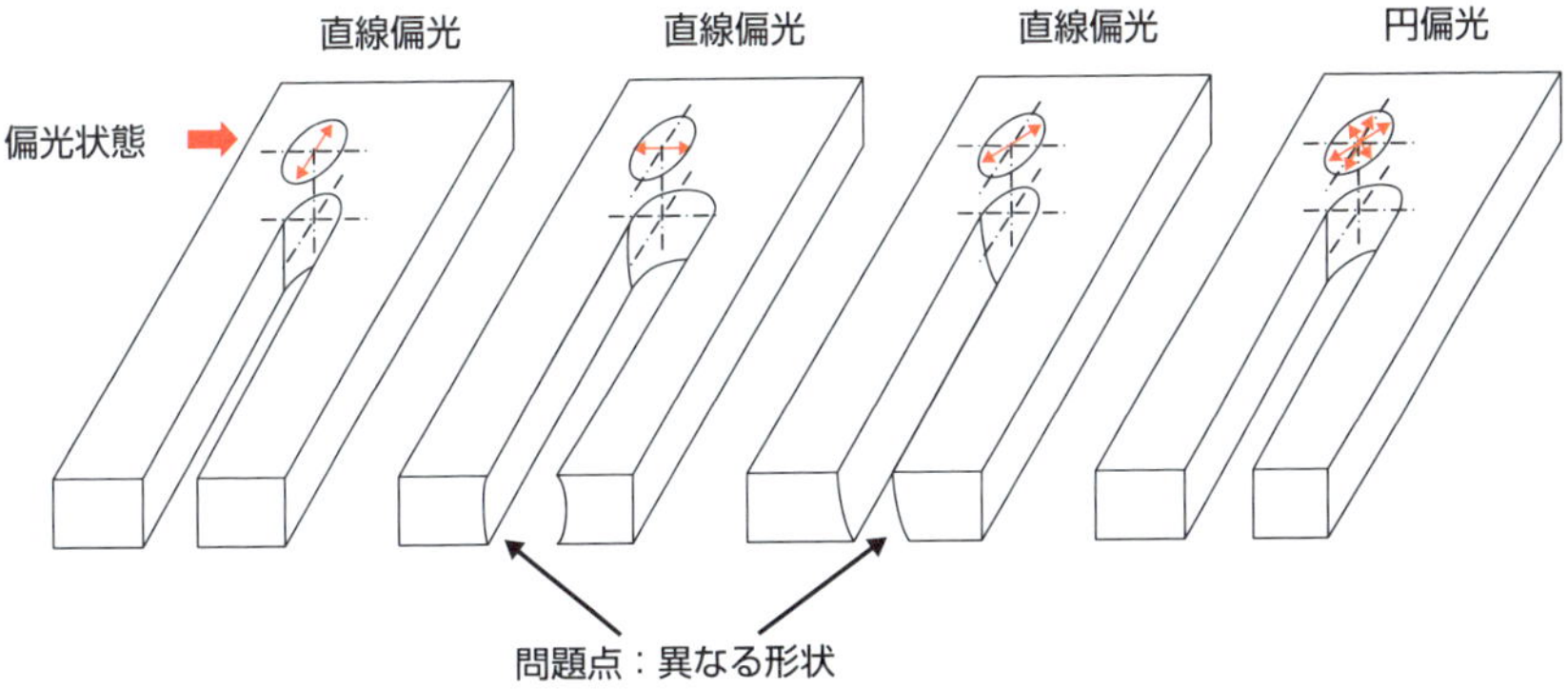

レーザ溶接部の溶込み深さに及ぼす偏光の影響

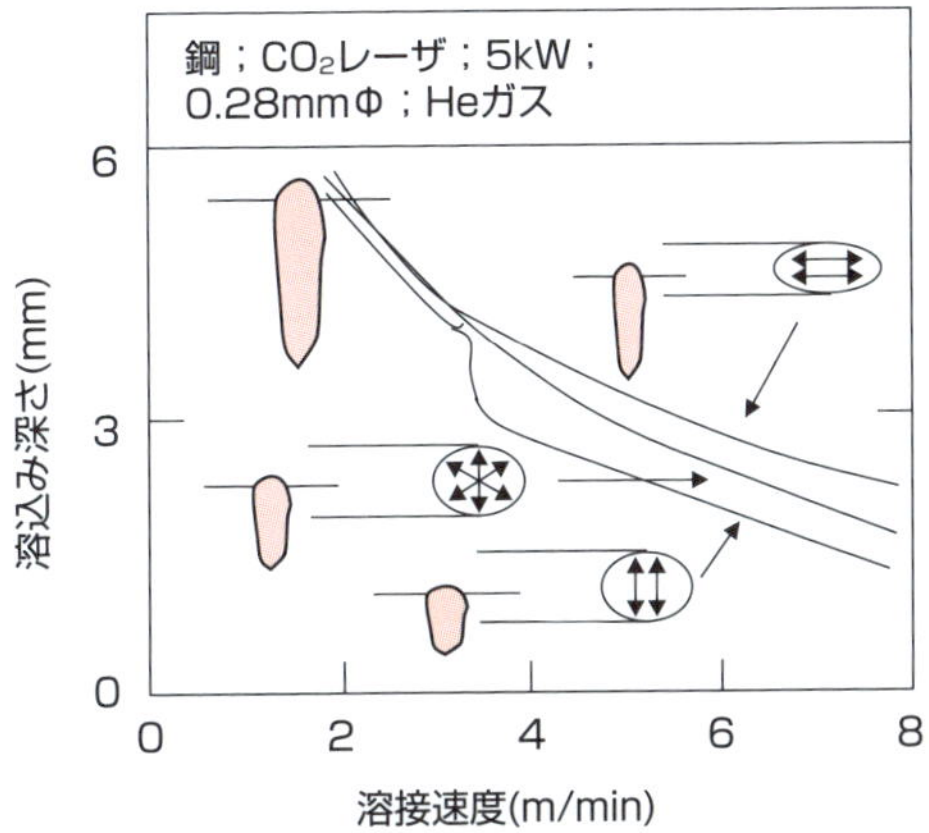

9 レーザと物質との相互作用

蒸発物質やプラズマ、プルームの影響

レーザが金属に照射されると、照射部では金属中の電子と相互作用を行い、レーザの一部が吸収され、温度が上昇して溶融が起こり、さらに蒸発が起こります。その蒸発の反跳力が大きいと、溶融池は窪み、さらにキーホールと呼ばれる深い穴があき、キーホール口からは蒸発物質が上方に噴出します。

蒸発物質は高温の、主に中性の金属原子からの高輝度の発光体として見られ、レーザによって生成した羽毛形状（Plume）であることから、レーザ誘起プルームと呼ばれます。また、イオンと電子に電離している状態なら、レーザ誘起プラズマと呼ばれます。蒸発原子は衝突して結合し、金属原子や酸化物のクラスター（数nm）や超微粒子（約50 nm）となり、ヒューム（Fume）となって浮遊します。

高パワーレーザ溶接時のレーザ誘起プルーム、またはプラズマの生成状況と影響について考えます。ArかN_2ガス中での高パワーCO_2レーザ溶接の場合、ガスプラズマが発生して、溶込みが浅くなります。レーザがガスプラズマの逆制動放射（イオンとその近くを移動する電子がレーザを吸収して電子が曲げられ、加速移動する現象：作用の程度は波長の2乗に比例）により吸収されたためです。波長約1・5μm以下のレーザ溶接では、サイズの小さい超微粒子などにより、レイリー散乱（弾性散乱）が起こります。レイリー散乱は、レーザ波長λの4乗に逆比例することから、波長の短いレーザほど大きくなります。その影響は波長1μmのレーザでは少ないようです。

一方、高輝度レーザ溶接をガスの吹き付けなしに行うと、プルームの成長に伴って高温の低屈折率の領域が上方に形成し、レーザビームはその低屈折率分布の領域を通過するときに屈折したり、焦点位置が下方へ移動したりして板表面のパワー密度が低下し、溶込み深さが浅くなります。この場合、プルーム高さを低くすることが必要かつ重要です。

要点BOX

- ●レーザは金属中の自由電子と相互作用をする
- ●レーザ加工部上方の低屈折率領域と相互作用
- ●プラズマや超微粒子とも相互作用をする

レーザ照射時の溶融、蒸発、キーホールの形成と溶融部および貫通穴の形成機構

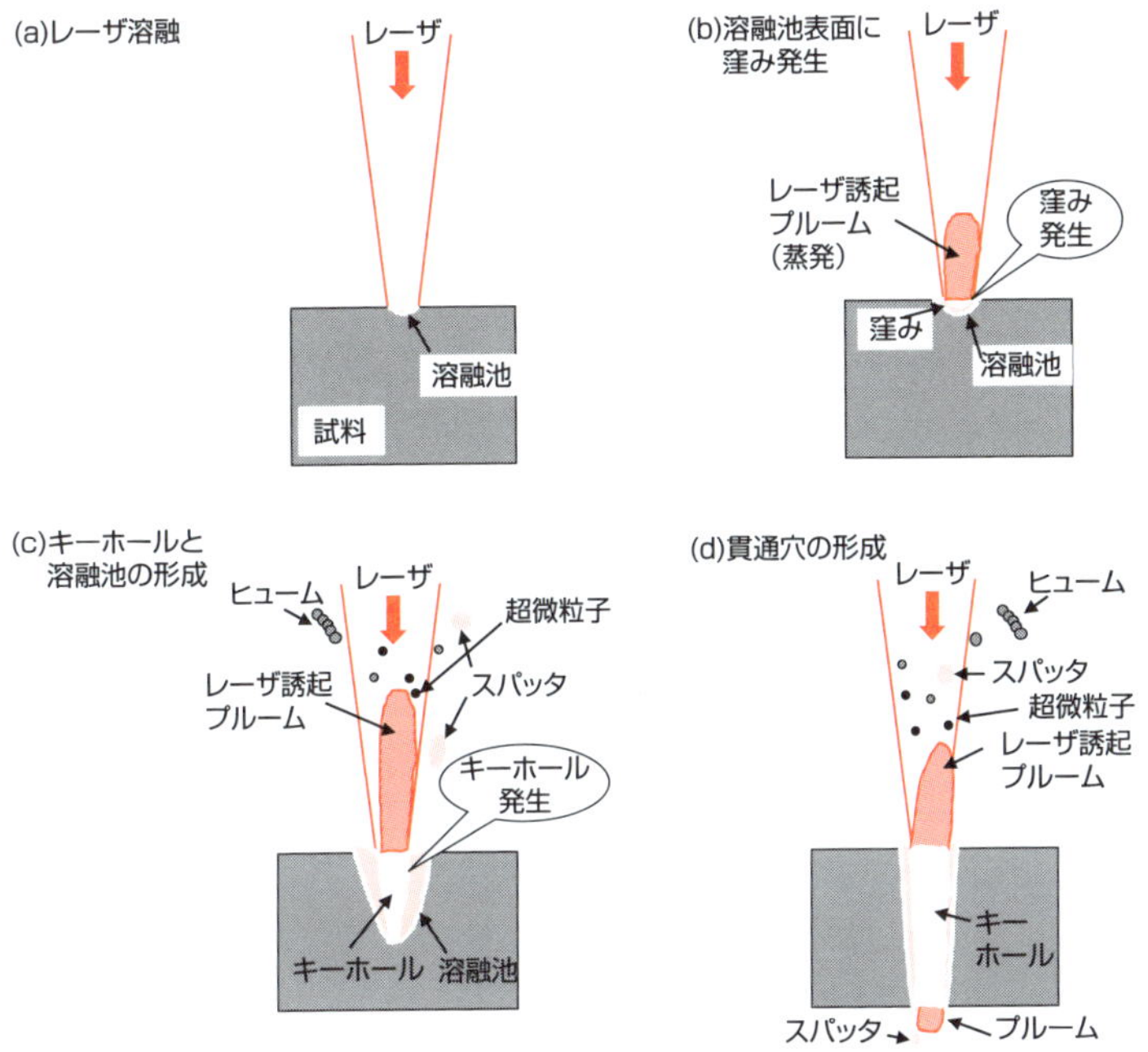

溶接時のプルーム／プラズマの発生状況とレーザビームに対する相互作用

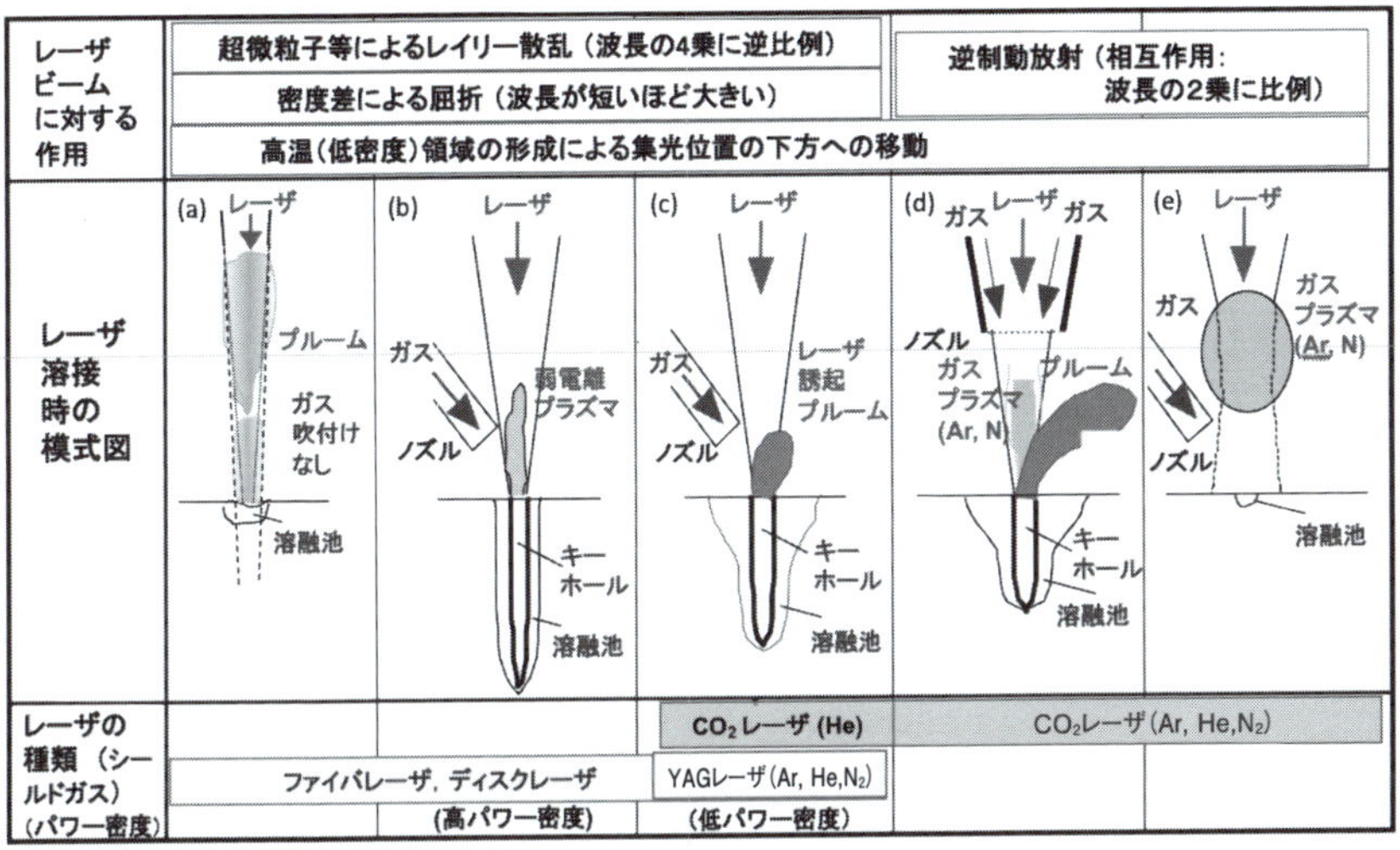

レーザビームに対する作用
超微粒子等によるレイリー散乱（波長の4乗に逆比例）
密度差による屈折（波長が短いほど大きい）
逆制動放射（相互作用：波長の2乗に比例）
高温（低密度）領域の形成による集光位置の下方への移動
レーザ溶接時の模式図

10 材料温度と板の変形

レーザ加工中の温度分布と曲げ変形

材料のレーザ溶接中や切断中、穴あけ加工中、クラッディング中は、温度の上昇を伴うため、温度の高い部分と低い周辺にわたって温度分布が存在します。レーザが照射されて融点以上に加熱されると、材料は溶融します。沸点（蒸発温度）以上に加熱されると、物質の蒸発が起こり、溶融部の表面は窪み始め、蒸発が激しく、その反力が大きいと深い穴があきます。これが溶接中のキーホールです。

最高の加熱温度を融点以下にするのが、焼入れ、アニーリング、溶体化などの表面改質処理になります。一部溶融温度以上にするのが、クラッディングなどの表面改質処理法や熱伝導型の浅い溶融部を作る溶接、ろう付などの接合法です。沸点以上に加熱するのが、キーホール型の深い溶接部を作製する溶接です。なお、融液を板の上方や下方にスパッタ（融液の塊）として飛び散らせてなくすと、穴あけや切断になります。その後、レーザがストップするか遠くに移動すると、温度が低下して溶融部が固まる凝固が起こり、続いて冷却が起こります。

ほとんどの材料は、加熱中には膨張し、冷却中に収縮します。その結果、溶接部品や溶接構造物では、角変形や横収縮などの溶接変形が起こるか、残留応力として残ります。溶接では、横収縮と角変形が問題となることが多く、座屈変形は薄板で問題となります。回転変形は溶接中に発生します。溶接中の引張変形や回転変形により、凝固割れが発生する場合があります。

いずれの場合も変形を低減・防止するには、溶接部近傍を治具で強く抑える必要があります。なお、レーザ溶接では入熱量が他の溶接法より少なく、変形は控えめです。しかし、板厚が約1㎜以下の薄板の場合、レーザ溶接中でも薄板のレーザ照射部周辺は上方へ浮き上がるように変形し、溶接後だけでなくレーザ溶接中にも変形が起こっています。

要点BOX

- ●レーザ加工時には温度履歴が存在する
- ●溶融池形状と凝固収縮に伴う変形が起こる
- ●薄板はレーザ溶接中に変形している

溶接中の板表面での温度分布の計算例

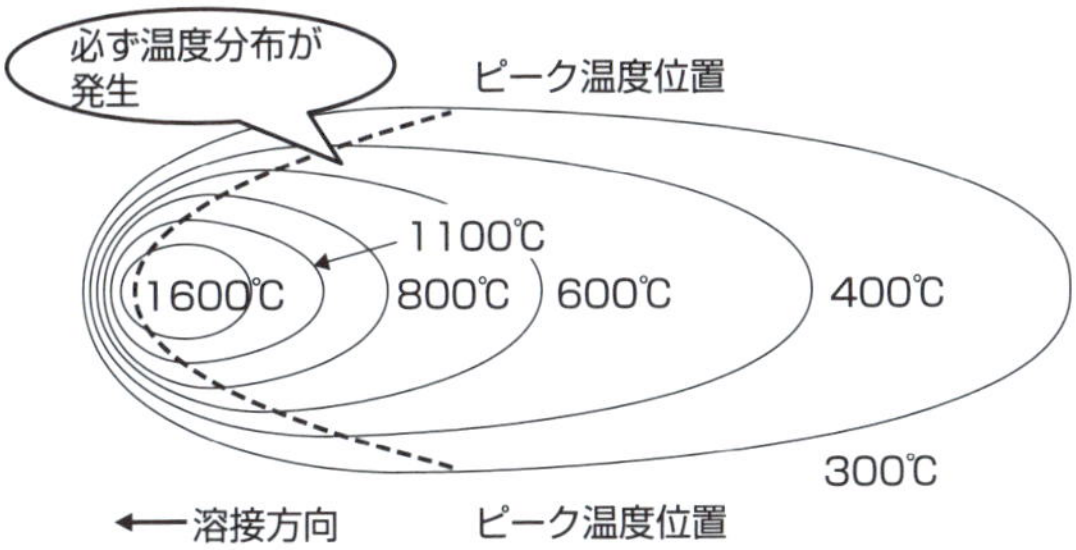

典型的なレーザ加工法とその加工中の温度履歴

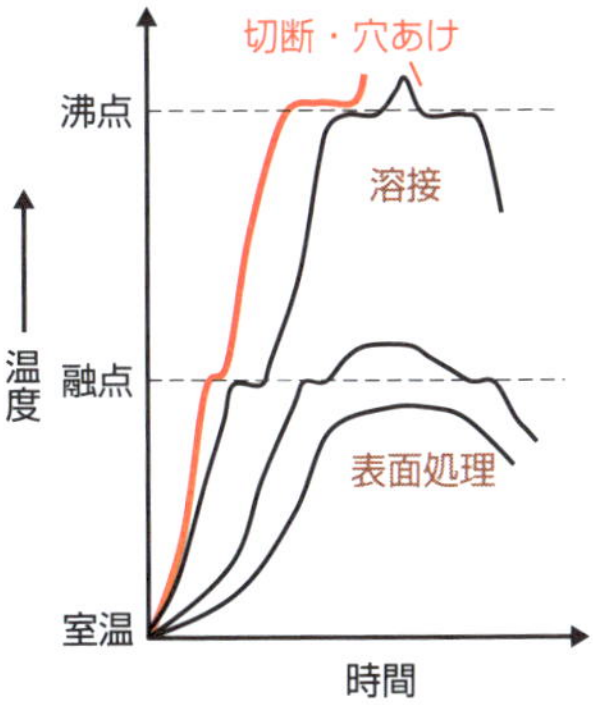

溶接変形の種類

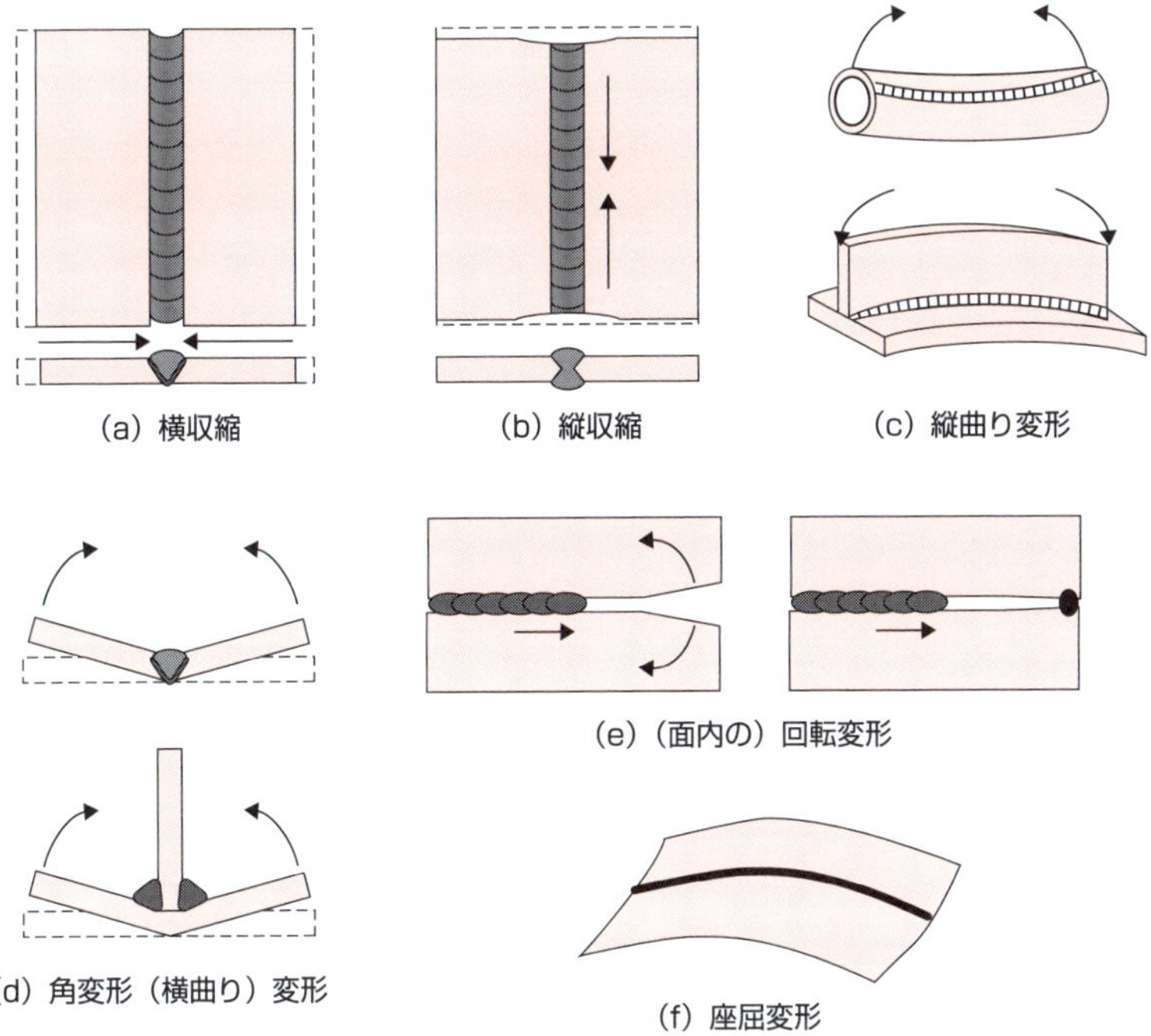

Column

光と色の関係

人間は地上で生活をして、太陽から多大の恩恵を受けています。そこで、光と身の回りのモノの色について考えてみます。

太陽光は多くの波長を含んでいて、白色光として認識されています。太陽光である白色光をプリズムで分光すると、波長が短い方から紫、藍、青、緑、黄、橙、赤の7色（アイザック・ニュートンが命名）が見られます。このような現象が起こるのは、波長が異なっていて、ある密度のガラスに照射されると、短い波長ほど進行速度が遅くなり、屈折が大きく起こるためです。

雨上がりなどに、太陽の反対側の空に虹が見られることがあります。これも、太陽光が水滴によって屈折された結果ですが、プリズムの分光と同様な結果が見られます。また、雲がない晴れた日は、空は青く見えます。「空がなぜ青いのか？」という疑問に対しては、太陽光が空気の分子で紫色や藍・青色がより容易に（レイリー）散乱されて見えることで、それらより波長が長い色は地上に到達するため見えていないと説明されます。

自分で光らないモノの色は、光の吸収と反射によって作られます。光が物質・物体に当たると、すべて吸収されて反射されないと黒色になり、すべて反射すると白色となるのです。

植物の緑色の葉は、白色光のうち緑色以外（赤色や青色に近い波長領域）の光を吸収し、緑色の光だけを反射しているので、緑色に見えます。色も光の波長でとらえ、散乱や吸収、反射などの物理現象から考えると、面白さが増すと思いませんか。

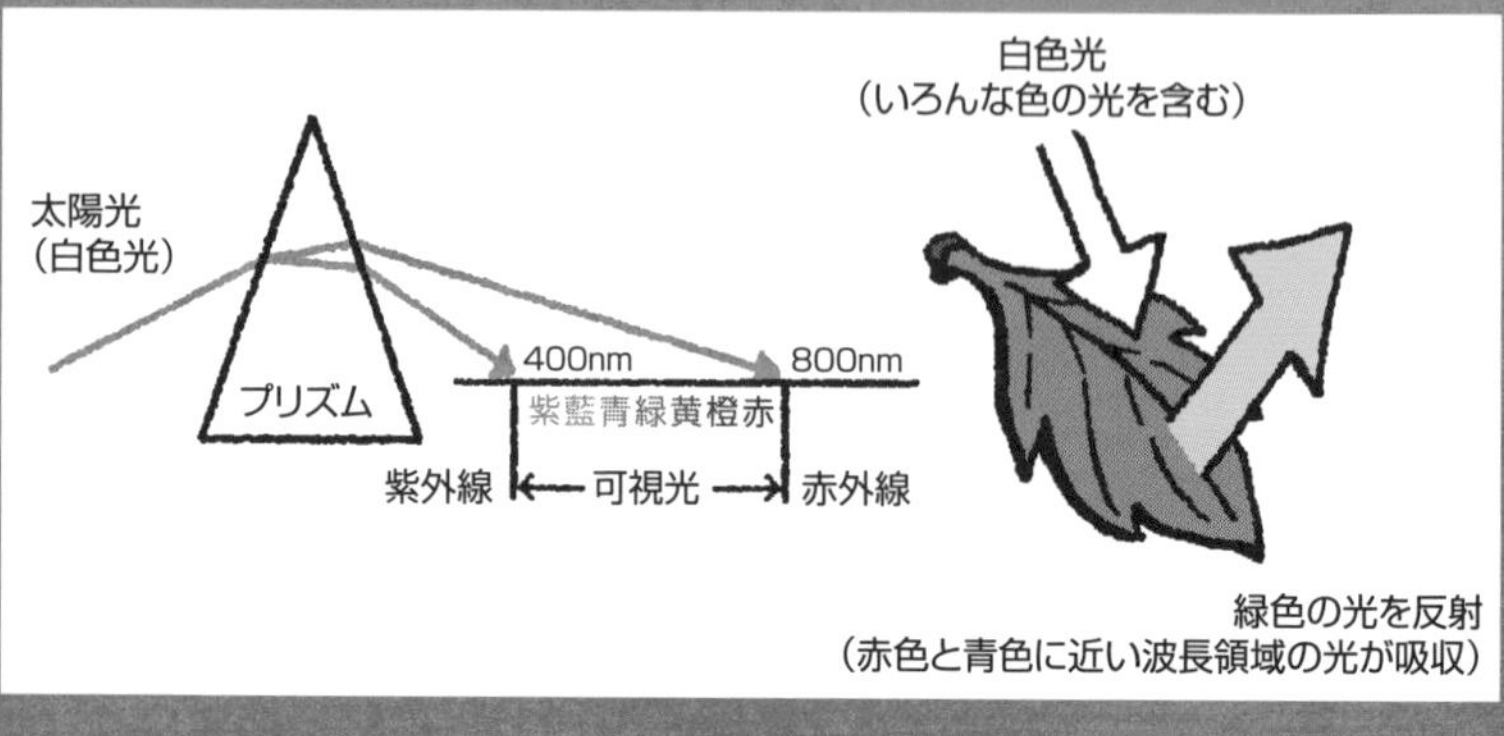

第 2 章

加工用レーザには どんなものがある？

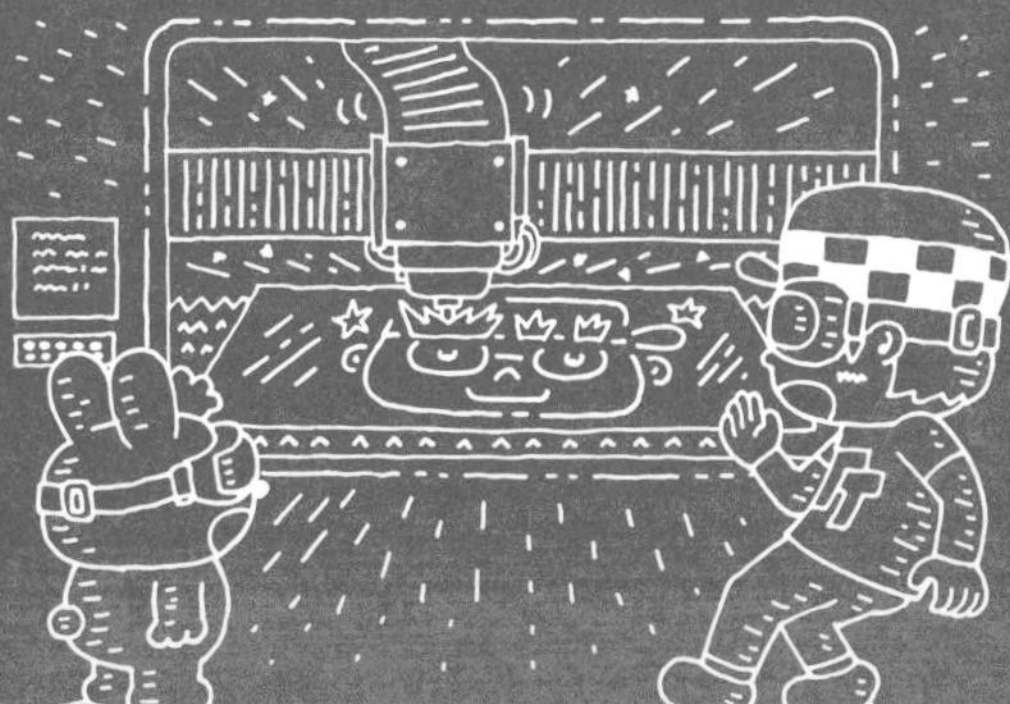

11 CO_2(炭酸ガス)レーザの特徴

最も早く実用化されたレーザの代表格

CO_2レーザは、O-C-Oの3原子分子のエネルギーの高い非対称伸縮振動モードから、エネルギーの低い対称伸縮振動モードへの遷移により発振する、波長10・6μmの目に見えない光です。また、屈曲振動モードへの遷移とミラーの反射率の選定により、波長9・6μmのレーザを発振します。利用ガスは、CO_2、N_2、Heの3種類か、COを加えた4種類の混合ガスで、0・1気圧以下でグロー放電させます。N_2は上準位CO_2の分子数を増す役目をし、Heはグロー放電の安定化によりパワーを安定化させます。適量のCOは、パワーの低下や不安定放電の防止に有効です。なお、H_2Oはレーザパワーを低下させる作用があるため、取り除く対策が必要です。

発振器は、レーザ発振軸やガス流、放電電流の方向と特徴により、ガス封じ切り形、低速軸流形、高速軸流形、2軸/3軸直交形と呼ばれます。

レーザは、連続またはパルス発振が可能で、装置により、ガウス分布、低次マルチ、高次マルチ、ドーナツモードなど、パワー密度分布が異なります。

高ピークパワーのパルスレーザは穴あけ用とされ、連続発振のレーザは主に切断と一部溶接に用いられます。数kWの高パワー装置が自動車分野でのプーリやモーターコア、ギヤなどの部品の溶接、薄鋼板のテーラードブランク溶接やリモート溶接、鉄鋼・造船業界での厚鋼板溶接などに実用化されました。

CO_2レーザは高パワー化が容易であったため、最大10~50kWの装置が最も早く開発されました。しかし、高パワーレーザの溶接では、Arガスのプラズマが形成して溶込みが浅くなるため、Heガスを用います。透過窓や集光レンズにZnSeを用いるため、レーザ照射直後に透過光学部品内に不均一な温度分布が発生し、焦点位置がレーザ装置側に徐々に移動する"熱レンズ効果"現象が起こります。したがって、連続の実加工では注意が必要です。

要点BOX

- ●CO_2レーザは4準位レーザで高パワー化しやすく、いろいろな励起方式の装置がある
- ●切断、穴あけ、溶接、表面処理に利用される

CO_2レーザ発振のエネルギー準位

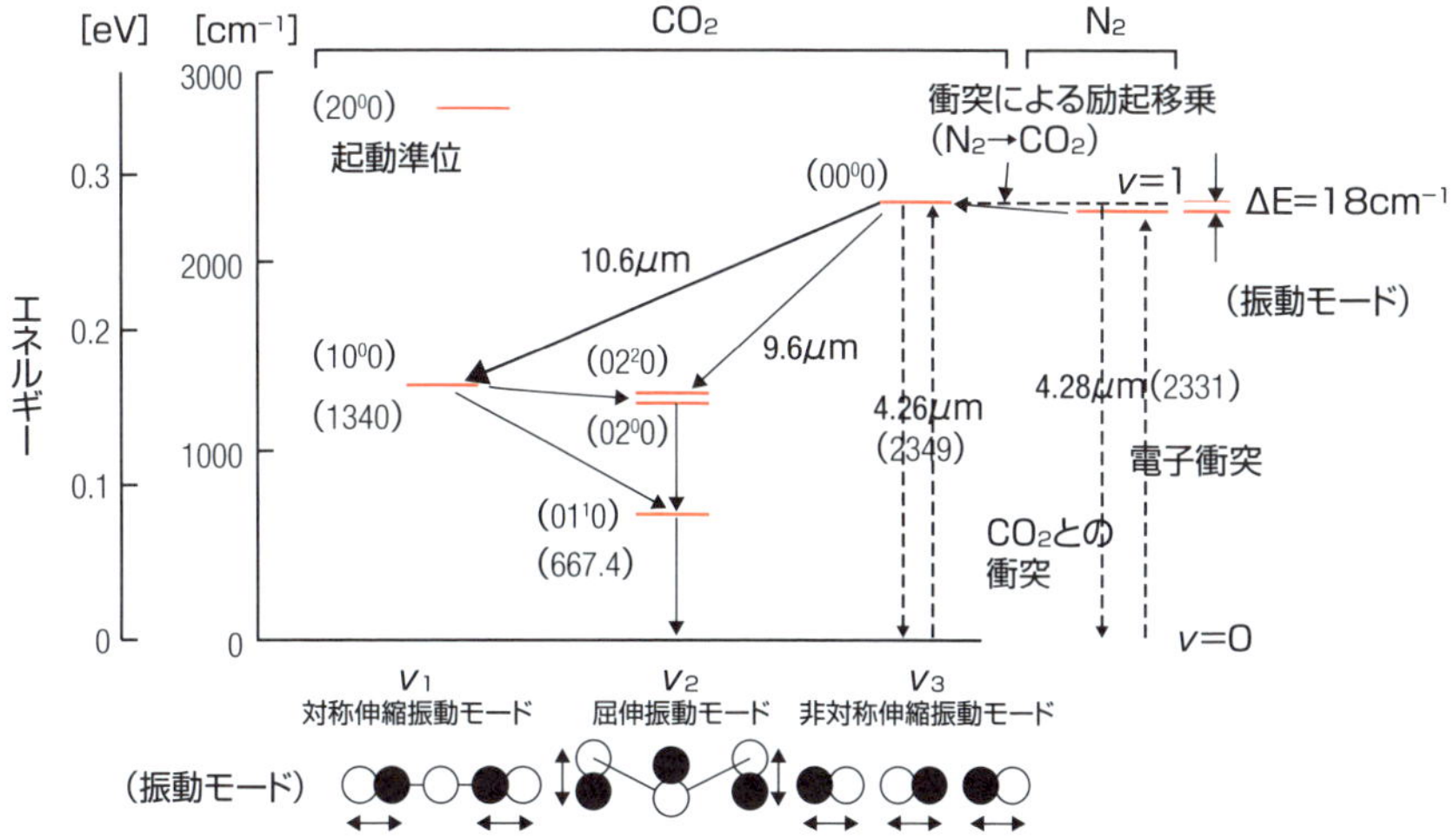

CO_2レーザ加工装置

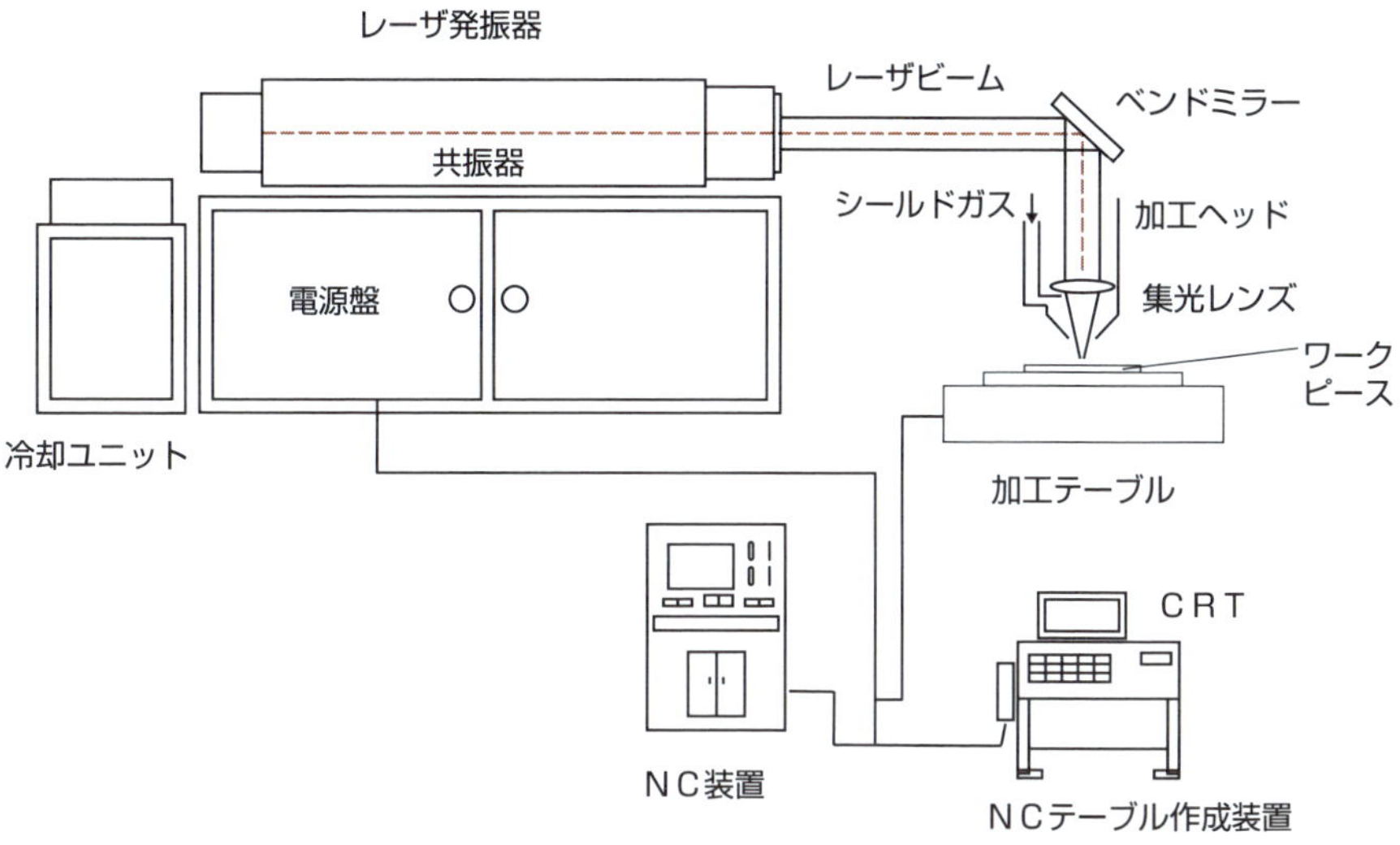

12 YAG（ヤグ）レーザの特徴

実用化された固体レーザのさきがけ

ＹＡＧレーザは、ＹＡＧ（Yttrium Aluminum Garnet, $Y_3Al_5O_{12}$）結晶に、希土類の活性イオン（Nd^{3+}, Er^{3+}, など）がドープされたものを表します。通常、波長１・06μmのNd：ＹＡＧレーザです。ＹＡＧのロッドは、直径が約10mm、長さが約１００～１５０mmで、光励起はアークランプやフラッシュランプ、半導体レーザなどで行います。ＹＶO_4レーザとＹＬＦレーザはＹＡＧレーザの仲間です。

Nd：ＹＡＧレーザは4エネルギー準位のレーザであり、Nd^{3+}の$^4F_{3/2}$（R_2）-$^4I_{11/2}$（Y_3）のエネルギー準位間でレーザを発振します。ＹＡＧレーザはノーマルパルス、Ｑスイッチ、連続発振など、ピークパワーとパルス幅の異なる種々の発振ができます。加工は、直射光学系かファイバ伝送光学系で行いますが、波長１・06μmの基本波ＹＡＧレーザは、伝送損失が約２dB／kmと小さく、ファイバ伝送が利用されます。GI型ファイバはガウス分布に近いパワー密度分布が得られますが、損傷のしきい値が低いため５００Ｗ以下の低パワーレーザに用いられ、高パワーレーザ用にはSI型ファイバが用いられます。

パルスレーザは、任意のパルス波形が自由に設定でき、電池ケースや電子部品、眼鏡フレーム、装飾品など微小部の溶接に多用されるほか、タービンブレードなどの穴あけにも利用されています。一方、連続発振の２～４kWのレーザはテーラードブランク突合せ継手、または亜鉛めっき鋼板薄板の重ね継手の溶接に用いられ、６～10kW級のレーザはステンレス鋼板などの深溶込み溶接に適用されました。しかし、ランプ励起の高出力レーザは発振効率が１～３%と低く、現在、装置は製造されていません。

20世紀末には、LD励起ＹＡＧレーザが自動車ルーフの3次元溶接やシル部のスティッチ溶接、および一部リモート溶接に利用されてきました。しかし、最近はこの種の装置の製造も中止されています。

要点BOX
- ●YAGレーザは4準位レーザで高パワー化
- ●分岐やファイバ伝送が可能
- ●微細溶接、穴あけ、薄板切断に利用される

YAGレーザ装置の模式図

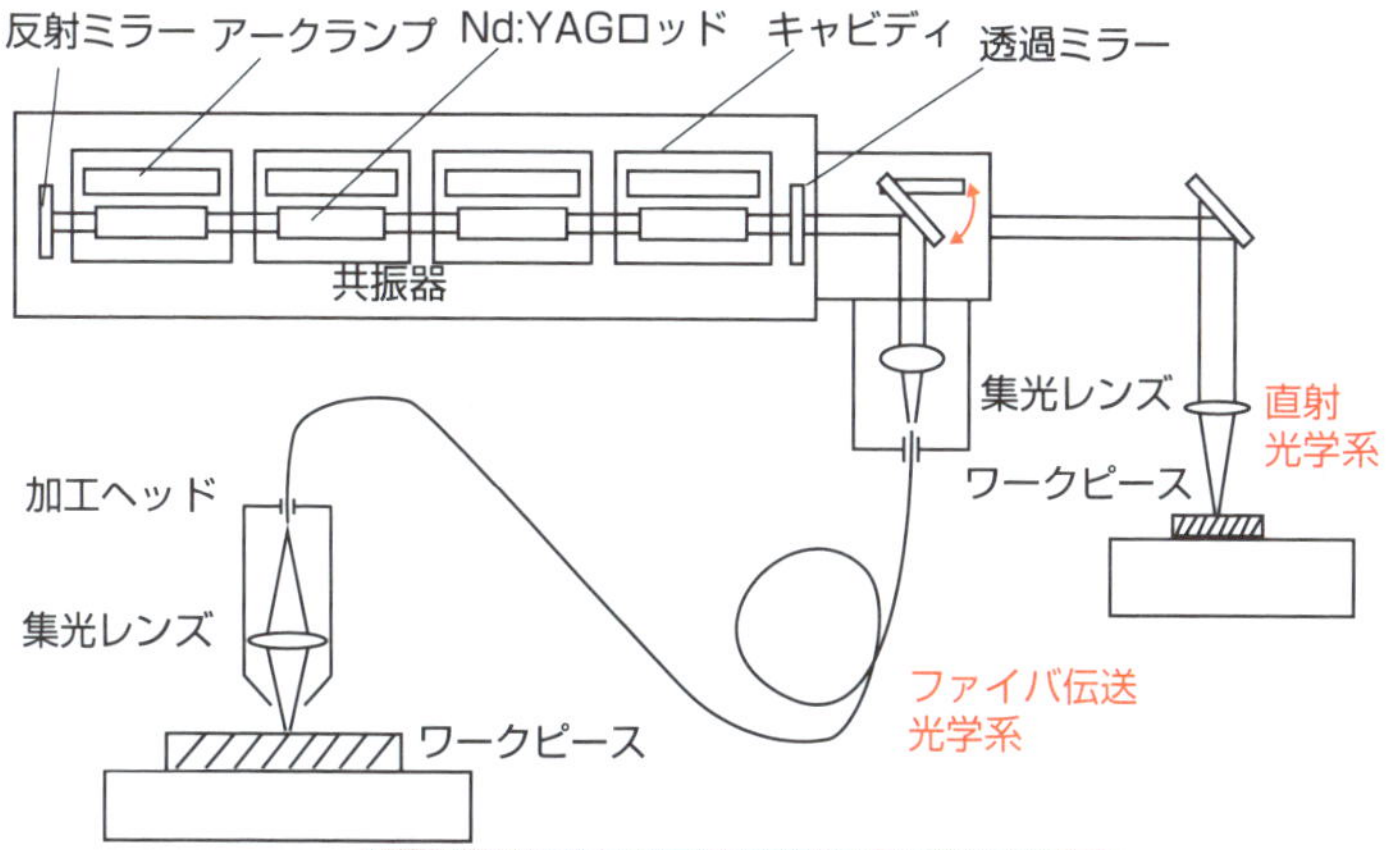

YAGレーザによるスポット溶接例

SUS 304; スポット溶接; P_1=5kW, t=20ms, シールドガス: Ar (5X10^{-4}m^3/s)		
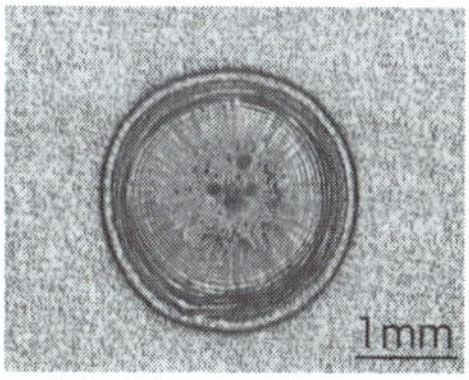	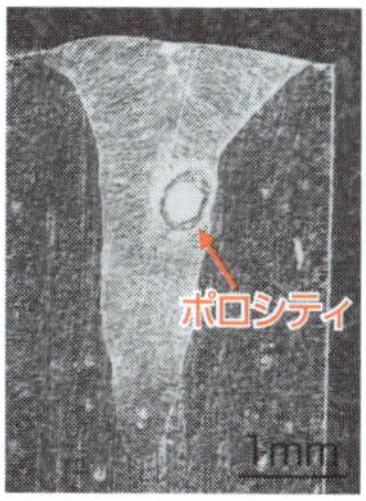	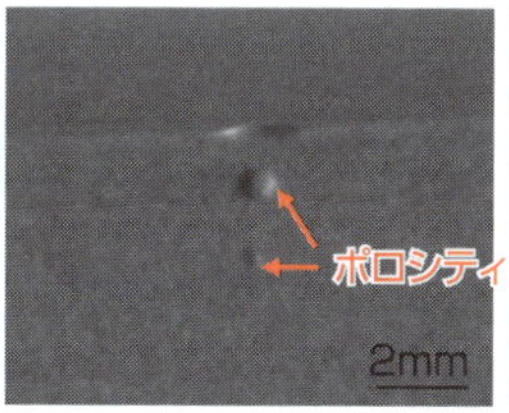
表面外観	断面	X線透過検査結果

スパッタやポロシティ防止用YAGレーザのパルス波形

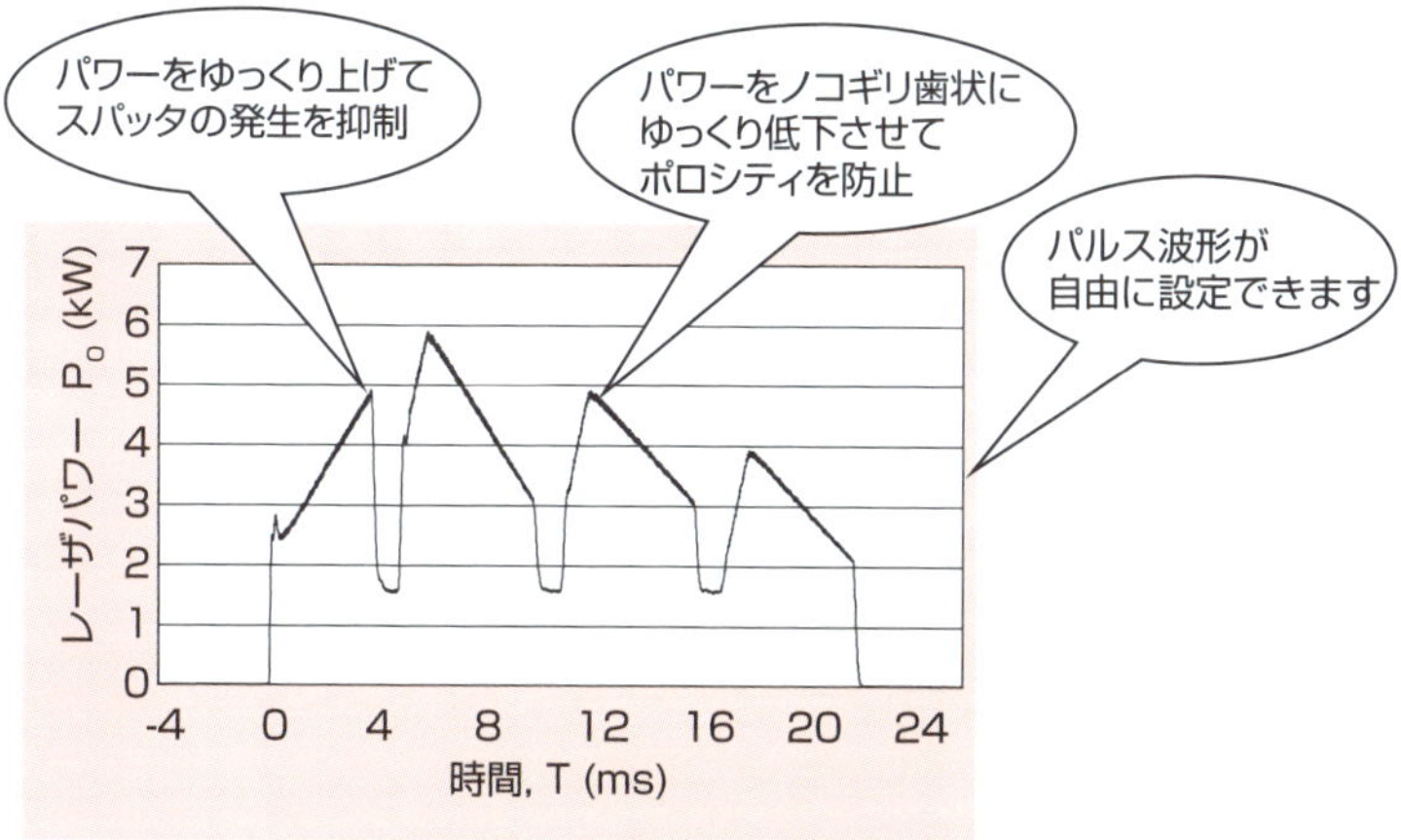

13 半導体レーザの特徴

電気—光変換効率が最も高い利点を持つ

半導体レーザは、二重ヘテロ接合構造の半導体に外部から電流を順方向に直接流し、活性層と呼ばれる領域で電子とホールを再結合させて発光させ、その光を素子内部の鏡や回折格子で帰還往復運動をさせ、誘導放出により増幅させてレーザを発振しています。半導体レーザはダイオードレーザまたはレーザダイオード（Laser Diode, LD）と呼ばれ、励起用光源としてLDと記されることもあります。

レーザは、電流をあるしきい値以上に多く流した場合に発振します。主に、Ⅲ-Ⅴ族の化合物半導体を用い、波長0・8～1㎛の近赤外線レーザを発振し、加工用の高出力レーザ用光源として、また固体レーザの励起用光源として開発されています。さらに、Ⅲ-Ⅴ族やⅡ-Ⅵ族の化合物半導体の青色半導体レーザは、銅の吸収率が高いことから今後の溶接用熱源として注目されています。

半導体レーザの利点は、①小型・コンパクト・軽量、②発振効率が約50%と高い、③長寿命、④電流変化によりパワー変調が可能、⑤固体レーザ励起用として、スペクトル幅が狭いため高効率・高品質なレーザ発振に貢献、⑥大量生産により低価格化が可能、などが挙げられます。一方、欠点は、①1個から発振するレーザのパワーが小さい、②横モードは悪いため集光特性が悪い、などです。

高出力化としては、①単一のレーザの高パワー化改良、②発振レーザをファイバで結合する方法、③レーザ発振箇所が十数カ所となるレーザを発振するバー（棒）を作る方策、④バーを積層してスタックを作る方策、⑤波長が異なるレーザを偏光ビームスプリッタやダイクロイックミラーなどで重畳させて結合させる方法、などがあります。

レーザは、焼入れやクラッディングの表面改質、溶射部を溶融法で改良するコンソリデーション、プラスチックや金属薄板の溶接などに使われています。

要点BOX

- 二重ヘテロ接合構造により、光とキャリアを狭い活性領域に閉じ込める
- 焼入れ、クラッディング、溶接などに利用

半導体レーザのレーザ発振原理

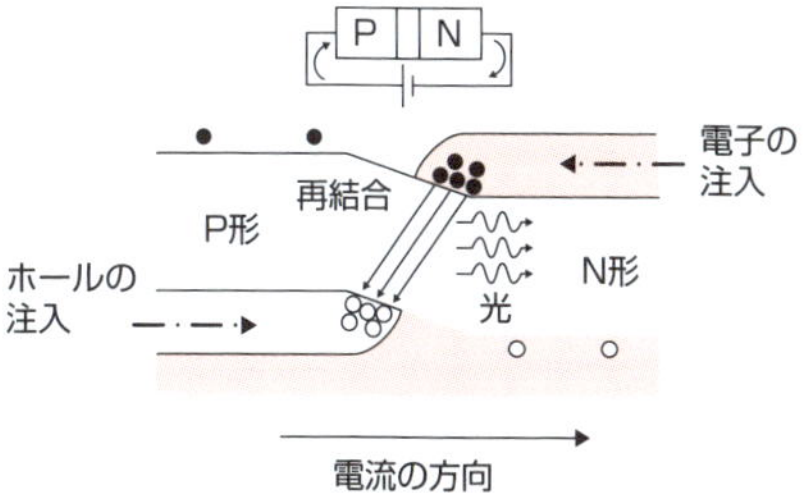

半導体レーザの基本構造（3層サンドイッチ構造）

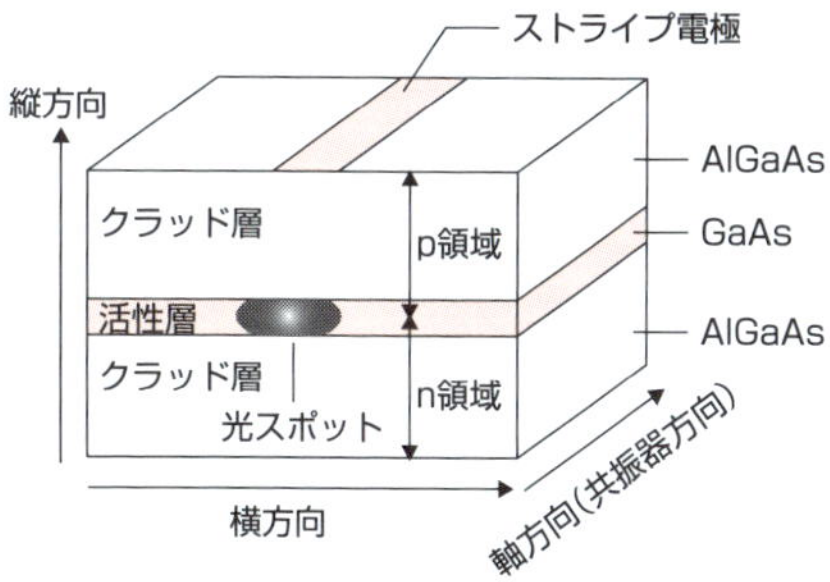

半導体レーザからのレーザ発振状況と横モード（近・遠視野像）

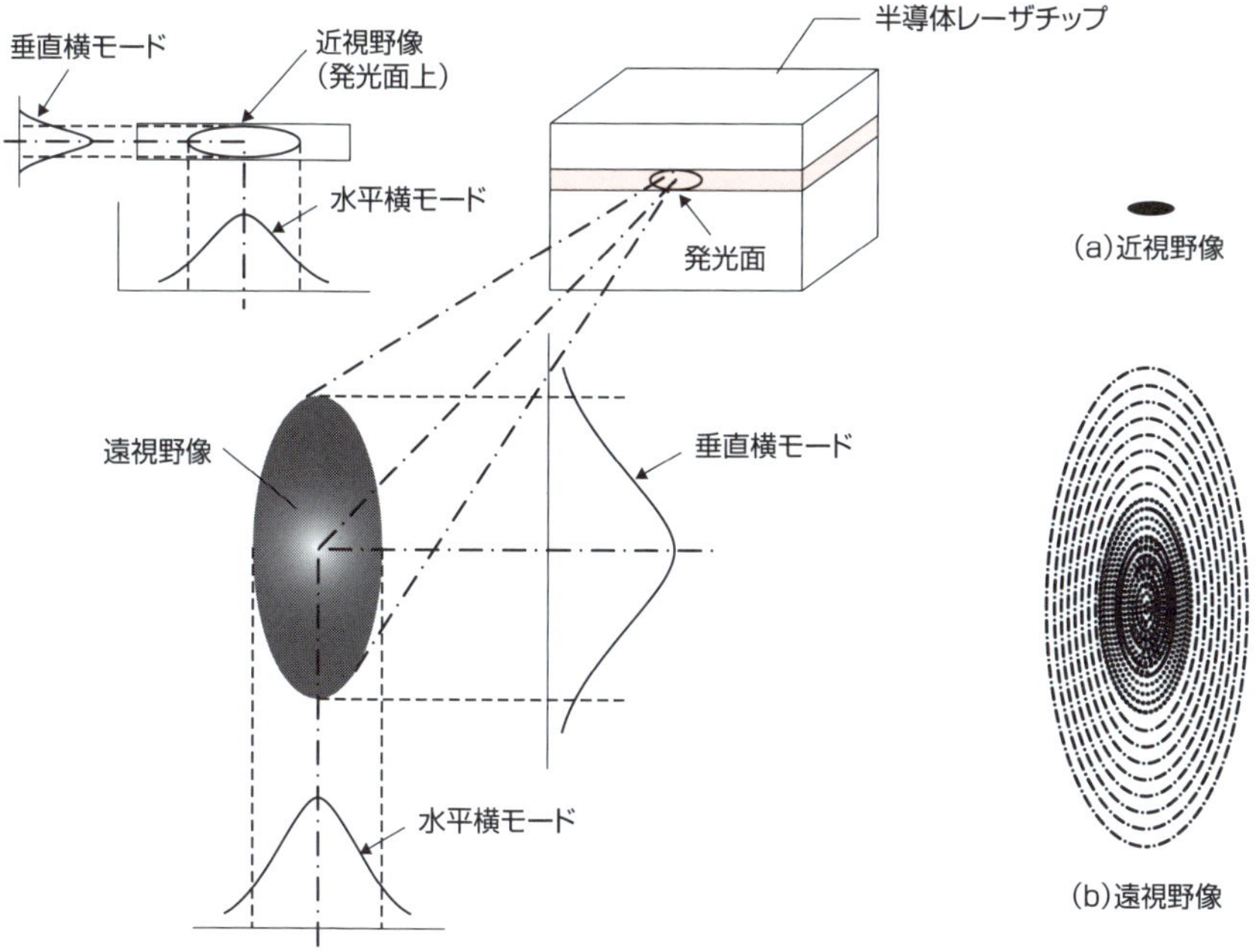

14 ディスクレーザの特徴

半導体レーザ励起による固体レーザ

ランプ励起の高出力YAGレーザは、ファイバ伝送固体レーザの代表として利用されてきました。ただ電気—光変換効率が低く、ビーム品質が悪いことで、その改良法の1つとして半導体レーザで励起されたNd：YAGレーザが開発されました。その後、さらに冷却効果を上げる目的で、銅板上に1円玉程度の薄い円盤状のYAG結晶を貼り付け、そこに半導体レーザを何回か照射する工夫をした共振器を開発しました。これがディスクレーザです。

ディスクレーザでは、1%程度ドープされているNd^{3+}（ネオジウム）の代わりに、10%程度の多量の固溶が可能なYb^{3+}（イッテルビウム）がドープされます。これらの改良により、高パワーで高効率・高品質のレーザの開発が加速されました。最大パワー16kWのレーザの場合でも、BPPが8mm・mrad以下と高品質で、コア径0.2mmのファイバ伝送が可能な装置が市販されています。

ディスクレーザは、4~16kWの高パワーレーザが開発され、波長1.03μmでファイバ伝送され、自動車の車体や部品などの溶接、切断、ブレージング、クラッディングなどに使われています。特に最近は、CO_2レーザやYAGレーザの代替として、リモート／スキャナ溶接や深溶込み溶接、薄板の高速切断や厚板の切断に使用されています。また、鉄鋼材料に対してMAG（マグ）アークと組み合わせたハイブリッド溶接用光源として利用され、海外の造船所で実用化されています。

一方、Qスイッチやレーザ増幅による、高効率なピコ秒やフェムト秒レーザの発振も可能であることが示されており、薄板やガラスの切断などの微細加工、レーザマーカやシリコンアニーリングなどの表面改質に利用されています。

波長515nmのグリーンレーザも開発され、銅などの加工用熱源として高パワー化が図られています。

要点BOX

- ●高効率・高品質・高輝度が長所
- ●レーザの分岐やファイバ伝送が可能
- ●溶接、切断、クラッディングなどに利用

ディスクレーザのエネルギー準位

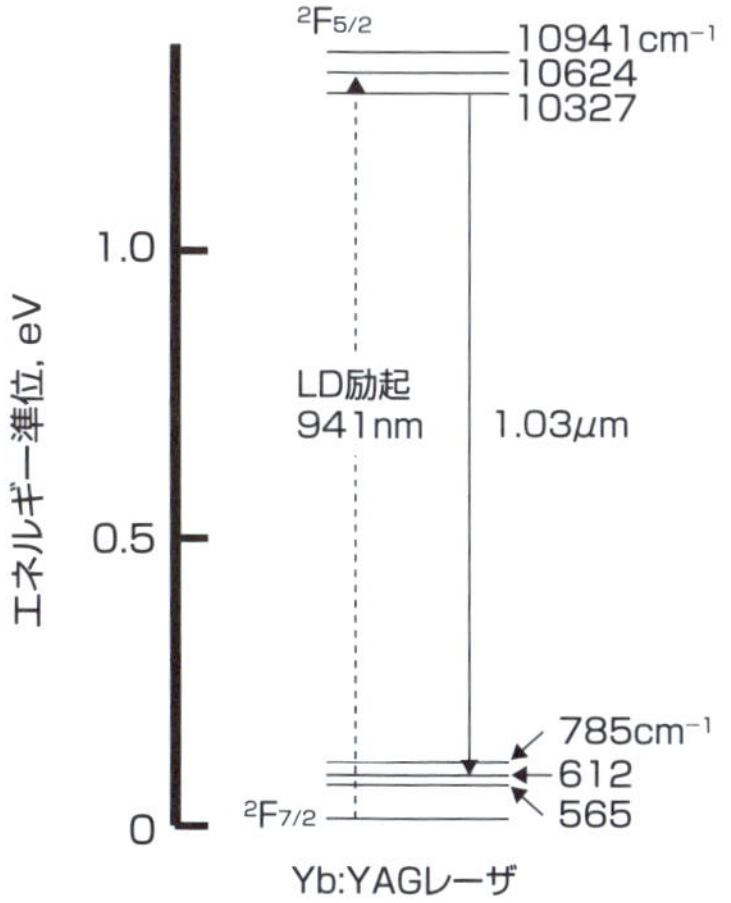

ディスクレーザの装置構成（模式図）

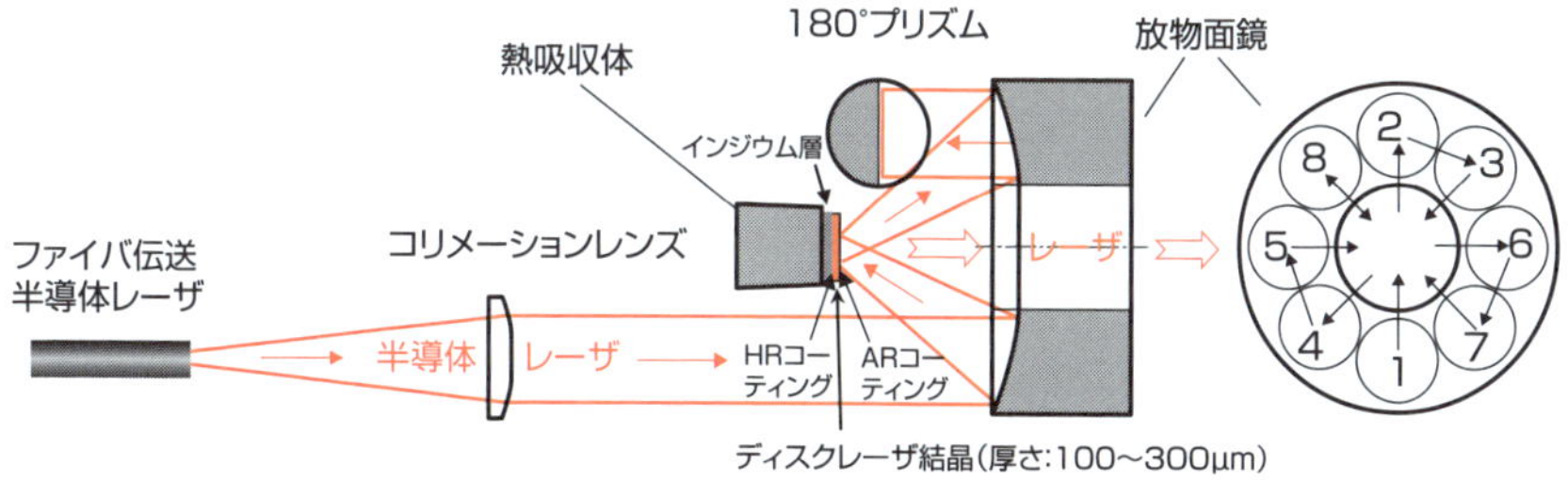

ディスクレーザ溶接部の溶込み深さに及ぼす溶接速度とレンズの焦点距離の影響

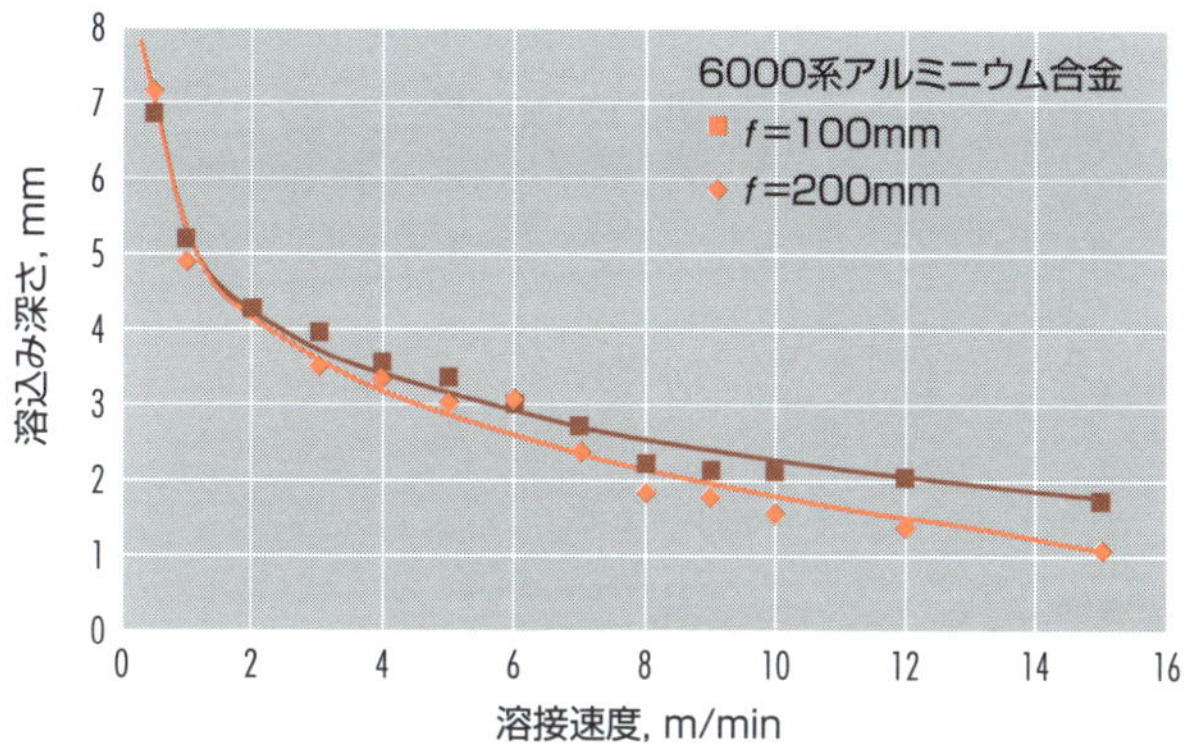

15 ファイバレーザの特徴

高品質・高輝度・高効率・低メンテナンスで注目

高純度石英ガラスの細径光ファイバ（直径：約10～20μm；長さ：約20m）に、希土類元素であるYb^{3+}（イッテルビウムのイオン）をドープさせ、外部から半導体レーザを導光・照射してYb^{3+}を効率良く励起することで、レーザ光を発振させます。その発振レーザ光、またはレーザ発振装置をファイバレーザと呼びます。励起用半導体レーザの伝播・反射とファイバレーザの発振のため、2重クラッド層となっています。また、ファイバ内に全反射ミラーと部分反射ミラーを組み込めるため、ミラーの調整が不要であり、取り扱いが簡単です。

ファイバレーザは、高ビーム品質、小型軽量、高パワー化・高輝度化・高効率化が容易です。そして波長1・07μmで長距離のファイバ伝送が可能で、メンテナンスが不要など優れた長所を持っています。

最大パワー10kWの連続発振シングルモードファイバレーザや、1・2kWのレーザモジュール90台を使った、最大出力100kWの連続発振のレーザ装置が市販されています。100kWでも、コア径0・5mm、長さ50mのファイバで伝送されます。なお、シングルモードファイバレーザでは、ファイバ長さが高パワーほど短くなり、3～5mと短いのが欠点です。

高パワー・高効率のレーザは現在、自動車や鉄道車輌など多くの産業分野で溶接や切断、クラッディング、3Dプリンティングなどに利用されています。また、MAG（マグ）アークなどとのハイブリッド溶接用光源としても利用され、船舶や橋梁などの溶接に利用されています。

一方、低パワーレーザは、微細加工やマーキングに使われ、パルス化も可能であり、従来のパルスYAGレーザの代替として使用され始めています。また、超短パルスレーザや波長535nmのグリーンレーザの発振も可能で、それぞれ穴あけや銅の加工用熱源として高パワー化が図られています。

要点BOX
- ●産業界で最も注目される多用途レーザ
- ●高品質シングルモードレーザや超高パワーレーザの発振が可能

ダブルクラッドファイバレーザの構造

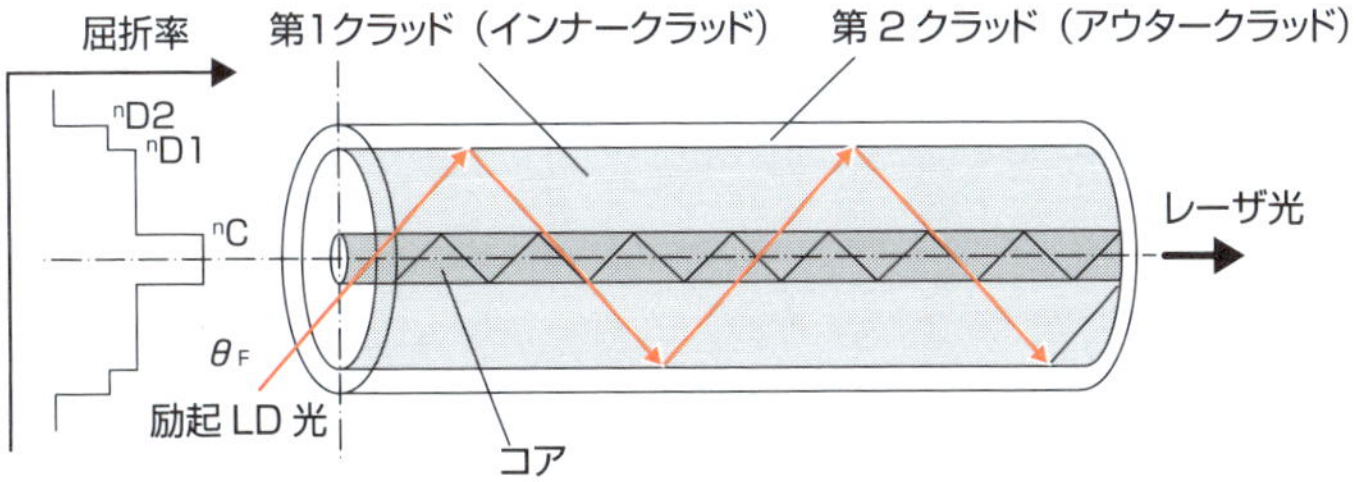

ファイバレーザモジュールの構造

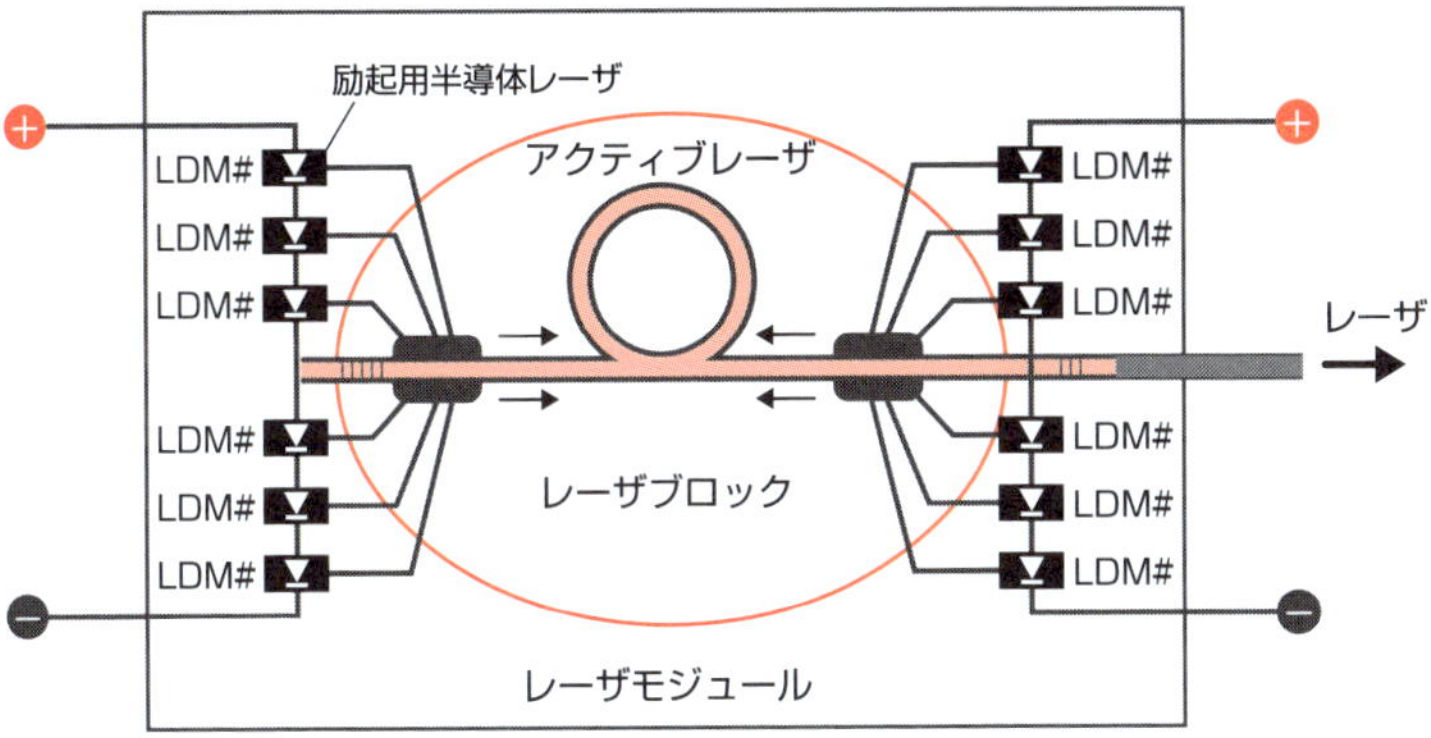

ビームコンバイナによるファイバレーザの高パワー化

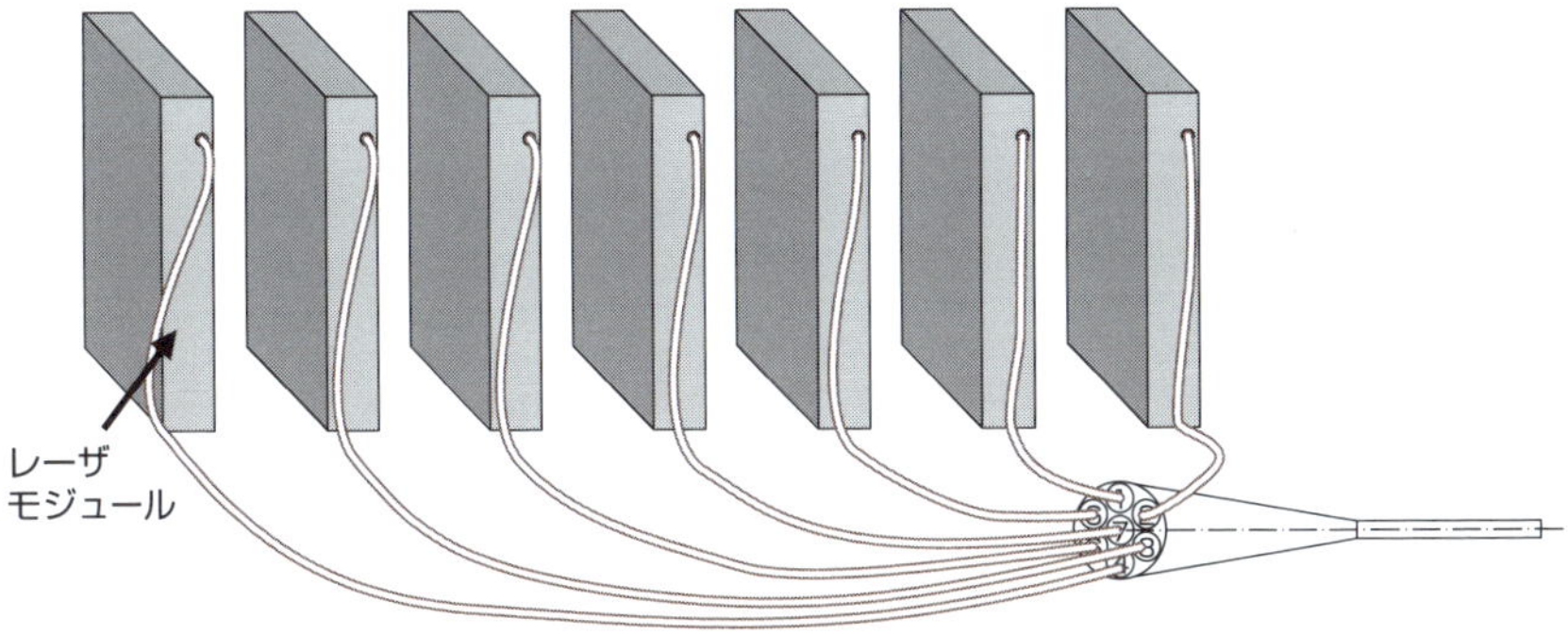

16 エキシマレーザの特徴

フォトンエネルギーの高い気体レーザ

エキシマレーザは、波長が約0・15～0・35㎛の目に見えない気体レーザ（一部、液体レーザ）で、紫外線レーザ（波長380㎚以下）や真空紫外線レーザ（波長200㎚以下）と呼ばれます。Ar、Kr、Xeなどの希ガス（R）と、フッ素（F）や塩素（Cl）などのハロゲン原子（X）または分子からなる混合ガスを、電子ビームや放電などにより励起させます。そして、RX*の高エネルギー準位のエキシマを作り、低エネルギー準位のRXになるときに、数十ns以下の短パルスのレーザを発振します。なお、エキシマ（Excimer）は、励起状態でのみ強い結合を示す同種か異種の2原子で、〝Excited Dimer（励起状態の二量体）〟から作られた造語です。

実用化されている代表的なレーザ（発振波長）は、ArF（193㎚）、KrF（248㎚）およびXeCl（308㎚）です。エキシマレーザは、波長が短いためフォトンエネルギーが高く、材料によく吸収され、極短時間パルスの照射のためにアブレーションが起こる場合もあり、熱影響が小さい特徴があります。たとえば、エキシマレーザ（KrF：248nm）を75㎛厚のポリイミドの高分子膜（ポリマー：プラスチック）に照射すると、得られた穴はCO_2（炭酸ガス）レーザ（10・6㎛）やQスイッチNd：YAGレーザ（1・06㎛）の照射で得られたものより、明らかに綺麗であることが確認されます。

このような結果から、エキシマレーザはガラスや石英、プラスチックなどの穴あけや切断などに利用されています。また、放電領域が長方形で、ビームを高パワーで発振する場合、比較的大きな面積を高い照射強度で一括処理するパターニング、穴あけ、アルミ薄膜上のポリイミドの除去、ワイヤストリップ（電線被覆の剥がし除去）、コンタクトや眼鏡レンズのマーキング、超LSI製造用フォトリソグラフィ（露光光源：ステッパ）などに利用されています。

要点BOX
- ●紫外線領域の波長を発振するレーザ
- ●短波長・高ピークパワー・短パルスのレーザ
- ●穴あけ、マーキング、露光装置などに利用

エキシマレーザのエネルギー準位

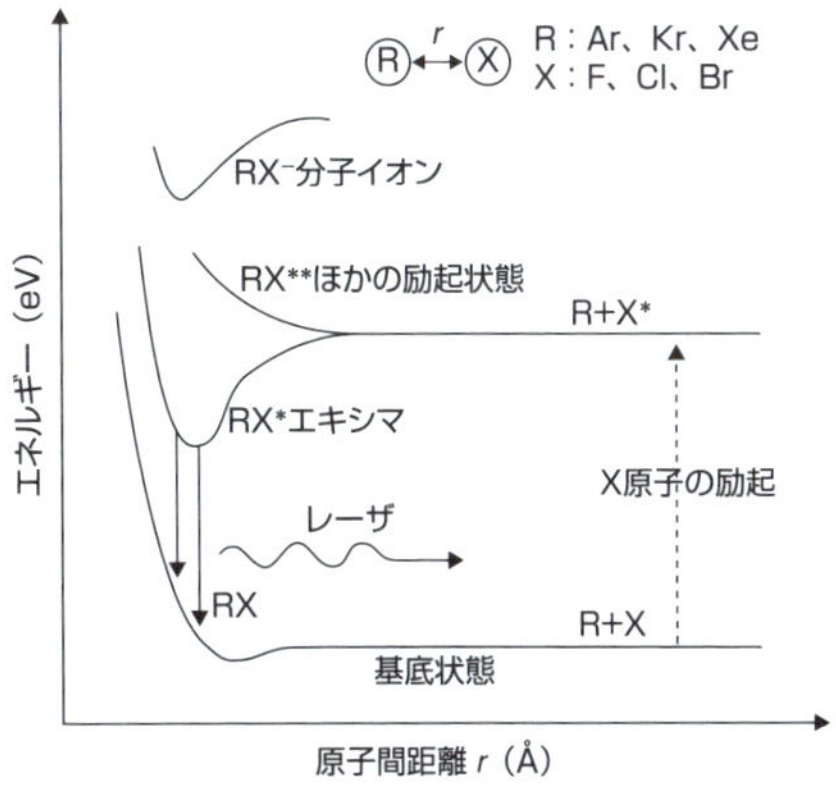

エキシマレーザ装置（模式図）

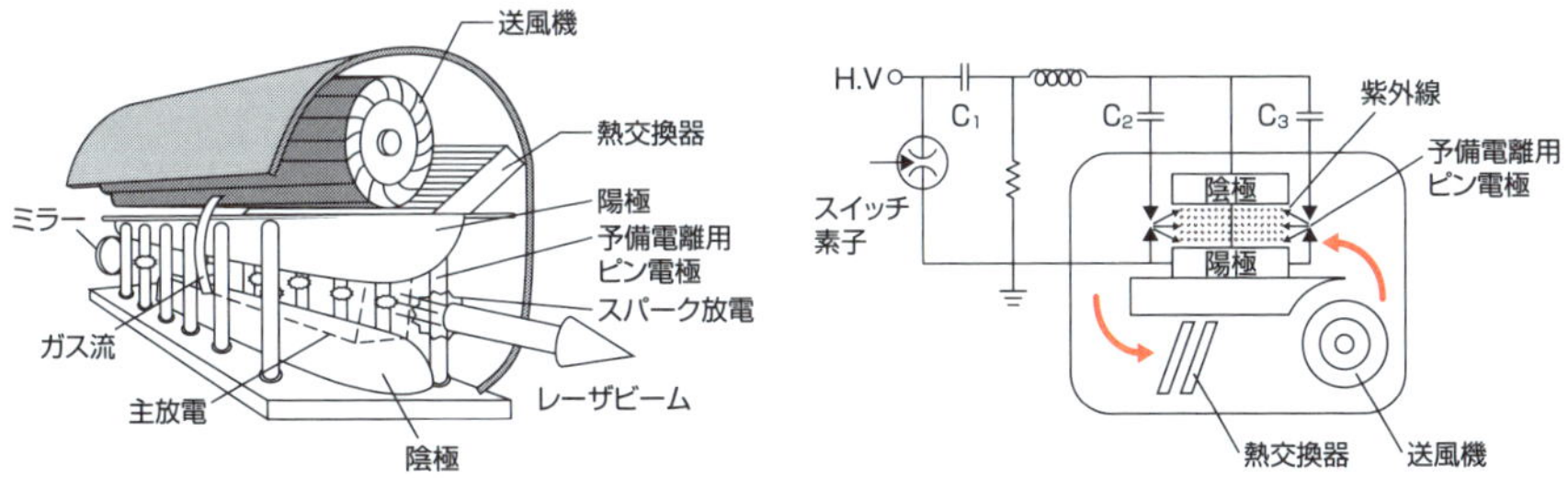

レーザ穴あけ結果に及ぼすレーザ波長の影響

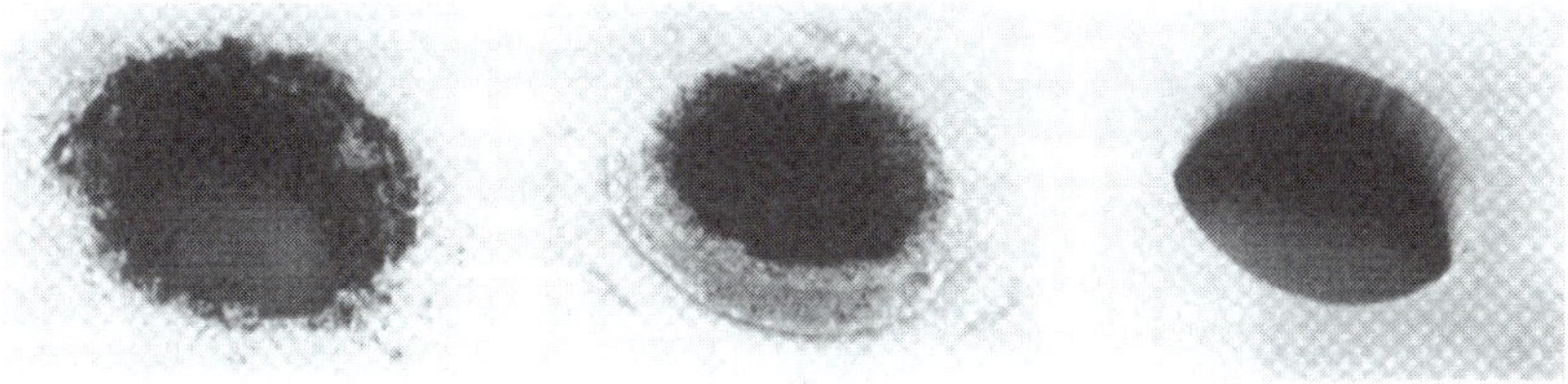

YAGレーザ（1.06 μm）　CO_2レーザ（10.6 μm）　KrFエキシマレーザ（248 nm）

レーザの種類（波長）

17 高調波固体レーザの特徴

フォトンエネルギーの高い固体レーザ

ＹＡＧレーザ、ディスクレーザ、ファイバレーザなど固体レーザから発振される近赤外線のレーザ光を非線形光学結晶で波長変換すると、可視のグリーンレーザ光や紫外線のレーザ光が得られます。たとえば、波長１０６４nmのNd：ＹＡＧレーザでは、１つ目の非線形光学結晶としてＬＢＯ（LiB_3O_5）結晶やＫＴＰ（$KTiOPO_4$）結晶が使われ、波長変換で５３２nmのグリーンレーザ光が得られます。

さらに、それぞれにＬＢＯ結晶またはＣＬＢＯ（$CsLiB_6O_{10}$）結晶を追加すると、１／３波長の３５５nmまたは１／４波長の２６６nmの紫外線レーザ光を発振できます。なお、単独の高調波レーザを得るためには、元の波長をカットするフィルタ（実際には反射ミラーと、反射ビームを吸収するダンパから構成）を用います。現在、Nd：ＹＡＧレーザよりも高品質で高効率なディスクレーザや、ファイバレーザ光が利用されるようになっています。

高調波レーザは基本波レーザを変換して得られるため、パワーは基本波レーザより半分以下に小さくなります。グリーンレーザ光で数百Ｗ、紫外線レーザ光で数十Ｗクラスの発生が可能です。

高調波の固体レーザは、危険なガスを利用しなければならない短波長のエキシマレーザの代替として、電子部品産業の微細加工分野での適用が期待されています。基本波のナノ秒／ピコ秒レーザは、ガラスやサファイアのダイシング、ダイヤモンドの加工、薄板やセラミックスの穴あけ、ＩＣカードや半導体のマーキングなどに利用されています。

一方、波長５３２nmのレーザは、マイクロビア穴加工、太陽電池のエッジ絶縁、ウェハのスクライビングなどに使われます。波長３５５nmのレーザは、インクジェットノズル、シリコンウェハ、ポリイミドなどの穴あけ、コールドマーキング、シリコンダイシング、立体造形などに利用されています。

要点BOX
- ●グリーンレーザや紫外線レーザと呼ばれる
- ●微細加工分野で多用される
- ●エキシマレーザの代替として期待を集める

高調波レーザ発振機器の仕組み

(a) 2倍波（波長532nm グリーン光）の発生

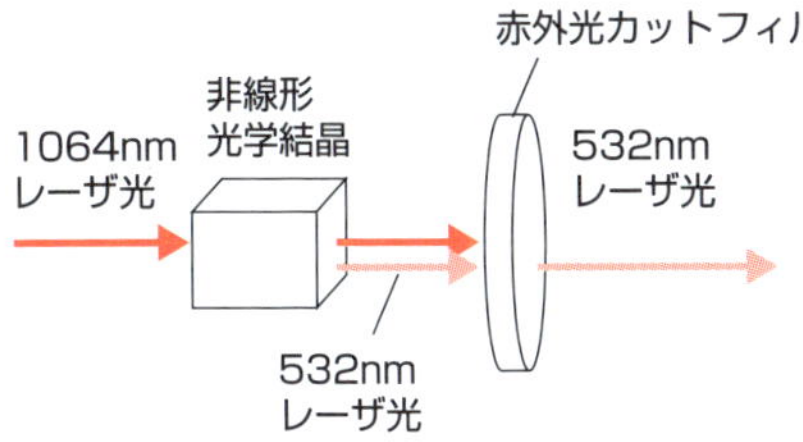

(b) 3倍波（波長355nm 紫外光）の発生

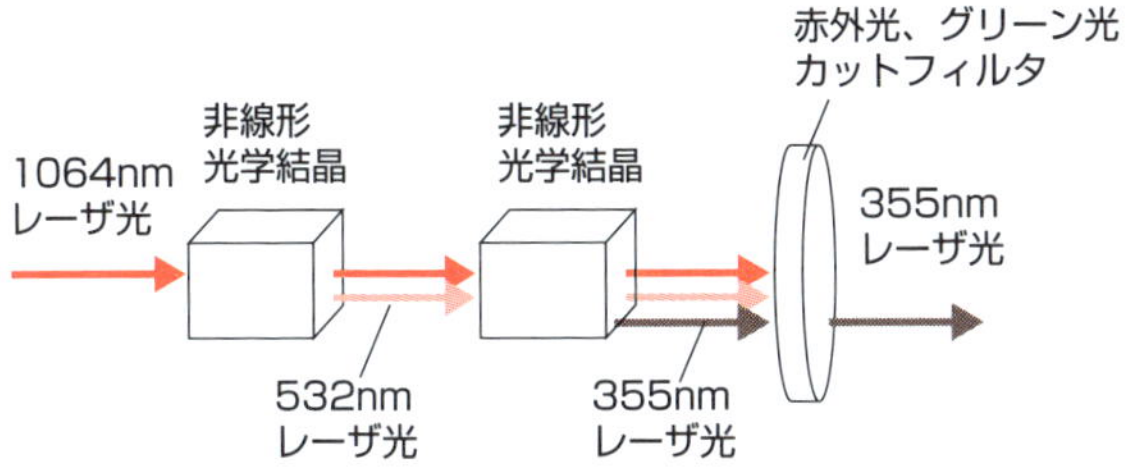

(c) 4倍波（波長266nm 紫外光）の発生

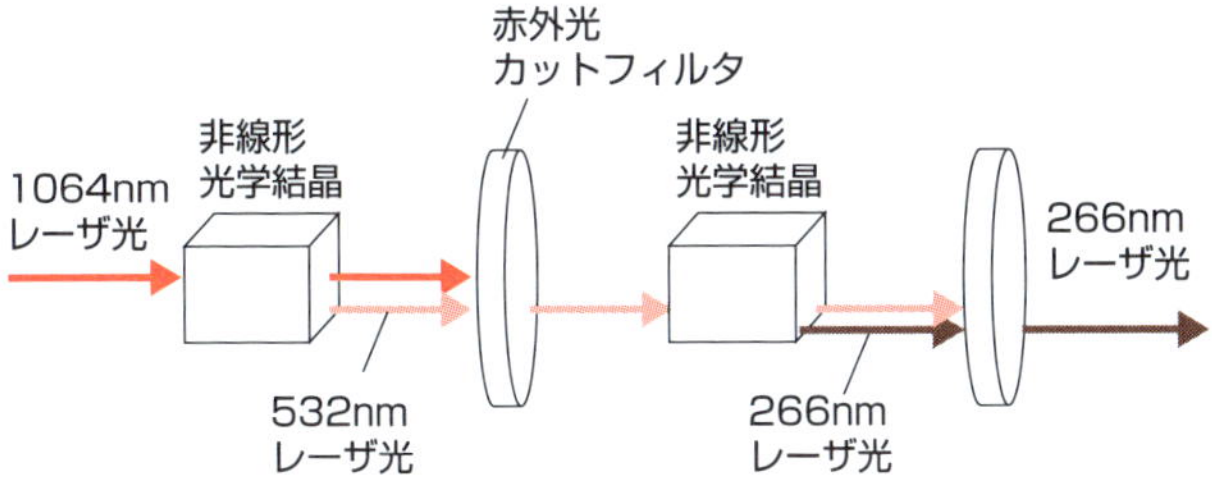

(d) 5倍波（波長213nm 紫外光）の発生

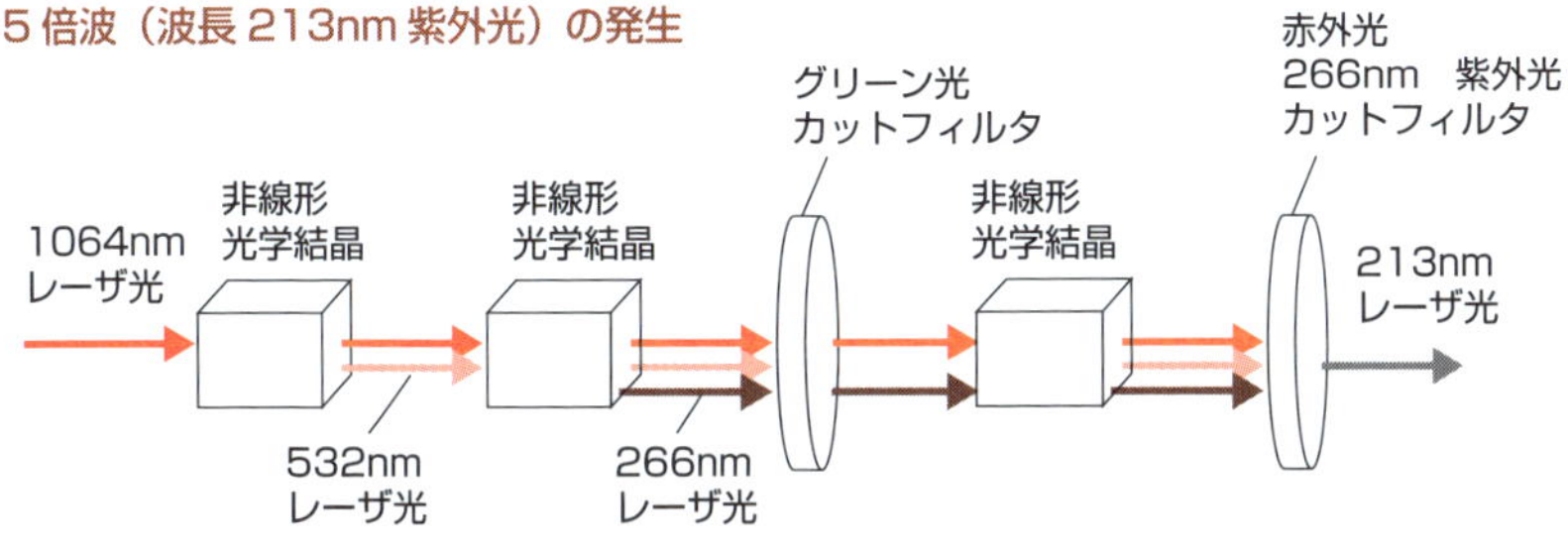

18 超短パルスレーザの特徴

レーザ発振時間が数ピコ秒より短い

レーザの発振時間（またはパルス幅）がナノ秒（10^{-9}秒）よりも短い、ピコ秒（10^{-12}秒）やフェムト秒（10^{-15}秒）単位のレーザを総称して超短パルスレーザと呼びます。極短パルスレーザと呼ばれることもあります。たとえば、世の中で最も速い光でも、10フェムト秒の間に進むことができる距離は極めて短く、約0・003㎜です。

レーザは、モード同期（モードロッキング）技術による超短パルスレーザの発生と、チャープパルス増幅技術によるレーザ光エネルギーの増加で得られます。モード同期とは、レーザ媒質の利得分布曲線内に入る共振器の各縦モードの位相が完全に固定され、位相差がなくなった状態です。チタンサファイアレーザの出現で利用できる技術となり、現在はディスクやファイバレーザも利用されています。

まず、超短パルスレーザのパルス幅を広げてピークパワーを下げます。その後、パルス幅を広げた状態でエネルギーを増幅させ、次に、増大したエネルギーを有するレーザのパルス幅を圧縮することで、元の超短パルスに戻します。この結果、高エネルギーの超短パルスレーザは、超高ピークパワーのレーザとなります。パルス幅の拡大と圧縮には、それぞれパルスストレッチャーとパルスコンプレッサと呼ばれる、回折格子（グレーティング）で構成された光学系が使われます。

ナノ秒パルスレーザの加工では、表面にデブリが発生し、溶融部や熱影響部が生成してマイクロクラック（微小割れ）が発生する場合があります。しかし、超短パルスレーザではデブリが少なく、熱影響部もほとんど生成しない超精密加工が可能です。超短パルスレーザは、半導体や液晶の修正・微細加工、ガラスやサファイアなどの透明材料の加工、導波路などの光通信部品の加工、航空機や自動車のエンジン部品加工などへの適用が考えられています。

要点BOX

- ●チタンサファイア、ディスク、ファイバレーザを利用して熱影響のない微細精密加工を実現
- ●穴あけ、表面改質、材料の高機能化に利用

超短パルスレーザの発振原理

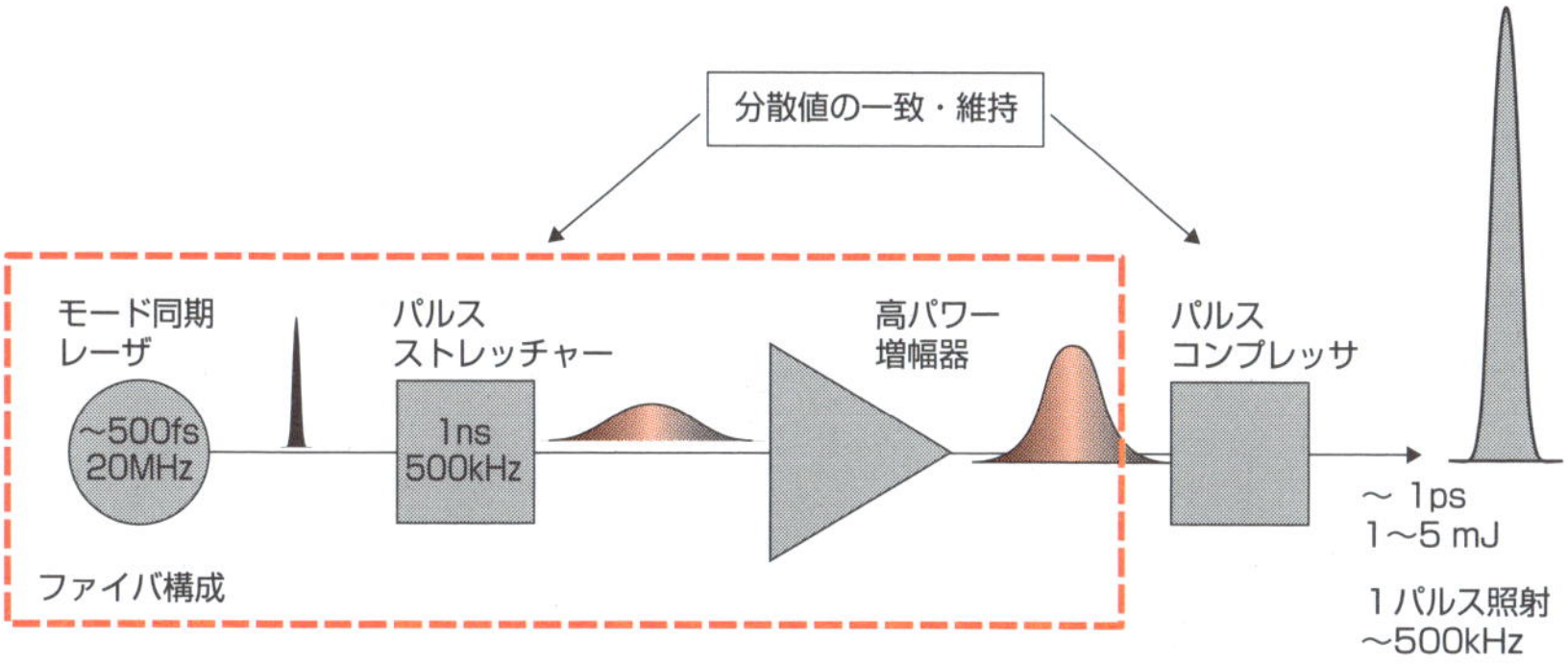

ナノ秒とピコ秒パルスレーザの加工機構および穴あけ結果の比較

光熱加工

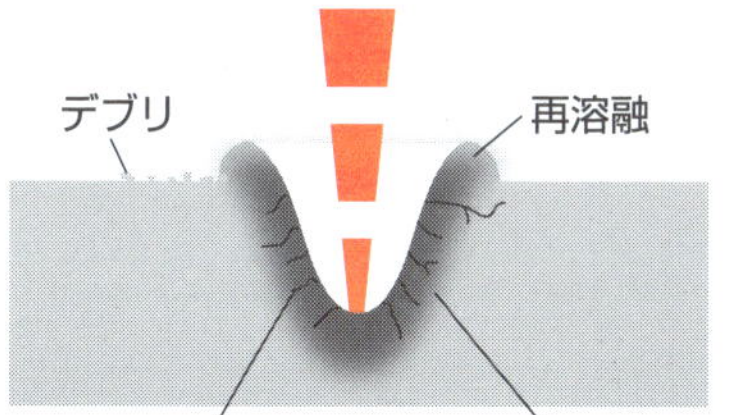

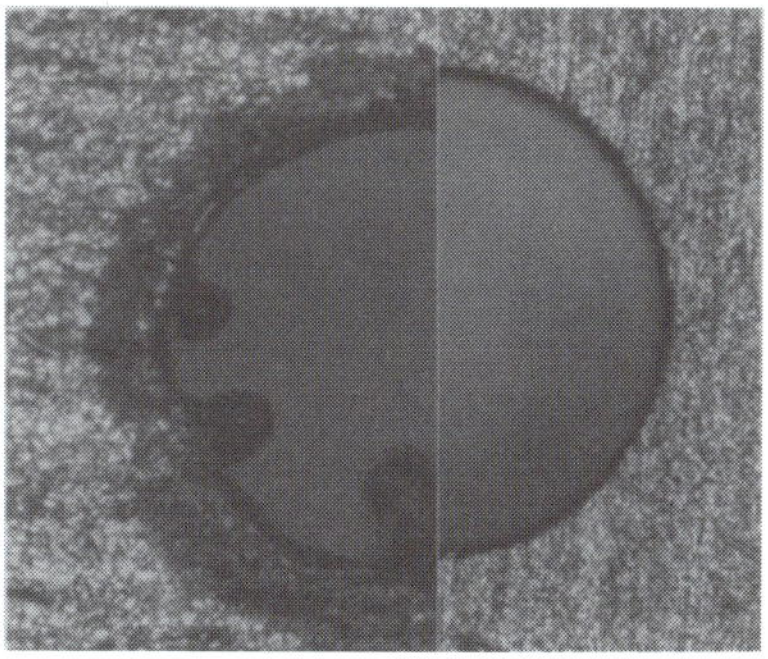

ステンレス鋼直径 200 μm 貫通穴の比較
ナノ秒パルスレーザ(左) とピコ秒レーザ(右)

アブレーション加工

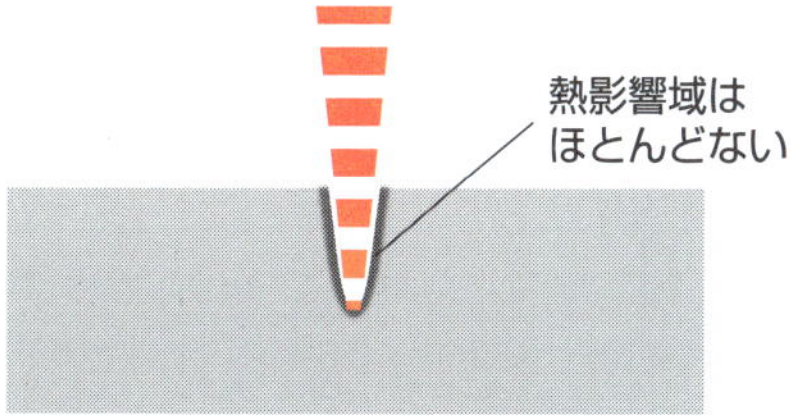

デブリやマイクロクラックはない

Column

LEDはなぜ光る?

テレビ番組などで、イルミネーションに使われるLEDは「なぜ光る?」と質問されることがあります。答えは、「電子がパカッと穴にはまるから」です。これにより、電流が光エネルギーに変わると説明していました。従来の白熱電球は、フィラメントに電流を流すと、マイナス電荷の電子が原子の格子を通り抜ける際、摩擦熱のようなもので加熱し、2500℃以上になって白色に光ると説明され、発光機構が異なります。その結果、LEDは低消費電力・長寿命になります。

発光原理は、正孔（テレビではわかりやすいように電子の欠けたところを穴と表現）の多いp型半導体と、電子の多いn型半導体をpn接合して、電流（実際は主に電子が反対方向に移動）を流し、接合部で電子と正孔が結合し、それぞれの高いエネルギー状態から結合による低いエネルギー状態に変化するときに、エネルギー差（バンドギャップ）に対応して発光します。エネルギー差が大きいほど発光が難しく、波長の長い赤・黄のLEDよりも、青色LEDの開発は遅れをとりましたが、今では赤・緑・青の光の3原色が揃うことで白色発光を可能にしています。LEDは、白色電球やイルミネーション、大型ビジョン、携帯電話用バックライト、信号機や車のヘッドライトなどに使われ、日常生活に非常に役立っています。

LEDは、半導体レーザとよく似た原理で発光しています。大きな違いは、LEDには半導体レーザにある共振器構造がないことで、発光層の面全体から明るい光を取り出せます。

LEDの発光原理

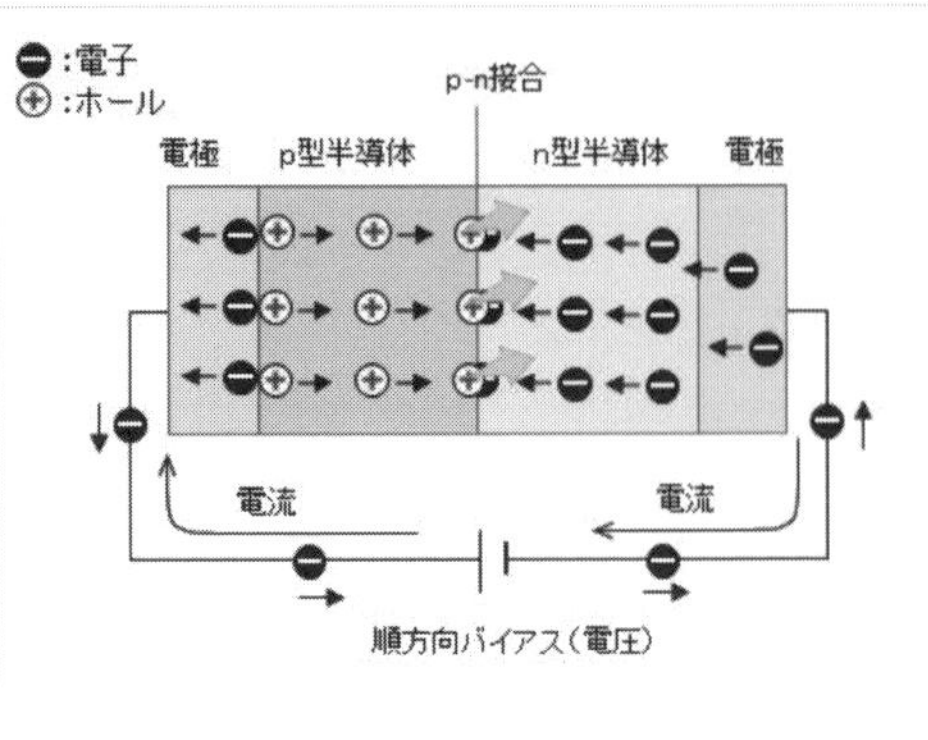

出所:ファイバーラボ(https://www.fiberlabs.co.jp)

第3章

レーザで溶かして溶接・接合する

19 レーザ光源と他の熱源と比べる

高パワー密度・高エネルギー密度を誇る光源

モノとモノを溶かしてくっつけることを溶接と言います。溶接に最もよく使われる熱源は、ティグ溶接やミグ溶接でのアークです。パワー密度とエネルギー密度が高いほど、溶接部の溶込みが深くなります。そこで、アークより深い溶接ビードを形成したい、速く溶接したいときにプラズマが使われます。

レーザと電子ビームは、パワー密度／エネルギー密度がアークやプラズマよりもさらに高いので深い溶込みが得られ、高速溶接も可能です。レーザ溶接と電子ビーム溶接では、溶接時にはキーホールと呼ばれる細くて深い穴を形成しながら溶融池を形成するため、溶込みの深い溶接ビードが作製できます。

電子ビーム溶接は、高真空中でのみ深い溶接ビードが作製でき、真空度が悪くなると電子ビームがガス成分などで散乱され、溶込みが浅くなります。電子ビーム溶接では、電子ビームの散乱を防止するために高真空の雰囲気中で行い、しかも照射部から発生するX線を防護するため、鉛入り鋼板のチャンバ内で行う必要があります。また、鉄鋼材料の電子ビーム溶接では磁性の影響で溶接ビードが曲がるため、溶接前に材料の脱磁処理が必要です。

一方、レーザ溶接は、大気圧下のアルゴンや窒素ガス中でも、真空中でも実施できます。アークやプラズマは、高真空中では溶接に使えませんが、レーザはどのような圧力下や雰囲気中、真空状態でも利用でき、真空中でのレーザ溶接ビードは、電子ビーム溶接と同様に極めて深くなります。

レーザは、アークやプラズマに比べてビームを小さく集光でき、より薄い板の溶接が可能です。また、溶接金属部と熱影響部（ＨＡＺ：ハズ）からなる溶接部の幅を、アークやプラズマ溶接より狭くでき、低変形で機械的・化学的特性の優れた溶接継手が作製できます。以上のことから、レーザ溶接は他の溶接法に比べて非常に優れていると言えます。

要点BOX
- ●どの雰囲気中でも深溶込み溶接が可能
- ●高速で溶接できる
- ●透明体内での溶接も可能

各種熱源のパワー密度分布と溶込み形状の比較

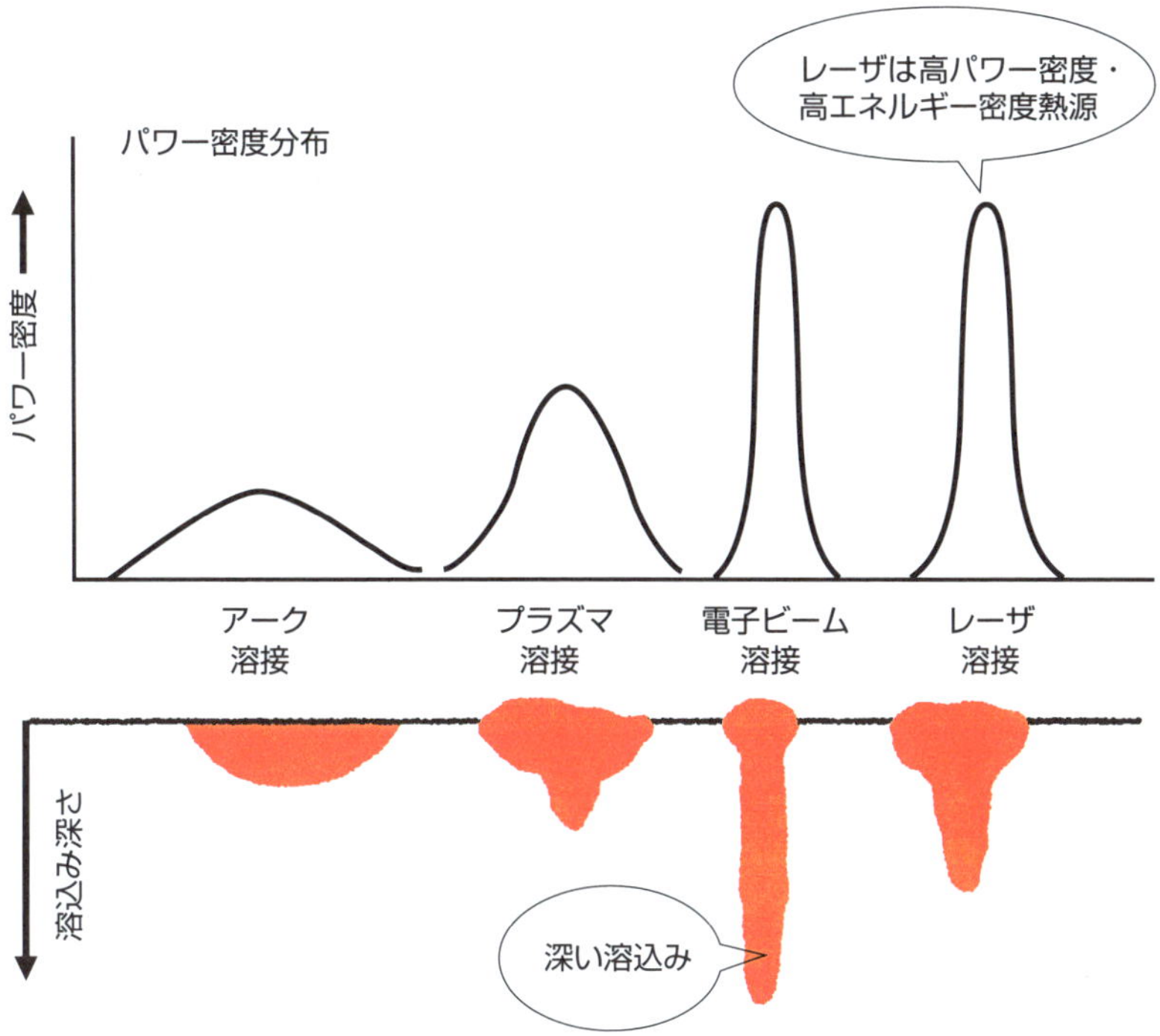

各熱源で得られた溶接部の比較

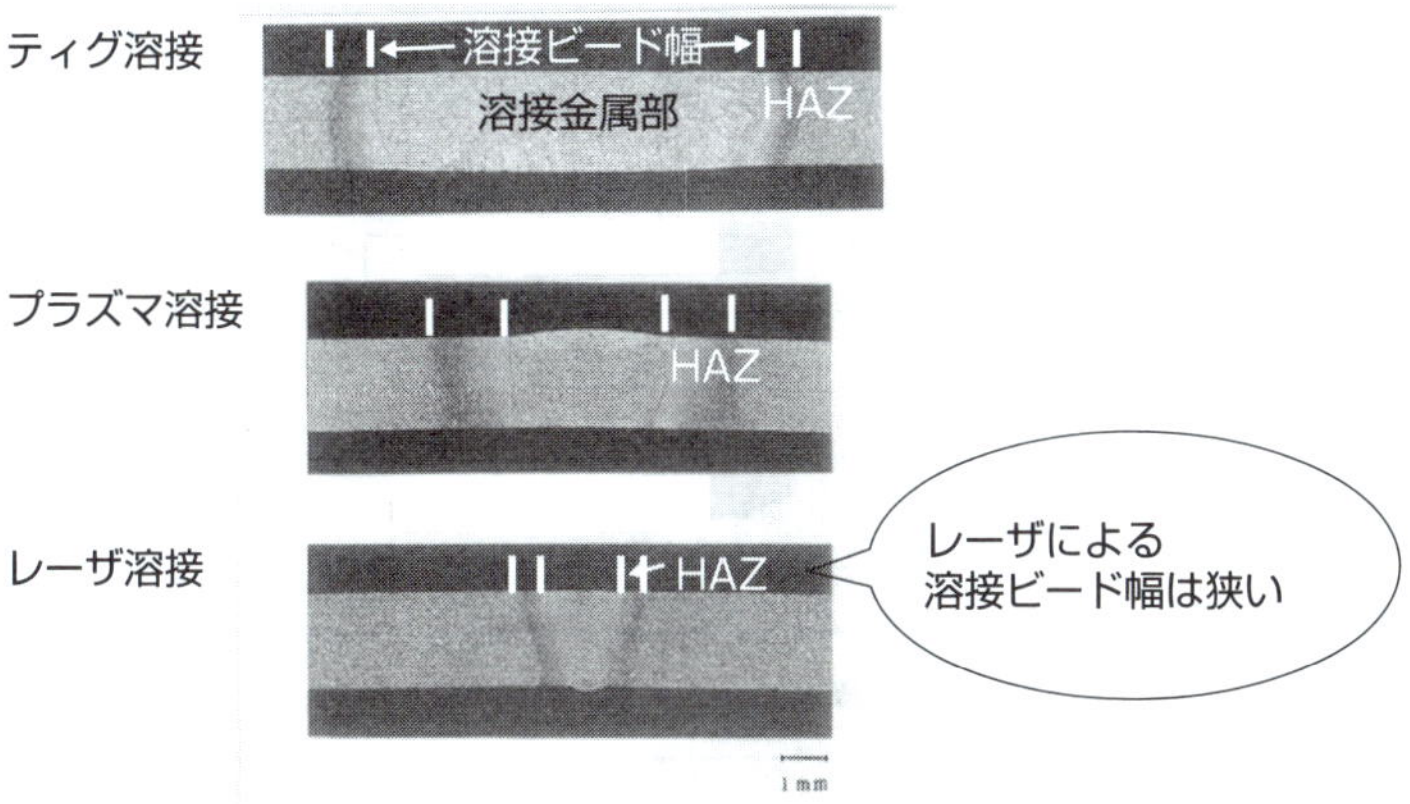

20 レーザ溶接と溶接現象

レーザは溶接・接合用として最も優れた熱源

レーザ溶接は、突合せ継手や重ね継手、T継手など、さまざまな継手に対して実施されます。通常はワイヤを用いないのですが、隙間のある突合せ溶接ではワイヤが用いられる場合もあります。

レーザ溶接は、適切なレーザを選択し、パワー密度と照射時間を調整することで種々の板厚の継手が作製できます。まず、パルス発振か連続発振かで溶融・凝固の状況が変わり、次にパワー（エネルギー）密度が低いか高いかで溶接部の溶込み深さが変わります。パワー密度が低いときは熱伝導型の浅い溶込みの溶接部が作製されます。一方、高くなると、キーホールと呼ばれる細くて深い穴が溶融池内に形成され、溶込みの深い溶接部が作製されます。

1つのスポット溶接部を50％以上重畳させ、連続のシーム溶接部を作製します。板厚2㎜までの薄板の溶接は、レーザ発振時間が約0・5～20㎳のパルスレーザか、細いビーム径か逆に太いビーム径の連続発振のレーザを用いて行われます。薄くて小さいものとしては、厚さ約10㎛の超薄板や直径約100㎛のワイヤの溶接も行われています。

板厚2㎜以上は、連続発振のレーザで溶接されます。高パワー・高パワー密度のレーザを用いた溶接は、40㎜程度の厚板までなら1パスで溶接が可能で、多層溶接や低真空中での高パワーレーザ溶接では、厚さ50～150㎜の鋼板の貫通溶接ビードが2パスで作製できます。レーザ溶接は、10m／min より速い高速度でも可能です。レーザ溶接は、大気中でも真空中やガラス容器内でも行うことができます。

レーザ溶接法は、各種溶接・接合法の中で特に自動化、省力化、ロボット化、ライン化などが容易で、各種製品や構造物を高精度・高品質・高速・低変形で作製できます。そのような利点から自動車や車輌、船舶、航空機、産業機械、電子・電機機器、鉄鋼製造など広範囲に活用されています。

要点BOX
- ●レーザ溶接は各種の接合継手に対応
- ●薄板から超厚板の溶接が可能
- ●微細な溶接・接合が行える

各種レーザ溶接継手の模式図

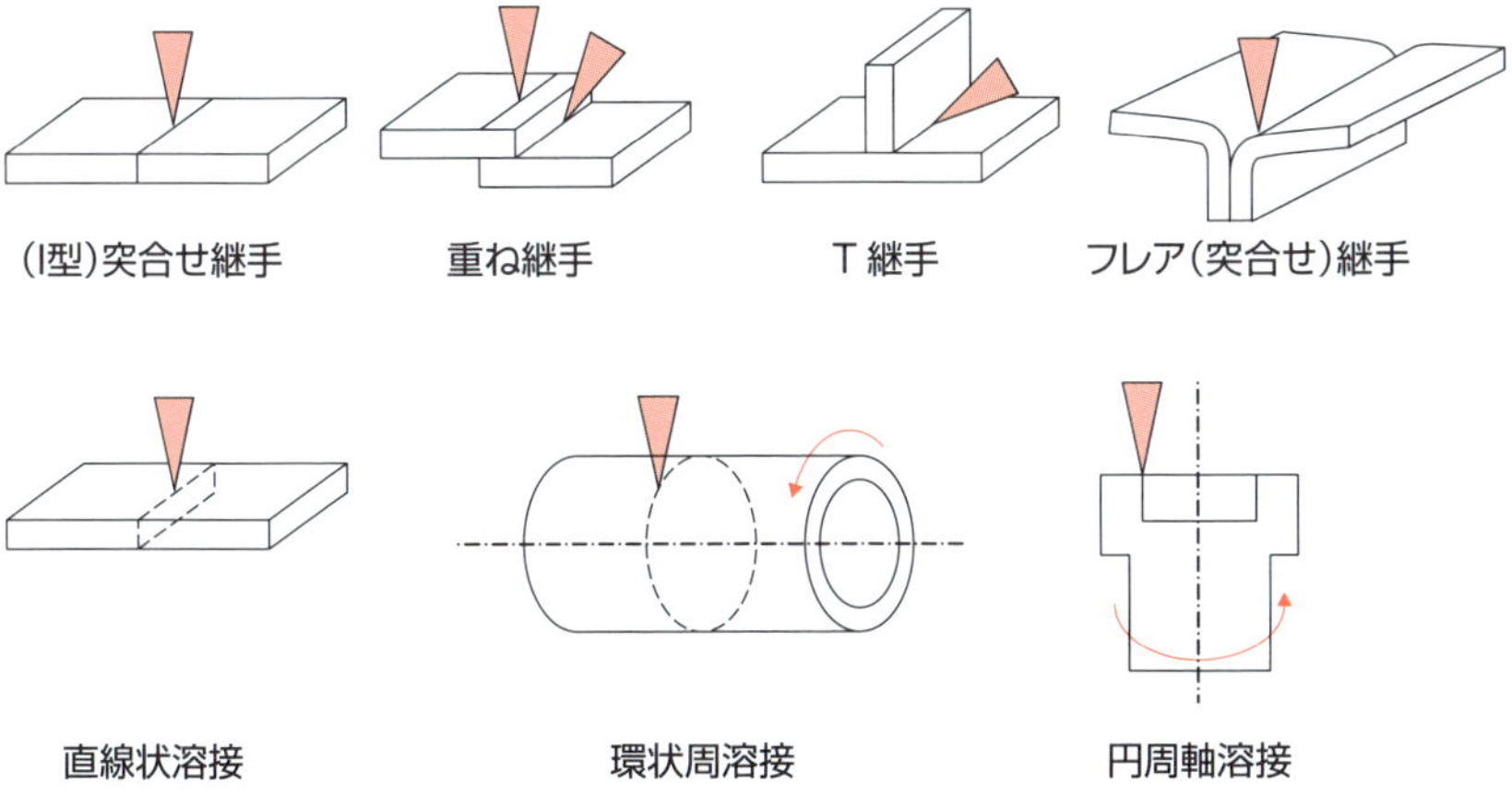

レーザ溶接現象(模式図)

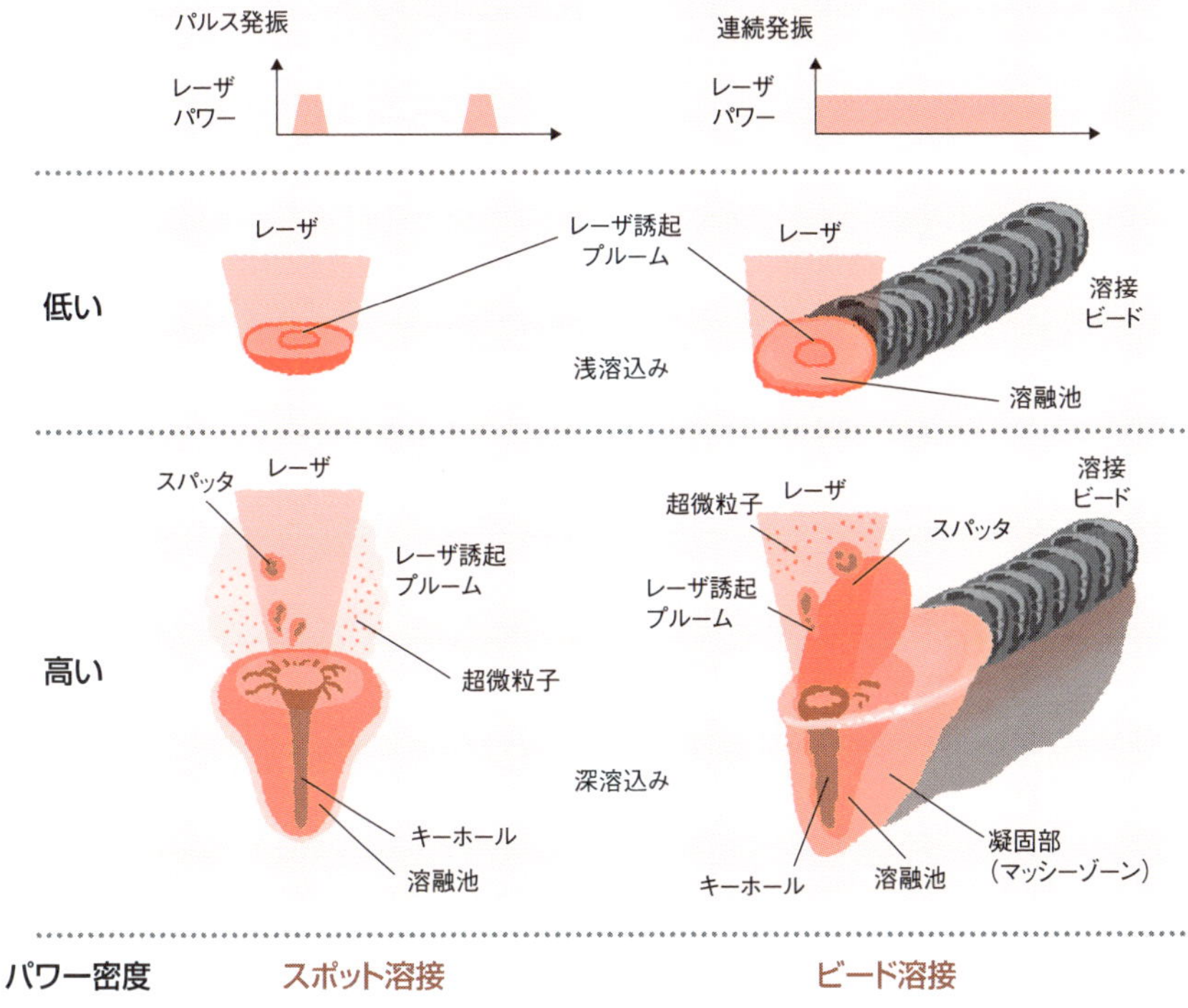

21 連続発振レーザによる溶接結果

キーホール型の深溶込み溶接が可能

レーザ溶接を行った結果は、材料とレーザ溶接条件によって変化します。レーザ溶接の場合、集光したレーザの焦点位置を板表面に対してどこに設定するかでパワー密度が変化し、溶接ビードの形状と溶込み深さが変わります。他の条件が同じ場合、レーザのパワーが高いほどパワー密度が高まり、溶込みは深くなります。また、焦点距離の短いレンズで集光してビーム径を小さくしパワー密度を高めると、溶込みが深くなってビード幅は狭くなります。

高パワーのCO_2（炭酸ガス）レーザ溶接の場合、アルゴン（Ar）ガスシールド中で行うと、Arガスプラズマが発生して溶込みは極めて浅くなり、注意が必要です。これは、レーザがプラズマ中を伝播する際に、逆制動放射と呼ばれる相互作用が起こり、レーザエネルギーが吸収されることが理由です。一方、ヘリウム（He）ガスシールドではガスプラズマを形成しないため、深い溶込みが得られます。ただし、その溶接部にはポロシティ（気孔、ブローホール、ポアと呼ばれることもあります）が発生しやすいという欠点があります。

連続発振のレーザ溶接の場合、溶接速度を速くすると溶込みは浅くなります。溶接速度が遅い場合、キーホール底の先端から気泡が溶融池内に発生し、湯流れによって移動します。それが凝固中の固相に補足され、ポロシティとして残留するのです。一方、溶接速度が速い場合、溶融池内部では、キーホール後方の融液が上部へ移動する流れが顕著になります。通常使われる約0・6㎜のビーム直径ではスパッタが発生し、溶接ビード表面がくぼみ、アンダフィルと呼ばれる欠陥が形成します。

このほか、ビーム径が約0・15㎜以下に細い場合、溶接ビードの表面にコブが点在するハンピングビードとなります。良好な溶接ビードを作製するには、良い条件を選定することが必要です。

要点BOX
- ●低速ではポロシティが生成しやすい
- ●高速ではスパッタによりアンダフィルが形成
- ●細径ビームで高速時はハンピングビードが形成

レーザ溶接部の溶込み形状と深さに及ぼすパワー密度の影響

スポット径, Ds	f 560 mm	f 360 mm	f 200 mm	f 130 mm
パワー密度	50 kW/mm²	150 kW/mm²	450 kW/mm²	1MW/mm²
表面外観 2 mm	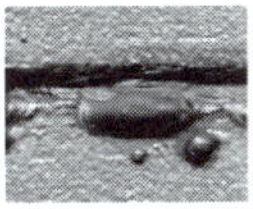	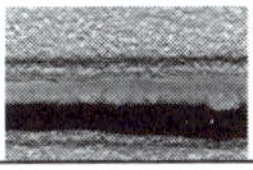		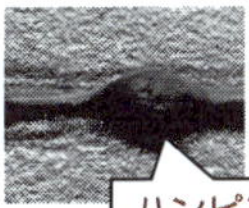
横断面 10 mm	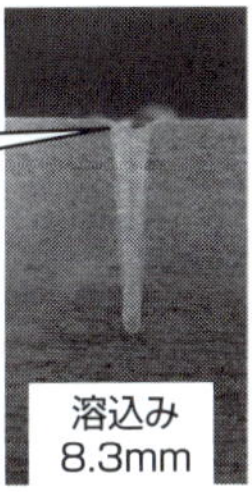 溶込み 8.3mm	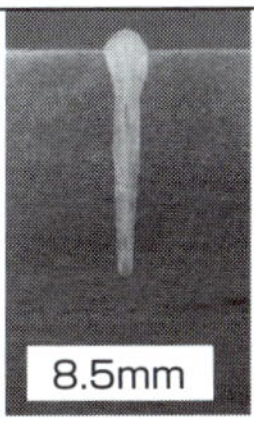 8.5mm	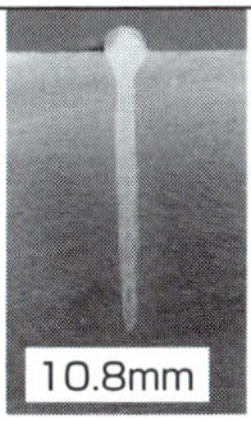 10.8mm	 11mm

良好な深い溶込み
(0.2 mm以下のポロシティ発生)

ハンピング

アンダフィル
&スパッタ

SUS 304 ;　レーザパワー : 10 kW, 焦点はずし距離 : 0 mm, 溶接速度: 4.5 m/min,
シールドガス:Ar(30l/min)

溶接速度およびパワー密度(スポット径)の影響

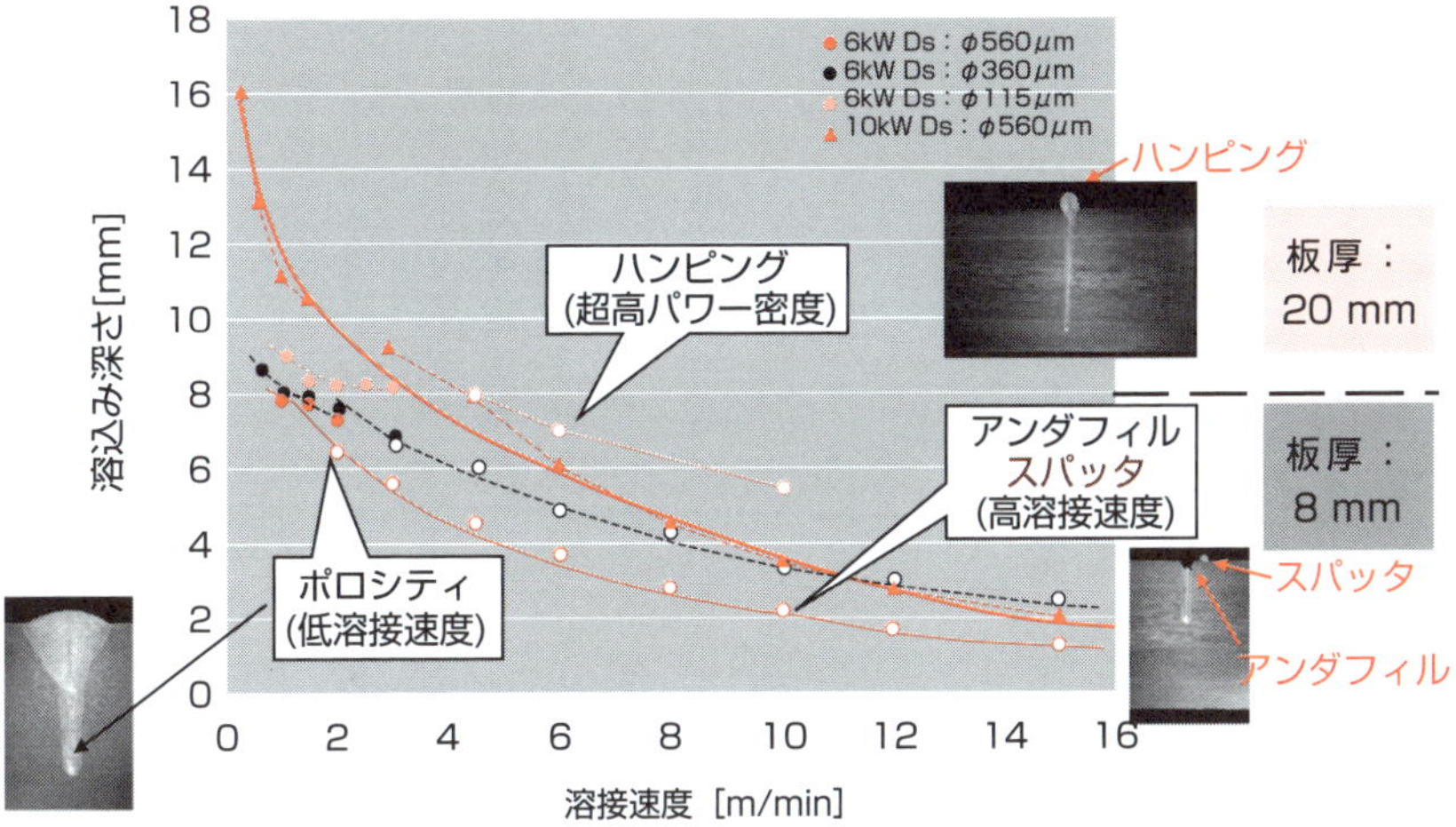

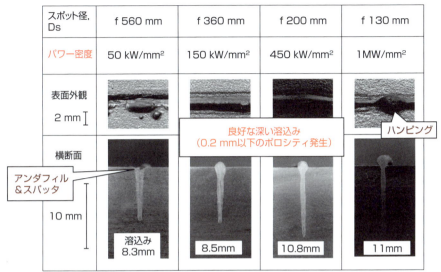

22 パルスレーザによるスポット溶接結果

低入熱で溶接できる

携帯電話のリチウム（Li）イオン電池用アルミニウム合金製ケース、およびチタン合金製眼鏡フレームのような微小製品の薄板、ワイヤなどに対してはパルスレーザによるスポット溶接が用いられます。レーザスポット溶接の場合、パワー密度が高くなると深い溶接部が作製できますが、スパッタが発生してアンダフィルの溶接部となりやすいほか、ポロシティ（気孔、ブローホールまたはポア）と呼ばれる穴状欠陥が形成しやすくなります。

スパッタは、パルスレーザのパワーが急速に上昇するとき、小さい溶融池の中にキーホールが急速に生成して成長することで、融液の逃げ場がない状況になり、融液が溶融池から吹き上がって発生すると解釈されます。これを防止するためには、レーザのパワーをゆっくり上げるか、比較的大きな溶融池を作製してからレーザのパワーを上昇させ、キーホールを作るパルス波形を採用する必要があります。

一方、ポロシティは、パルスレーザのパワーが急速に低下し、キーホール内に溶融池の融液が底部から埋まっていくように補給されず、上部が閉じてキーホールの一部が気泡として生成し、ポロシティとなることが観察されています。したがって、ポロシティの発生を防ぐためには、パルスのレーザパワーをゆっくりと低下させるか、のこぎり歯状のパルス波形でゆっくりとキーホールを浅くさせる方法が効果的であることが明らかにされています。

また、レーザスポット溶接では、レーザのパワーが急に低下すると、アルミニウム合金やニッケル基合金で底部や周囲から急速にセルラーデンドライトが生成します。これにより、結晶粒界には合金元素がミクロ偏析をして凝固割れが起こりやすくなるため、注意が必要です。凝固割れを防ぐには、パルスのパワー低下時に、低パワーのレーザを比較的長く照射して、ゆっくり凝固させる方法が有効です。

要点BOX
- ●パルスレーザはスポット溶接に使用
- ●スポット溶接は低入熱溶接
- ●レーザパルス波形は欠陥防止のために重要

スポット溶接現象に及ぼすパルス波形の影響

(a) 矩形波形の場合

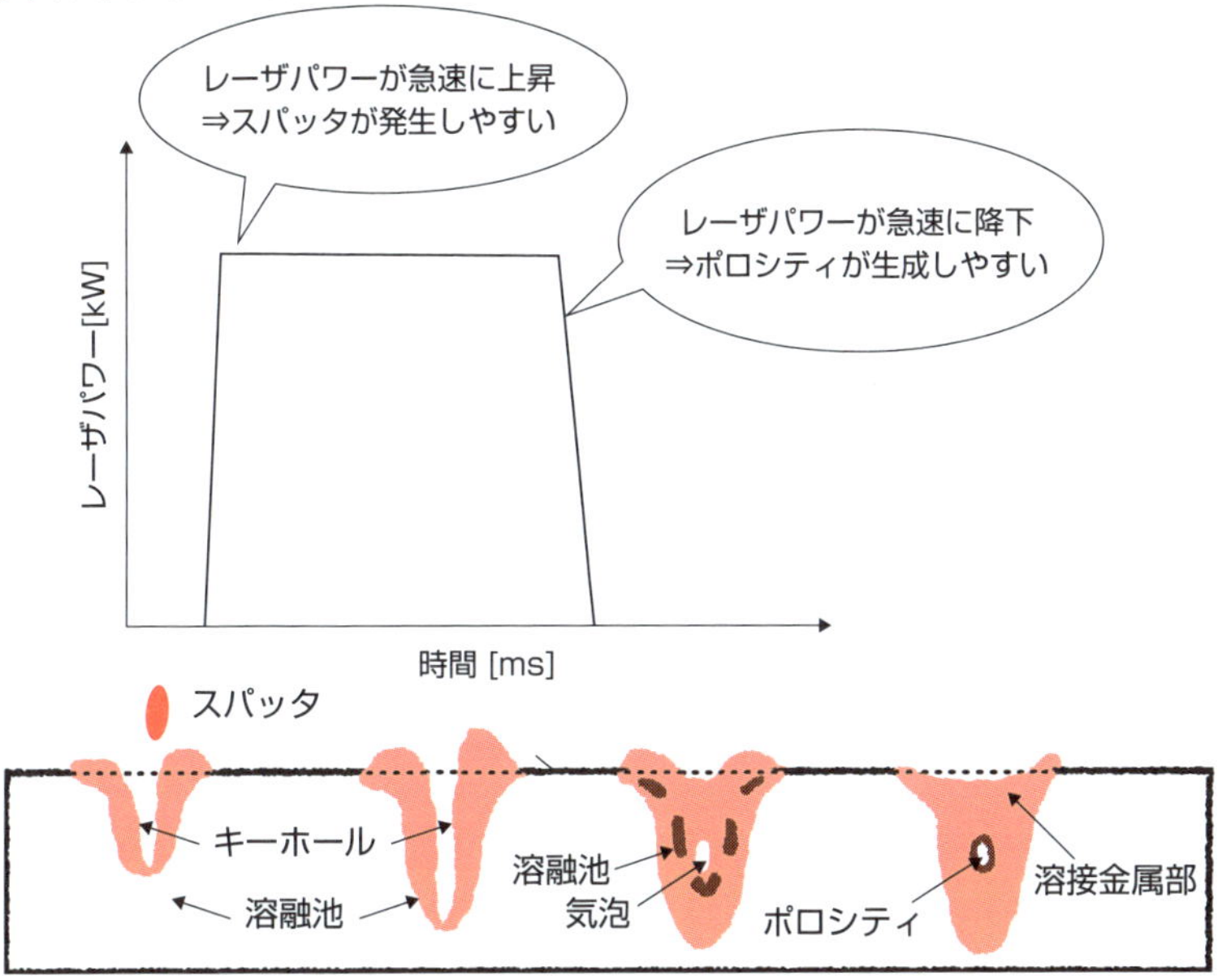

(b) 制御波形の場合

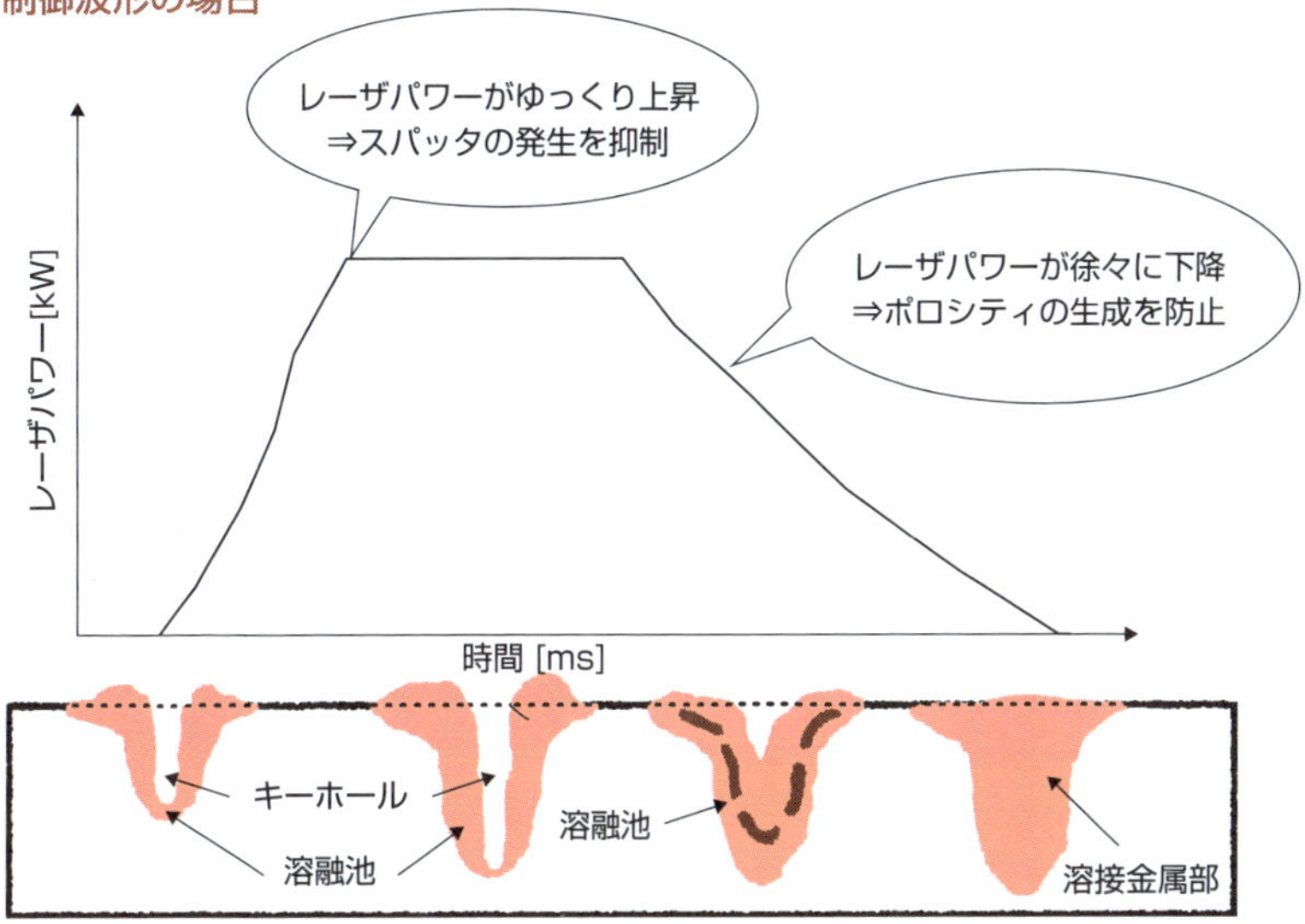

23 レーザによるテーラードブランク溶接

材料を適材適所で使うための溶接

テーラードブランク溶接は、アーク溶接やマッシュシーム溶接、レーザ溶接で可能ですが、継手の性能が良好で高速に溶接できることから、レーザ溶接が主に用いられるようになっています。

レーザによるテーラードブランク溶接は、1980年代半ばより大型フロアパン用やサンルーフで採用され、現在世界中で自動車ボディに適用されています。この工法は形状や板厚、強度が異なる素材を溶接して1枚のブランク材を作製するプロセスと、その後のブランク材を成形するプロセスからなります。一般冷間圧延鋼板と高張力鋼の溶接や、高張力鋼同士の溶接などに利用され、最適な配置と部品点数の削減により軽量化とコストダウンが図られています。その結果、テーラードブランクの自動車への適用箇所は多岐にわたり、拡大しています。

溶接用レーザとしては当初、CO_2レーザがCNC機と組み合わせて使用され、続いてYAGレーザがロボットと同時に活用されました。最近ではディスク・ファイバ・半導体レーザが用いられています。

鋼板の溶接部は急冷のため、通常は硬くなります。しかし、引張強さが780MPa以上の高強度鋼板の場合、熱影響部の両端の母材近くで硬さが低下するHAZ軟化が起こります。この軟化は、特に強加工を行った析出硬化型鋼で起こりやすく、1500MPa級の超高張力鋼では溶接金属部とHAZの硬さが低下します。これらの軟化は、疲労強度が低い原因となります。しかし、高速度のレーザ溶接でこれらが抑制される傾向が見られます。

鋼板のレーザ突合せ溶接では、溶接前の隙間と溶接後のビード表面形状のモニタリングが行われ、レーザ溶接結果の良否判定がされています。大きな隙間があるとアンダフィルが形成され、アンダフィルの大きな溶接部はその後の成形プロセスで亀裂が起こりやすく、良好な成形ができないためです。

要点BOX
- ●自動車産業で多用される
- ●鋼板のレーザ突合せ溶接が中心
- ●差厚鋼板のレーザ突合せ溶接も多い

テーラードブランク工法

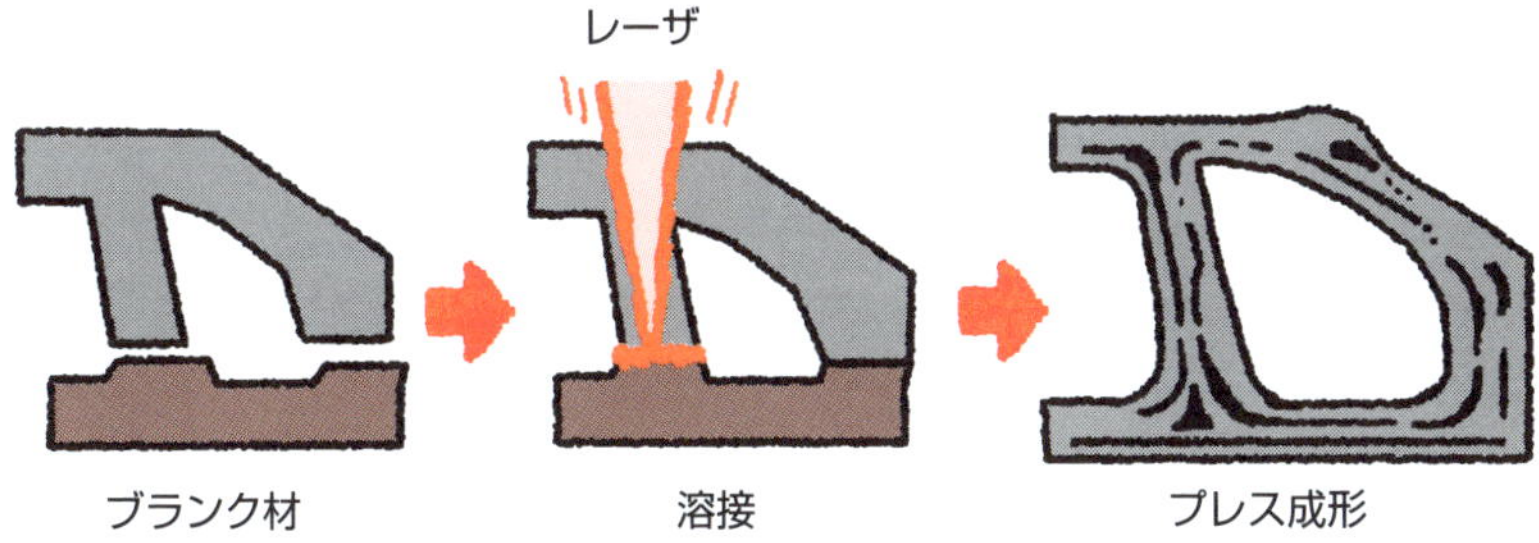

レーザによるテーラードブランク溶接でつくられる自動車部品

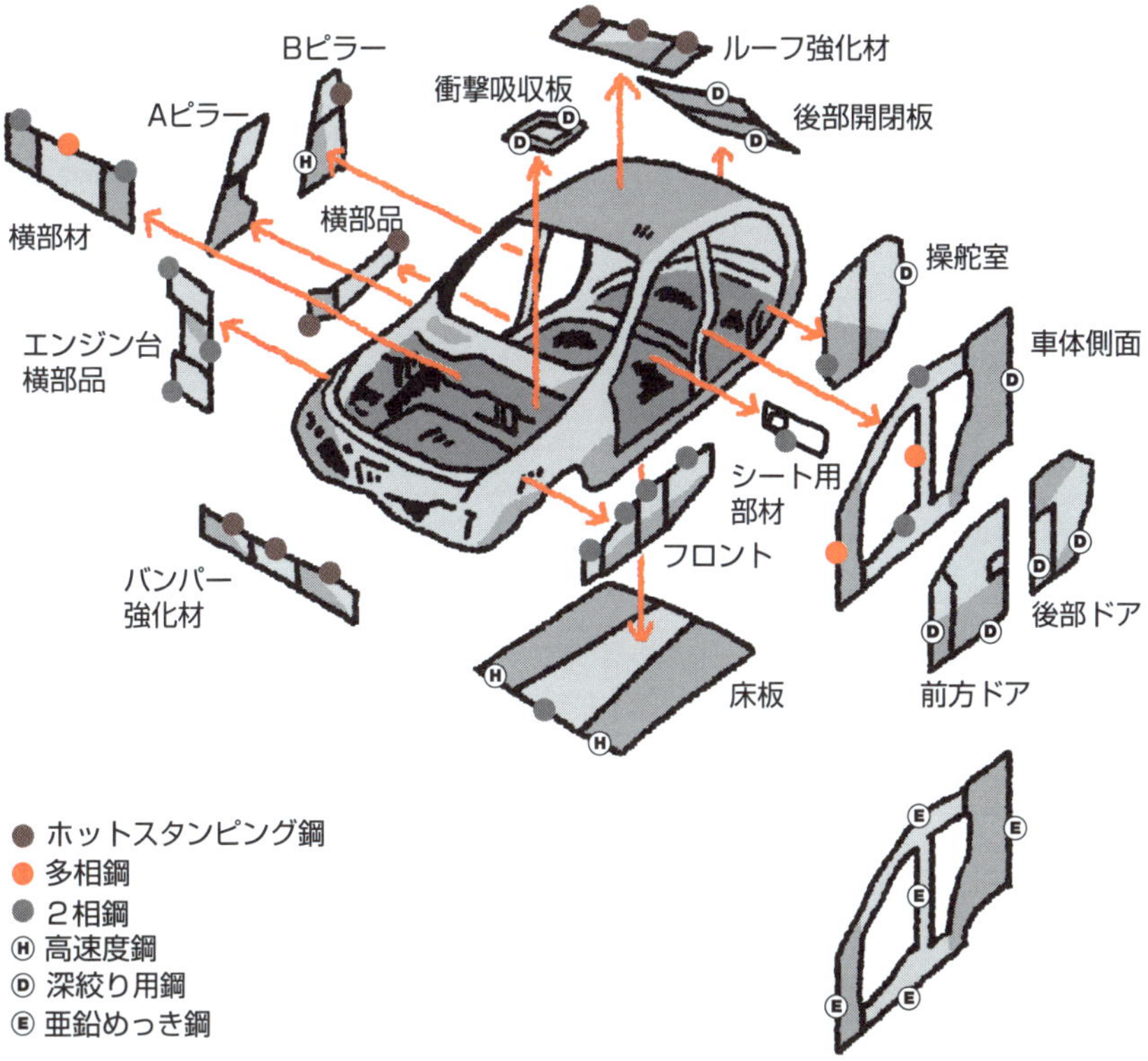

24 レーザ溶接時の問題点と溶接欠陥

最も気をつけるべき事項

　レーザ溶接時には、材料の種類と組成、溶接条件などにより、目違いやギャップによる溶接不良、変形（ひずみ、そり）、スパッタの発生やキーホールの不安定挙動によるアンダフィルや穴あき、高温割れ、深溶込み溶接部でのポロシティなど、種々の溶接欠陥が発生します。レーザ溶接欠陥は、通常のアーク溶接と同様に形状欠陥や内部欠陥、性質欠陥に分類されます。それぞれに対処が必要ですが、中でも溶接金属部のポロシティと凝固割れ（高温割れ）が対処すべき重要な溶接欠陥です。

　レーザ溶接中、キーホール先端部の前壁から後方の溶融池に向かう強い蒸発によって後壁の溶融池がくぼみ、そこに吹きつけられるシールドガスや大気を巻き込んで気泡を発生します。その気泡は、溶融池底部を後方上部への湯流れに乗って移動し、その途中で凝固壁に補足されてポロシティとなります。溶接速度が速くなると、気泡は底部近傍で補足され、ポロシティは溶接部底部に形成します。連続発振のレーザ溶接時のポロシティは、キーホールが安定に貫通する溶接、キーホールから気泡が発生する前にレーザパワーを低下させるパルス変調溶接、前進角の溶接、適切なシールドガス（オーステナイト系ステンレス鋼ではN_2、鉄鋼ではCO_2）中での溶接、真空中の溶接などで抑制、防止されます。

　レーザスポット溶接では、深溶込み溶接部にポロシティが生成しやすく、アルミニウム合金などでは凝固割れが発生する場合もあります。そのためレーザパワーをゆっくり低下させ、キーホールを底部から融液で埋める方策や、急速凝固を起こさないように低パワーのレーザ照射を少し長く行うパルス波形の採用で、凝固割れを防ぐ方策が必要です。

　亜鉛めっき鋼板の重ね溶接では、亜鉛蒸気が原因でスパッタやポロシティが発生するため、重ね部にギャップを約0・1㎜設けることが推奨されます。

要点BOX
- ●内部欠陥の防止が重要
- ●ポロシティの発生機構と低減法を知る
- ●凝固割れの発生と防止に留意する

レーザ溶接時の主な問題点

☆ギャップ裕度が小さい

☆焦点深度が小さい

―焦点はずし距離の変化

➡ 溶込み深さが急に浅くなる

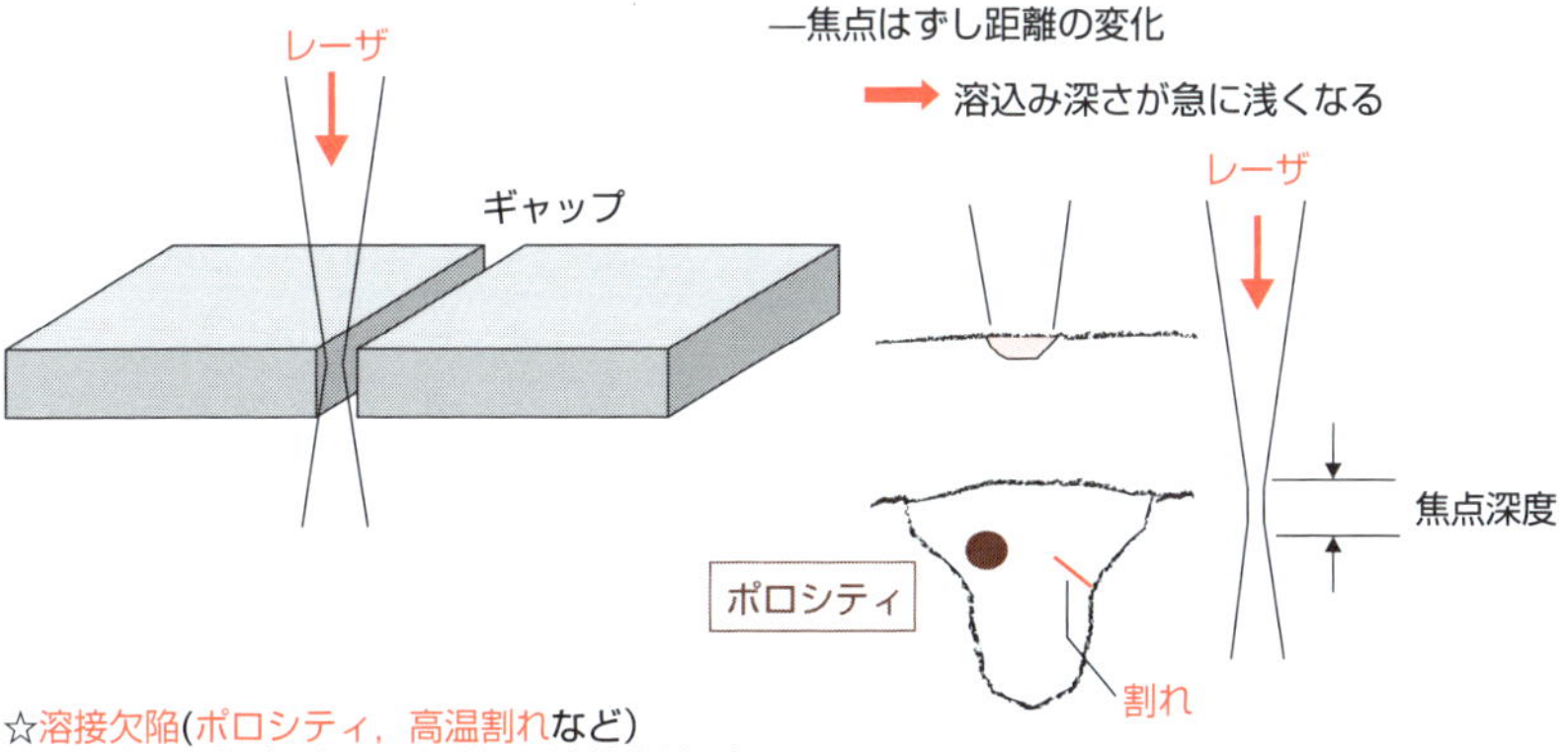

☆溶接欠陥(ポロシティ，高温割れなど)
が発生する場合がある(不適切な溶接条件で)

レーザ溶接時の各種挙動と湯流れに及ぼす溶接速度の影響

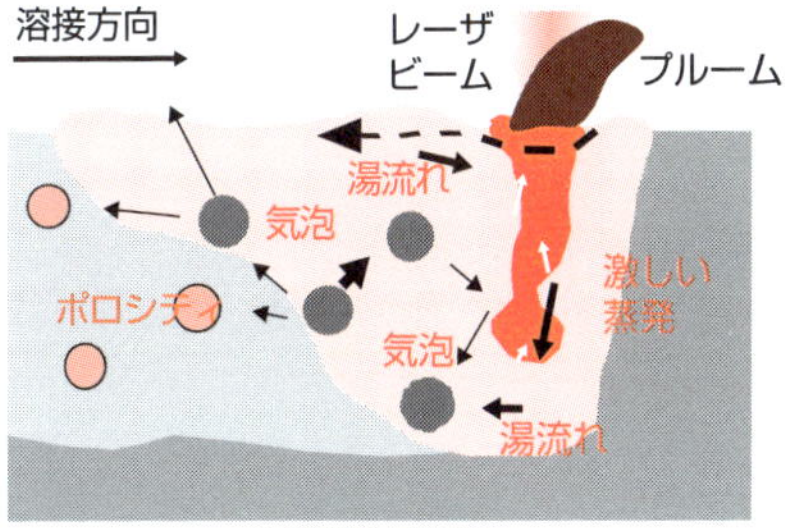

(a)低速度溶接

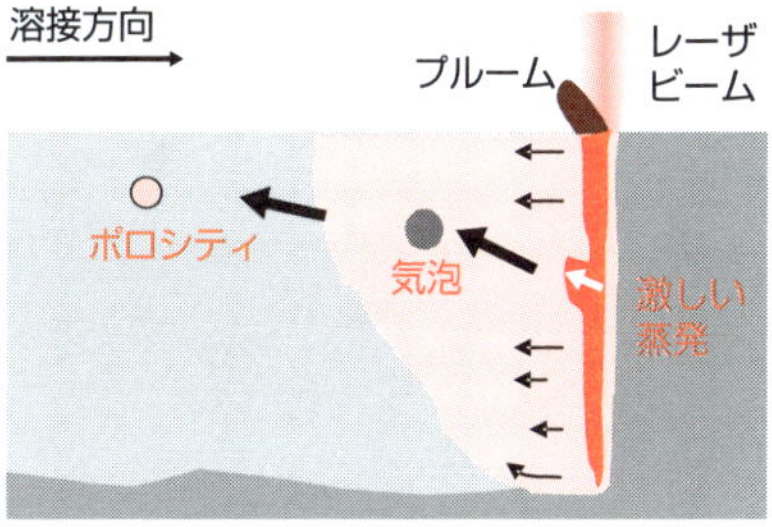

(b)高パワー密度レーザ溶接

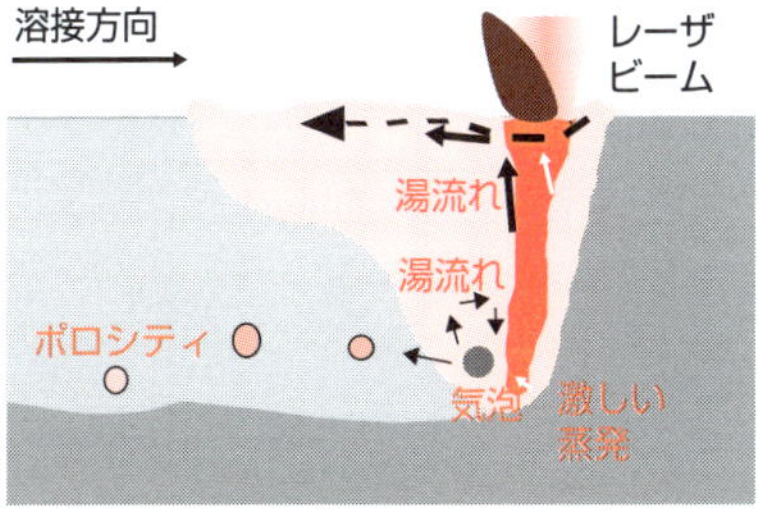

(c)中速度溶接(高パワーレーザ)

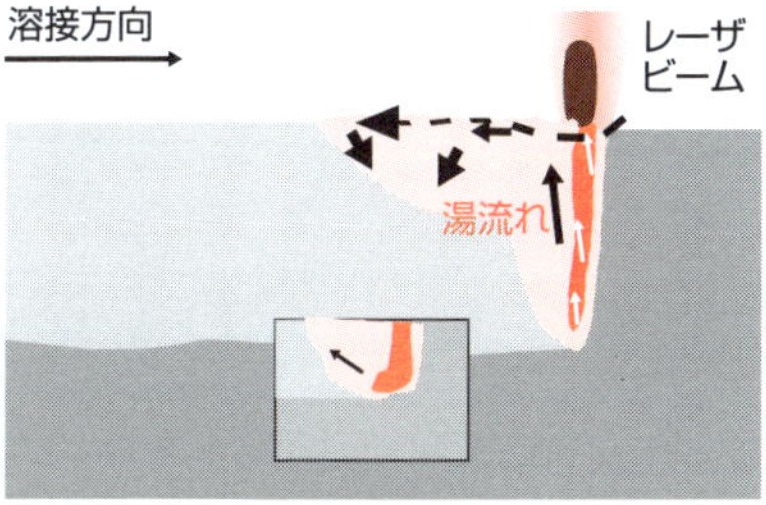

(d)高速度溶接

25 レーザによるリモート溶接

高速溶接を実現する

リモート（スキャナ）溶接では長焦点の集光光学系を用い、スキャナを使う場合と使わない場合があります。現在では、大半の場合スキャナを用います。通常、ガルバノのスキャナに数kWの高出力・高品質のレーザビームを導入し、長焦点距離のレンズと組み合わせます。そうすることで、レーザビームを溶接ポイントから別の溶接ポイントに瞬時に移動させることができ、高速・高生産性の溶接が達成されます。レーザビームの移動時間が極めて短く、広範囲の加工領域をカバーできるため、1つの姿勢で溶接部を多数、短時間に作製できる方法です。

リモート溶接は、自動車の場合、抵抗スポット溶接やアーク溶接に代わる溶接法であり、ドアや車体部品などに適用されています。当初、高ビーム品質のDCスラブ型CO_2レーザがリモート用熱源として利用されましたが、最近はLD励起のディスクレーザかファイバレーザがロボットとの組合せで使用されています。抵抗スポット溶接をリモート溶接に変えることで、作業時間の大幅な短縮と人員の削減が図られています。

大気中でレーザリモート溶接を行うと、溶接の途中で溶接ビード部の深さが変動し、浅くなることがあります。その原因は、レーザ溶接中にキーホール口から蒸発物と発光したプルームが噴出し、試料の上方に密度が小さくて屈折率の小さい高温領域が広範囲に生成されます。レーザビームがそこを通過すると、その領域と相互作用してレーザの焦点が下方に移動したり、ビームが屈折したりして板表面でのパワー密度が低下するためです。

リモート溶接中の溶込み深さの変動を低減・防止するには、板上方の横からか被溶接部品の上方や直上をファンか高速ブロアで高温の噴出プルーム（蒸発物質）を横方向に吹き飛ばし、低密度の低屈折率領域を小さく抑制する必要があります。

要点BOX
- ●自動車産業で適用され省力化に貢献
- ●鋼板のレーザ重ね溶接が主用途
- ●レーザ誘起プルームの抑制が安定化の課題

固体レーザによるリモート溶接システム例

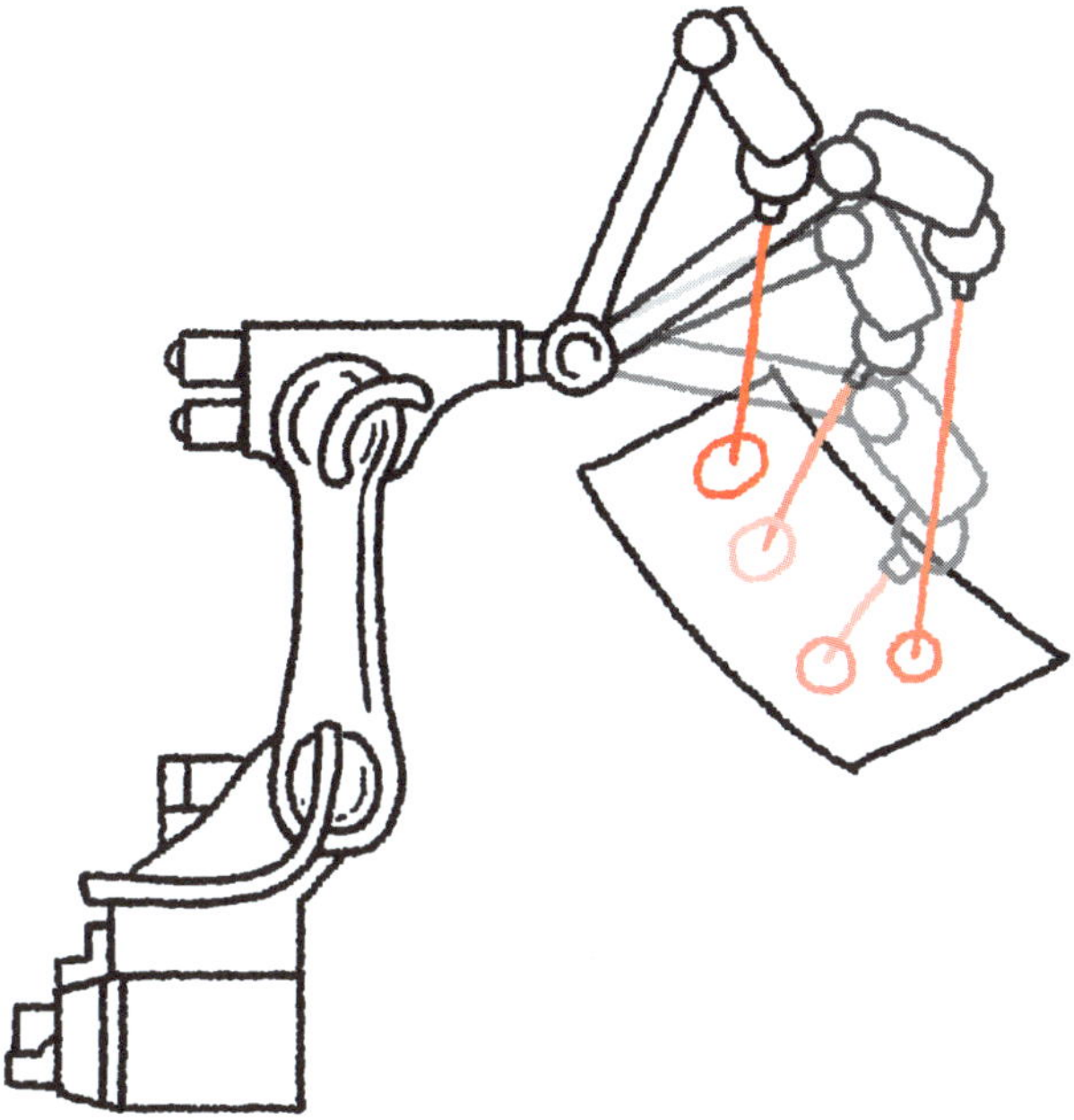

リモートレーザ溶接(模式図)

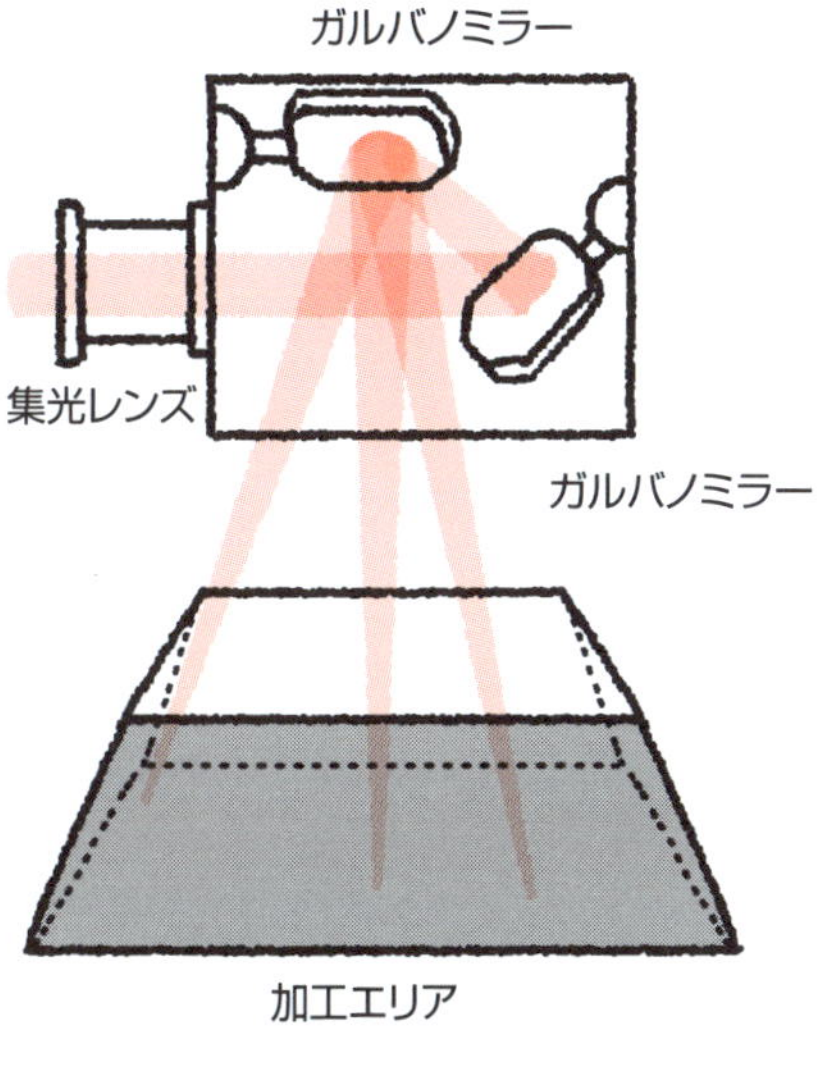

自動車ドアのリモートレーザ溶接
(スキャナ溶接)

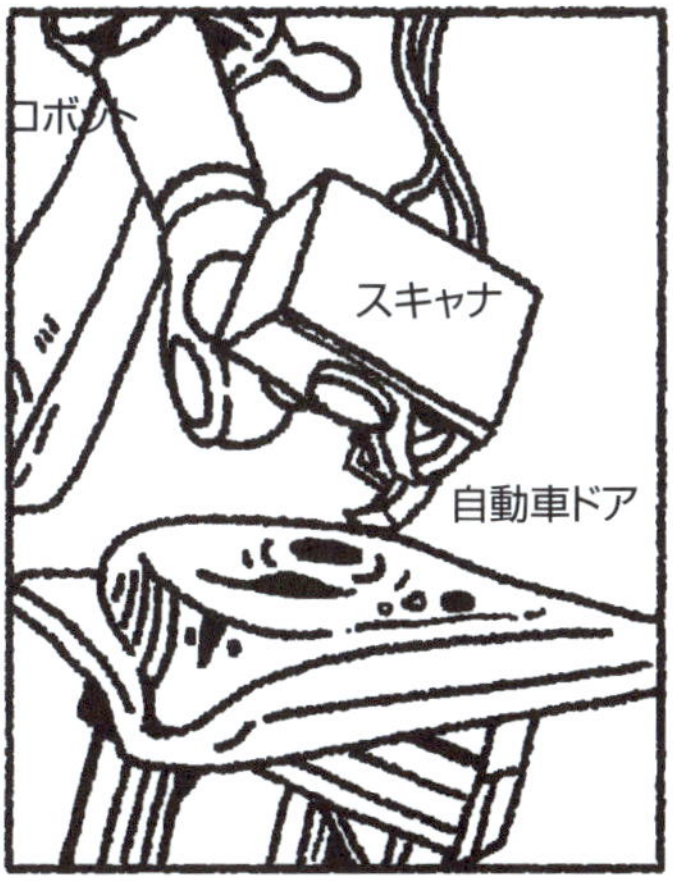

26 レーザブレージング（ろう付）とは

きれいな継手の作製ができる

ブレージング（ろう付）は、母材の融点よりも低い温度で、４５０℃以上で溶融する金属の溶加材（ワイヤ）を用い、母材をできるだけ溶融させないでぬれと毛細管現象により接合する方法です。加熱源や作業方法によってさまざまな呼び方をします。

レーザを熱源として用いるレーザブレージングは、入熱量が少なく板の熱変形が小さいため、自動車製造で高い車体精度が確保できます。そこで、レーザブレージングはまず欧州や北米で、トランクリッドで上下に分割した亜鉛めっき鋼板のプレス成形部品を一体化する目的で採用されました。

樹脂部品による高コスト化や、トリム部品の取り付けによる造形の制約などの課題が克服されています。さらに、車体のルーフにレーザブレージングを適用し、シールやモールを廃止する低コスト化や造形の自由度拡大のメリットも得られています。

ブレージング用レーザとしては、半導体レーザ、ファイバレーザなどが用いられます。ブレージング用ワイヤとしては、Cu-2～4%SiやCu-8%Alが用いられます。銅合金系ワイヤを用いるのはZn（亜鉛）を多量に固溶できるためです。めっき鋼板の亜鉛は沸点が鋼の融点よりも低いために、低い温度で蒸発しやすく、ポロシティやピットの原因となります。それぞれの防止には、レーザのパワーを増加される対応と、ワイヤの供給量を増加させる対策が必要です。最近、日本でも数社で車体の接合にレーザブレージングが導入され、適用が拡大しています。

レーザブレージングは、アルミニウム合金と鋼、または亜鉛めっき鋼板との異材接合などにも利用され、高強度の継手が得られることが示されています。なお、アルミニウム合金は表面に強固な酸化膜（アルミナ：Al_2O_3およびマグネシア：MgO）が形成してろう付を妨害するため、酸化皮膜が除去できるフラックス（溶剤）を用いることが不可欠です。

要点BOX

- ●自動車産業で適用が進む
- ●亜鉛めっき鋼に対する利用が拡大
- ●適切な条件の検討と選択が重要

レーザブレージング部の断面と現象のビデオ観察結果

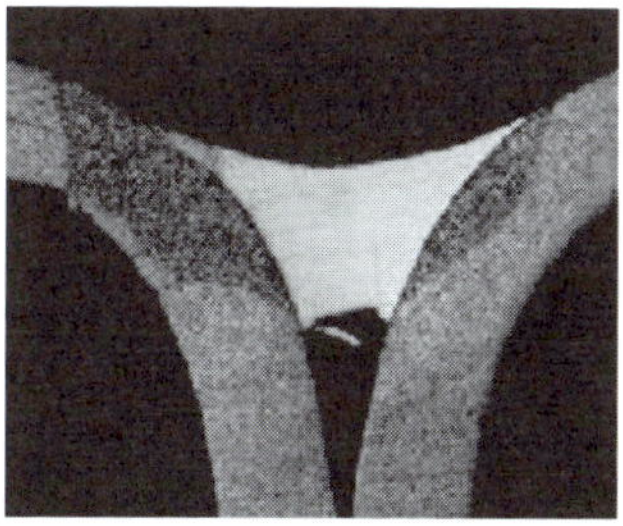

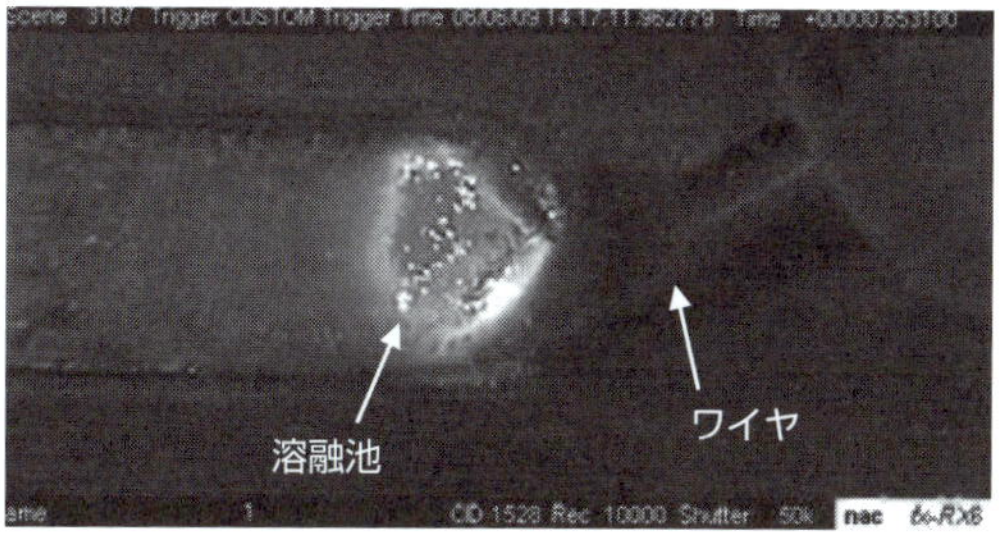

レーザブレージング部の断面と自動車の屋根への適用

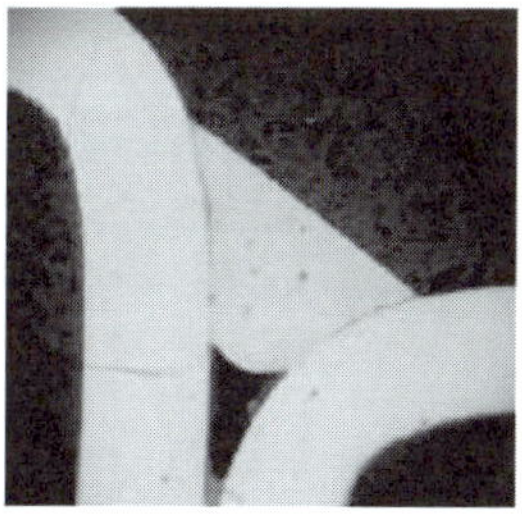

レーザブレージングの適用箇所

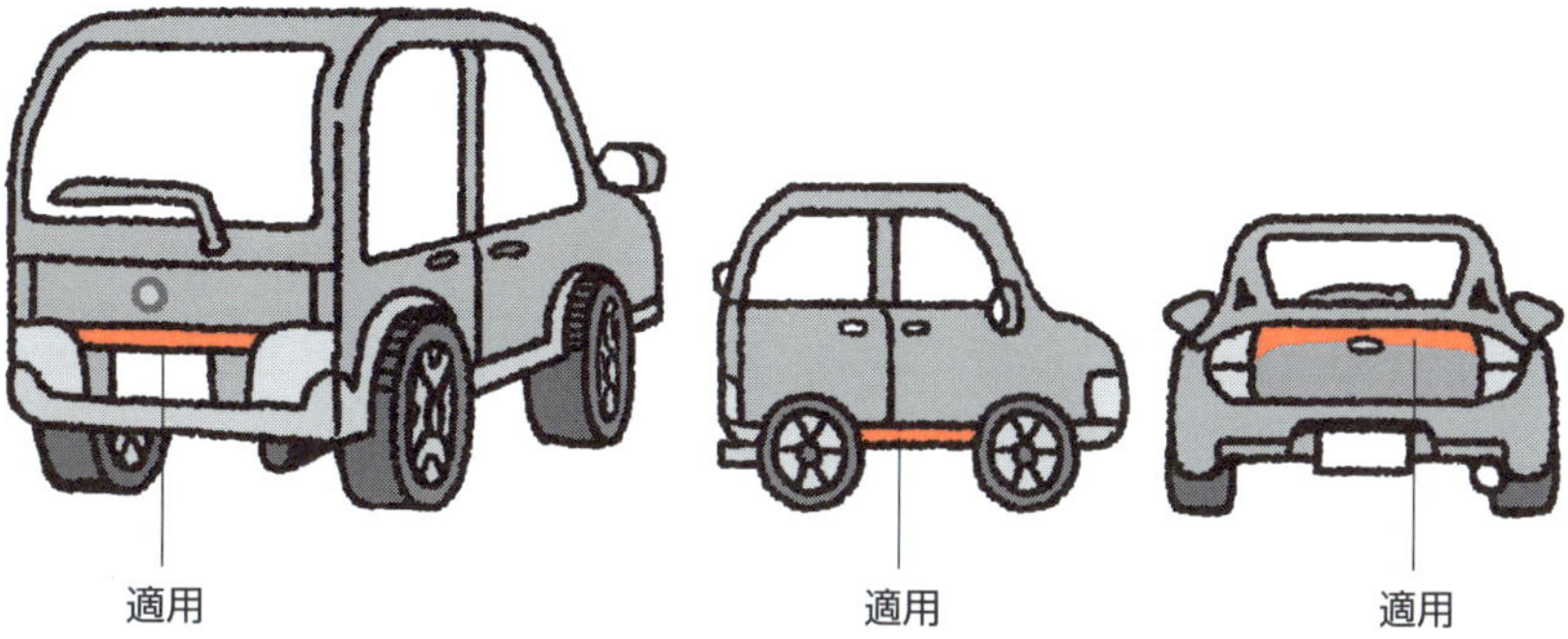

27 レーザソルダリング（はんだ付）とは

電子部品への適用が進む

ソルダリング（はんだ付）は、450℃未満の低温度で溶融する金属の溶加材を用い、母材をできるだけ溶融させず継手部にぬれと毛細管現象により、溶加材の融液を供給して接合する方法です。特に、こてはんだ付が身近な接合方法として知られています。はんだ付は、ろう付に比べて強さがはるかに低く、もろくて耐食性も劣っています。

はんだ付は容易に接合できるのが利点で、従来はSn-Pb合金を中心に用いられてきましたが、Pbが人体に有害であることから、現在はPbを含まない（PbフリーのSn-Ag合金などが利用されています。Pbフリーのはんだは、一般に融点が若干高くなり、ぬれ性も低下します。ところがレーザソルダリングは、はんだの融点が多少高くても材料の加熱が可能なため、はんだの融点にあまり影響されない接合法であり、エレクトロニクス産業で利用されています。

レーザソルダリングの作業工程では、①はんだ付の箇所とはんだ（ワイヤ）に、連続発振またはパルス発振のレーザを照射、②照射箇所が発熱、③はんだのレーザ照射箇所は溶融温度以上に上昇して溶融、④溶融はんだは接合部に供給、⑤レーザ照射のパワーを落とし、ゆっくりと凝固させて冷却、⑥周囲の温度が高いとその部分に馴染んだはんだ付部が作製される、という手順を踏みます。

レーザソルダリングは、こてはんだ付で難しい微細部の接合ができ、自動化も可能です。良好なはんだ付部を作製するためには、レーザのエネルギー密度および照射時間を調整する必要があります。

半導体レーザが主に用いられ、装置の小型化と高効率化、低コスト化が図られています。それでも、レーザソルダリング工法は装置コストが比較的高く、初期費用がかさみます。また、レーザシステムはリフローはんだ付に比べると、一括接合ができないため生産性が劣りますが、小型化は可能です。

要点BOX
- ●エレクトロニクス産業で適用が進む
- ●Pbを含まないはんだを利用する
- ●低温度の接合に特徴

レーザソルダリング（はんだ付）方法

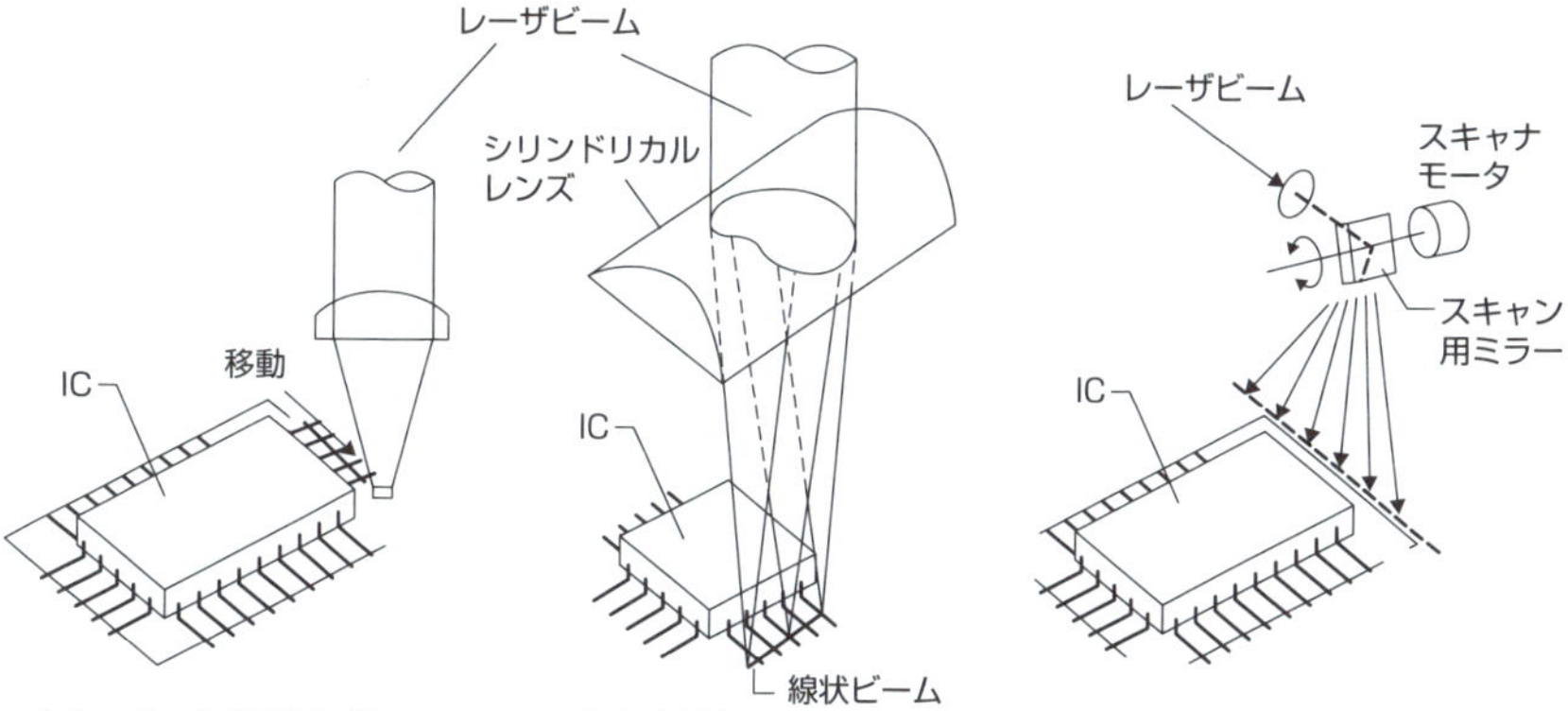

（a）ビーム移動方式　（b）線状ビーム方式　（c）ビームスキャン方式

レーザソルダリング装置とソルダリング状況

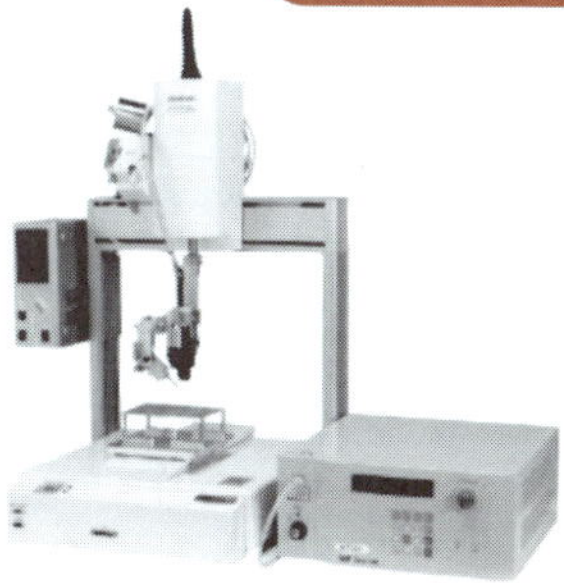

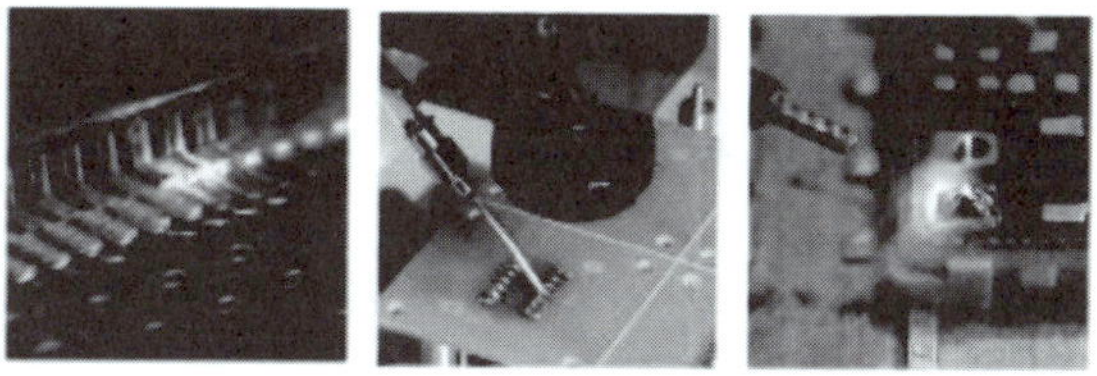

レーザソルダリングの適用例

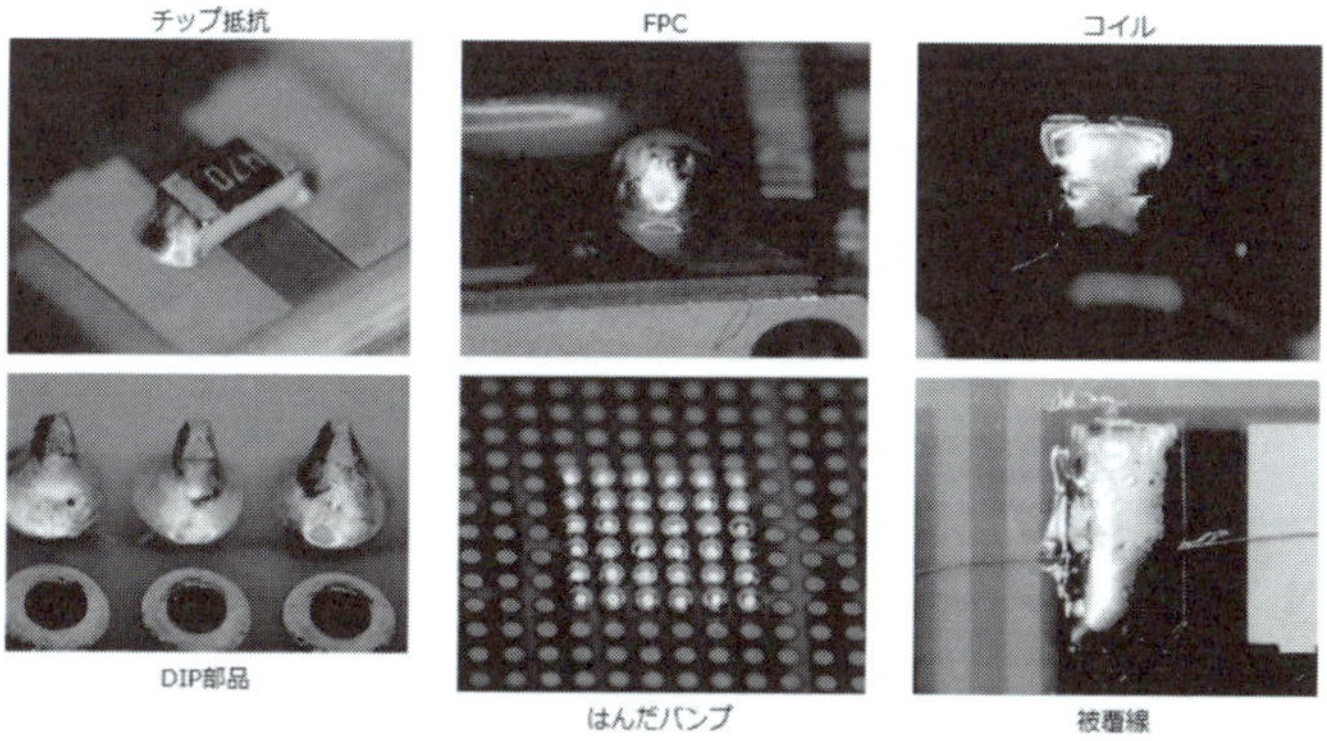

28 レーザ・アークハイブリッド溶接とは

相互に特長を利用して欠点を補完する

レーザ・アークハイブリッド溶接は、1979年に鉄鋼材料に対してCO_2レーザとTIGアークの組合せで始まりました。1994年には、YAGレーザとTIGアークのハイブリッドで高効率溶接が可能と発表された後は、世界的に開発が進みました。

アークが集中して溶融している箇所にレーザを照射することで、レーザが効率良く吸収されて高温になり、蒸発の反跳力で深いキーホールが形成します。また、アークはキーホール口周辺に集中して電磁対流が起こり、キーホール底部から溶融池底部後方への湯流れが見られ、深い溶融池が得られます。

ハイブリッド溶接の長所は、①深溶込み溶接部が作製できて高効率、②高速溶接で高い生産性を達成、③ワイヤ利用によりギャップ裕度が大きい、④幅広の溶融池の作製によりレーザ照射狙い位置裕度が大きい、⑤溶接ビード外観が改善できる、⑥ポロシティが低減でき、高品質な溶接部が作製可能、⑦ワイヤの利用と急冷防止（マルテンサイト相の生成の抑制）により、溶接金属部の機械的特性が改善できる、などが挙げられます。

ハイブリッド溶接の実用化は、2001年にクルーズ船の鉄鋼材料の突合せ継手に対し、CO_2レーザとMAGが適用されたことに始まります。その後、欧州では、ディスクまたはファイバレーザとMAGアークハイブリッド溶接も造船に適用され、厚板パイプラインの溶接も検討されています。

またアルミニウム合金製自動車車体の製造に、固体／半導体レーザとMIGアークハイブリッド溶接が実用化されています。一方、日本では、ファイバレーザとMIG、MAGまたはCO_2ガスアークのハイブリッド溶接がステンレス鋼製容器、一般商船や大型巡視船の製造に適用されています。そして、ファイバレーザとMIGアークハイブリッド溶接がアルミニウム合金製電車に適用されています。

要点BOX
- ●ギャップ裕度が大きい溶接法
- ●アルミニウム合金や鉄鋼の厚板溶接が可能
- ●高速溶接にも対応

レーザ・TIGアークハイブリッド溶接機構

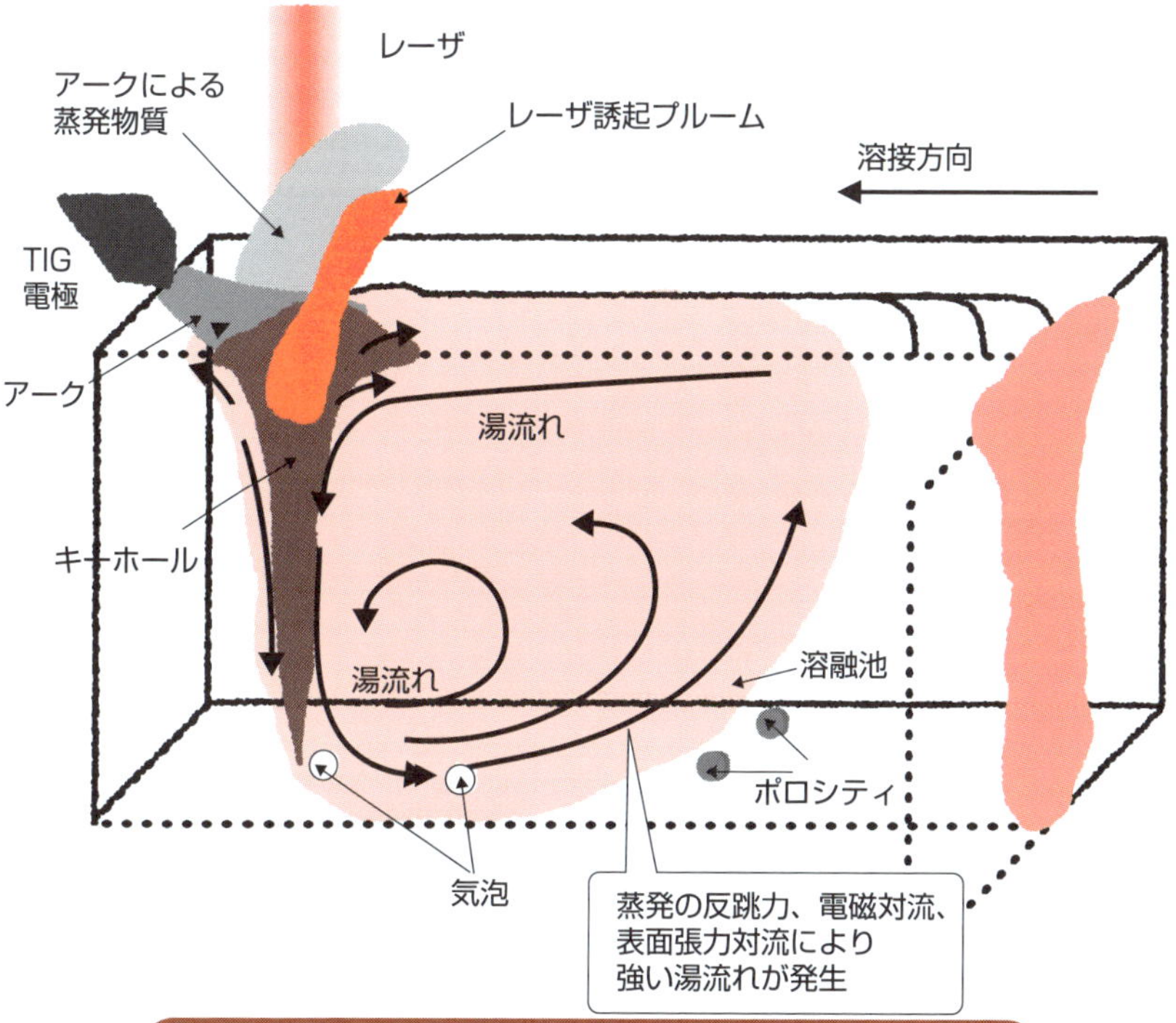

アルミニウム合金製車両へのハイブリッド溶接の適用

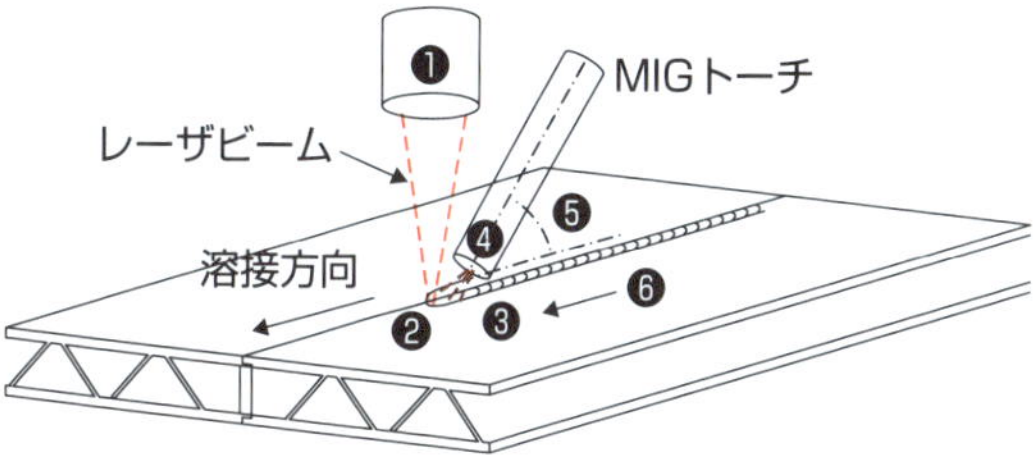

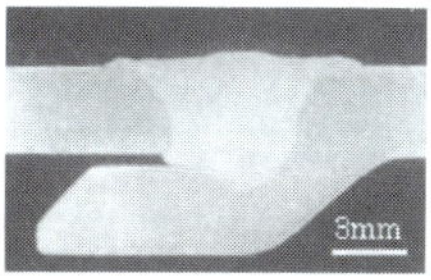

主なパラメータ

❶レーザ出力
❷ビーム径
❸レーザ・MIG間距離
❹MIGアーク電流・電圧
❺トーチ角度
❻溶接速度

29 レーザ溶接時のモニタリング

モノづくりの量産工程では重要

溶接中のモニタリングには、プリプロセス、インプロセスおよびポストプロセスの3種類があります。

プリプロセスモニタリングは溶接したい位置を検知することで、レーザビームがその位置をなぞっていくセンシング法が開発されています。インプロセスモニタリングでは溶接時の状況を検知し、欠陥発生の有無や品質の良否を判定し、適応制御法によって溶接欠陥が発生しないようにすることが理想です。ポストプロセスモニタリングは溶接ビード表面の形状を計測し、アンダフィルやアンダカット、ピットなどの表面欠陥の有無と程度が検出されます。

高品質なレーザ溶接部を提供するためには、信頼性のあるインプロセスモニタリングシステムを用い、溶接プロセスを監視・制御することが望まれます。最近は、カメラとコンピュータの高性能化により、プリ・イン・ポストの各プロセスが同時に観察され、一画面に表示できるようになっています。

実際、レーザ溶接中には物理現象に基づく情報が多数存在します。インプロセスモニタリングに関しては、プラズマ／プルームから放出される光の強度や反射レーザ光のパワー、溶融池やスパッタ（溶滴）からの熱放射光の強度、溶融池の温度とサイズ、圧力変化による音響、溶接材料からの超音波、溶融池とキーホールの直接観察などが検討されています。

現在、レーザ溶接状況を直接示すものとして、キーホールや溶融池を観察し、キーホールからの噴出プラズマ／プルームと反射レーザ光を計測する手法が開発されています。また、アルミニウム合金の溶接では、反射光と熱放射光の診断法によりプロセスの安定性が評価され、スパッタおよびアンダフィルが検出されています。特に最近は、OCT（光干渉診断撮影法）によりキーホール深さがモニタリングされ、溶込み深さの制御ができるようになっています。

要点BOX
- ●3つのモニタリングの違いを理解しよう
- ●センシングと倣い制御がプリプロセスの要点
- ●適応制御で欠陥を防ぐ

レーザ溶接時のモニタリング方法

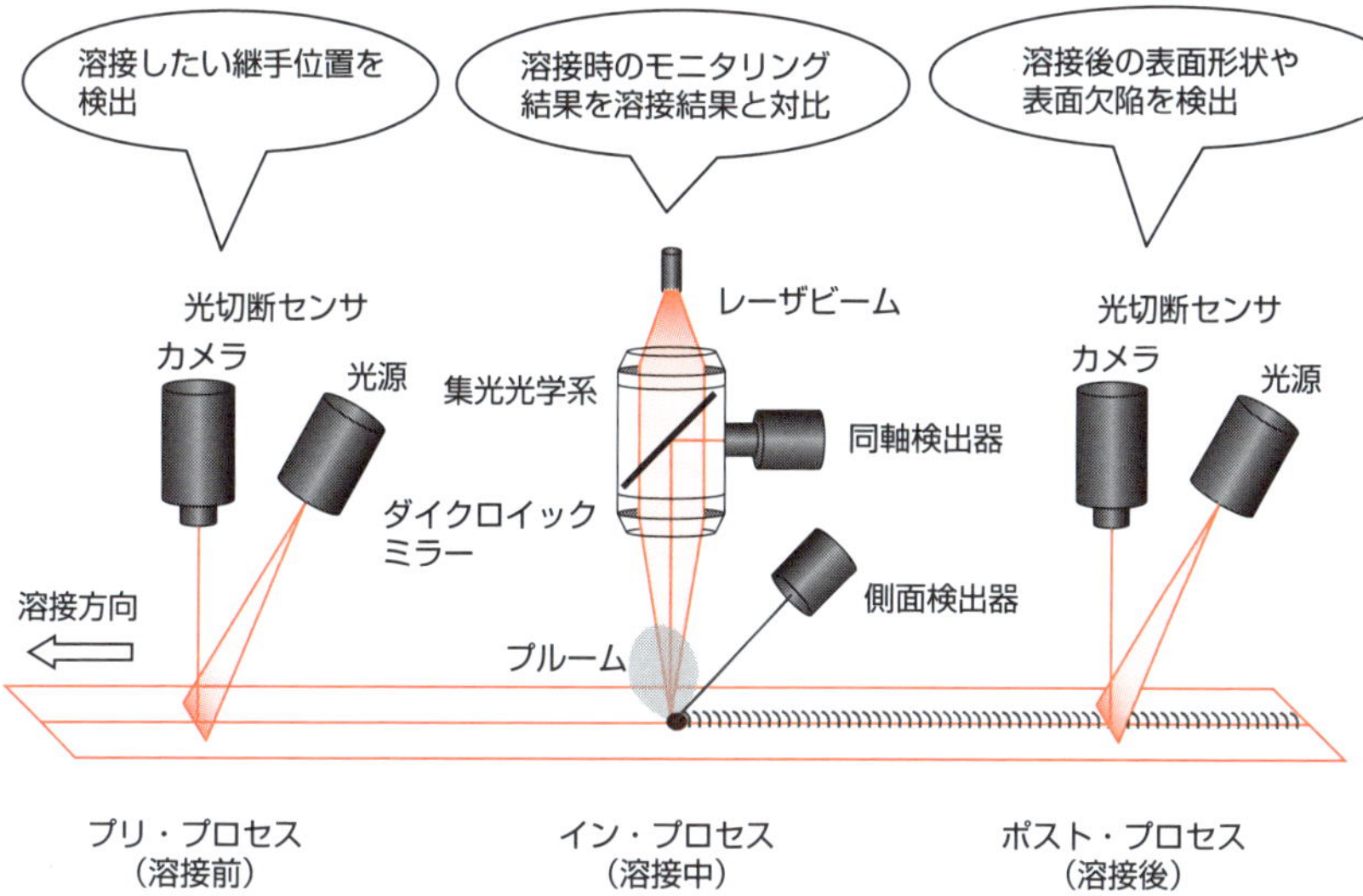

センシング・適応制御用レーザ溶接ヘッドと計測例

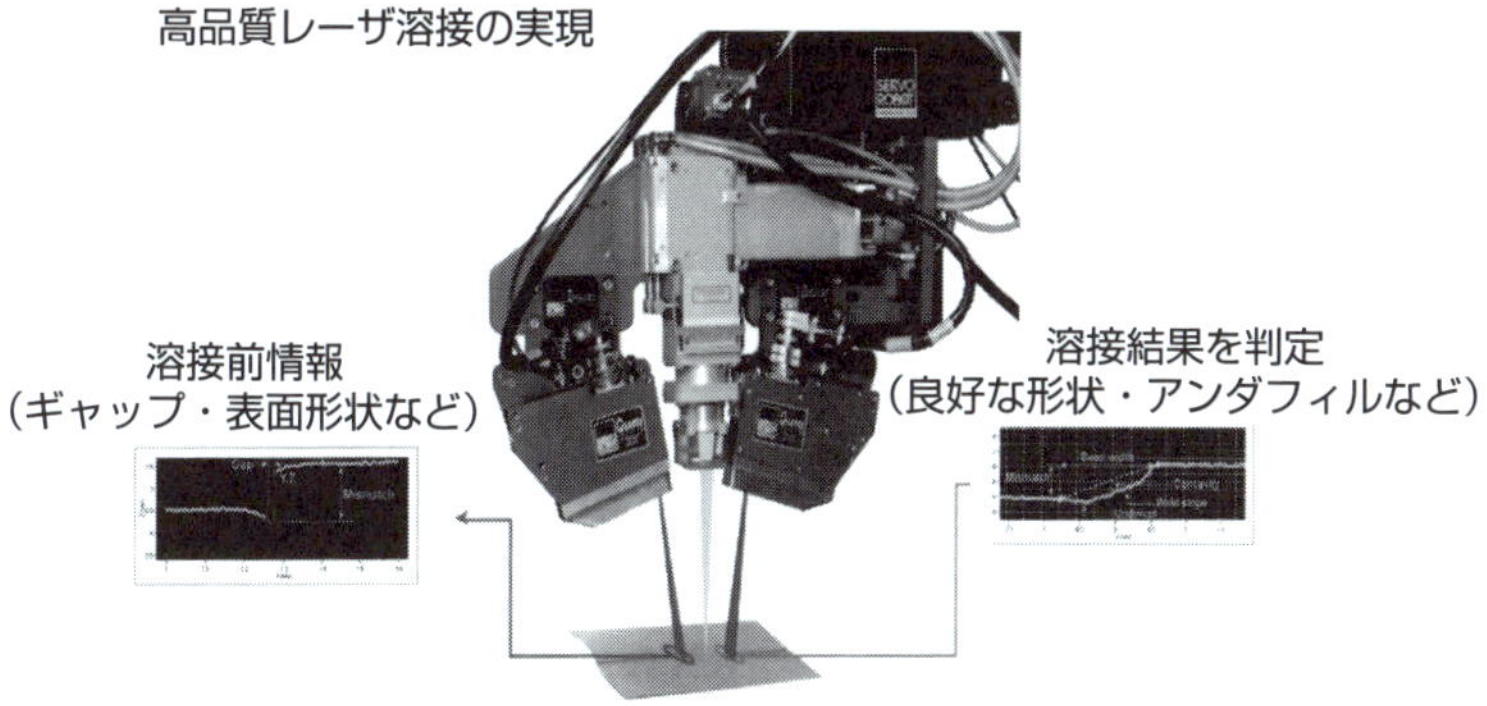

画像観察処理法によるプリ、インおよびポスト・プロセスモニタリング

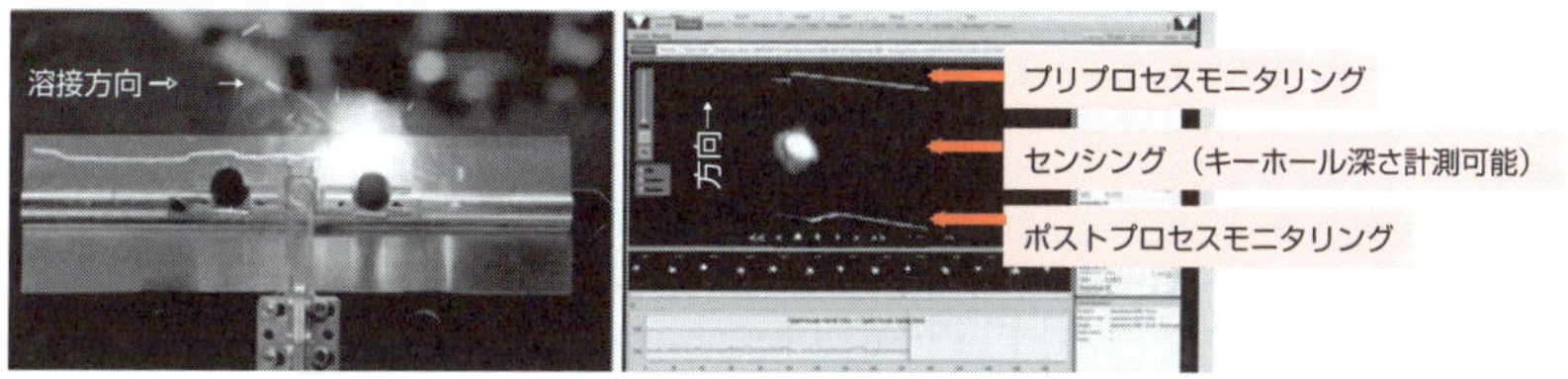

30 レーザ溶接時のキーホール深さ計測

光干渉診断技術によって実現する

光学的に反射・散乱が可能な物体からの2次元や3次元の画像をμm（マイクロメーター）の分解能で得るために、コヒーレント光を利用する画像技術としてOCT（Optical Coherence Tomography；光干渉診断撮影法）が注目されています。2010年頃にドイツとカナダで、レーザ溶接時のキーホール深さを測定できる装置が開発・市販されています。溶接用のレーザとは異なる波長のレーザを同軸に照射し、板表面からとキーホール底部からの反射光を検出するOCTにより、レーザ溶接時のキーホール深さが測定できます。

もう少し具体的に表現すると、広帯域光源ⓧから低コヒーレント光を発振し③、ビームスプリッタで参照光①とキーホール用測定光②の2光路に分岐します。参照面とサンプル面、キーホール先端のそれぞれからの反射光が合成されると干渉③し、その干渉光をビームスプリッタでセンサーに導光して分光⑤します。波の強弱となった分光結果はフーリエ変換されます。その結果、キーホール深さ④の増加に従って周波数⑥は高くなり、逆に得られた周波数からキーホール深さが計測されることになります。

測定光路途上に超高速スキャン装置を用いると、サンプルの溶接したい位置やキーホールおよび周辺の深さ、溶接後の表面形状なども求めることができます。なお、メーカーや手法の違いにより、キーホール先端位置の設定方法や測定可能な最長キーホール深さが6㎜、12㎜などと異なります。

レーザ溶接中のキーホール挙動をX線透視法で観察し、OCTで深さを計測した結果は同一であることが確認されています。また、レーザ溶接部の縦断面の溶込み深さは、キーホール深さとほぼ同一であることも測定されています。OCT結果をレーザパワーにフィードバックさせ、溶込み深さを一定または所望の深さに制御する手法も開発されています。

要点BOX
- ●光干渉診断撮影法が開発された
- ●レーザ溶接時のキーホール深さ測定が可能
- ●所望の溶込み深さが確保できる

キーホール深さの光干渉診断計測法

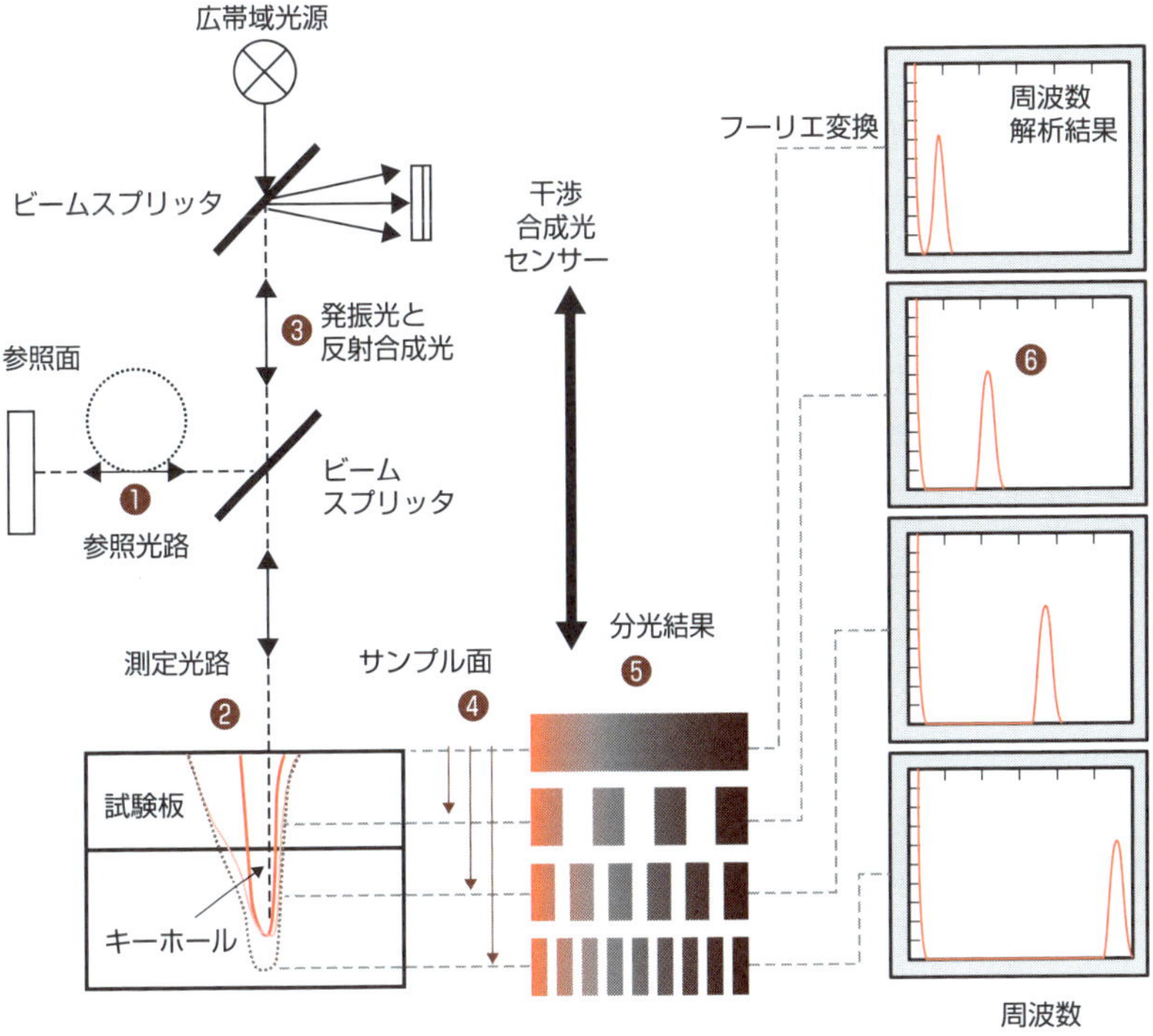

炭素鋼のレーザ溶接ビードの縦断面（上）とキーホール深さの比較（下）

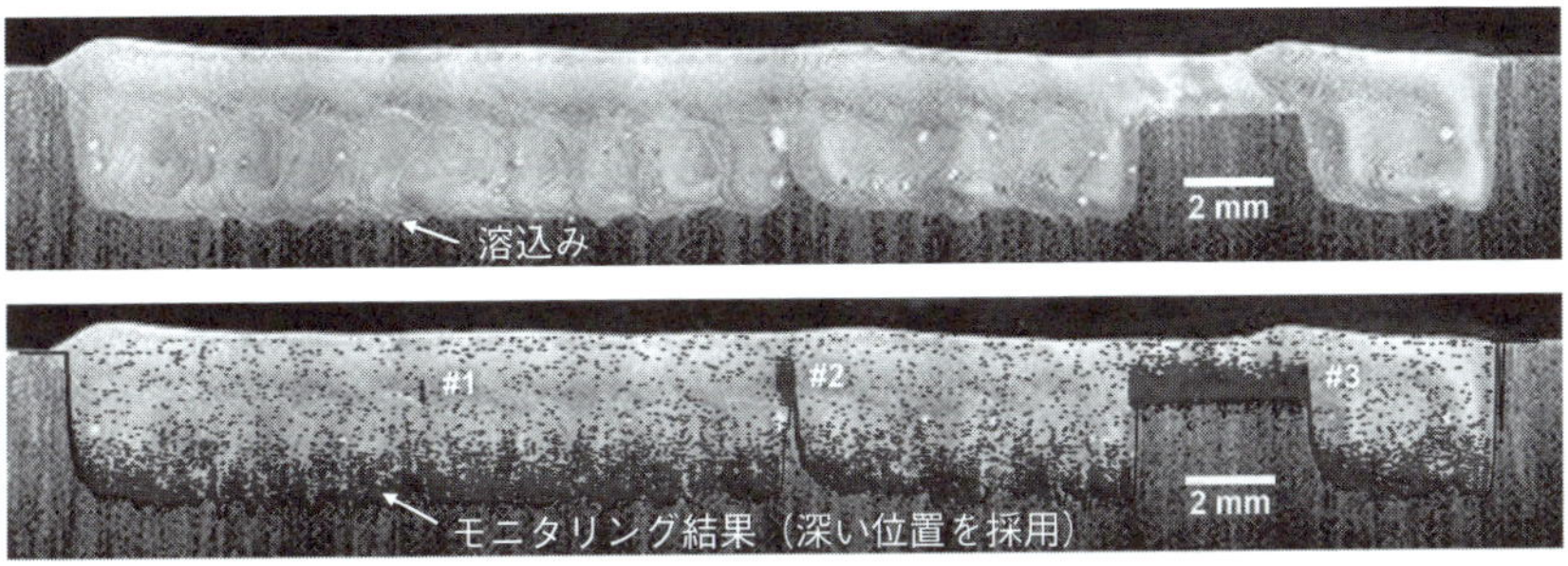

31 レーザ溶接時の適応（フィードバック）制御

失敗のない溶接が確立した

パルスYAGレーザや高集光性のファイバレーザ、ディスクレーザは精密・微細溶接に多用されています。これらの溶接結果は、材料の表面状態や治具と押さえの程度、板のギャップなどのわずかな差異で異なり、不良品が発生する場合があります。そこで、最高に知能化した装置として、適応制御型YAGレーザ装置が開発されています。

特にレーザパワー、反射光、熱放射光の計測で良品・不良品を判断するインプロセスモニタリング法が開発されています。数ミリ秒の短時間の溶接プロセスは熱放射光値をマイクロ秒で診断し、常時良好な溶接部を得るためのレーザ適応制御法・インプロセスリペアリング法が開発されています。

銅やアルミニウム合金などの難溶接材や上板が薄い場合、上板が変形して下板の未溶融や上板に穴欠陥が形成しやすくなります。そこで、レーザ装置とモニタリングおよび適応制御手法を用いてレーザ溶接現象を検出し、スパッタが発生しそうになるとレーザパワーを減少させてこれを抑え、上板の変形により下板と溶接されていないと判断すると、レーザパワーを上げて下板の溶融を増やして上板との溶接を確保する適応制御法が開発されています。

これにより、レーザスポット溶接時の溶融池を確保して溶接し、穴欠陥を抑制・防止する手立てが講じられています。この手法は、穴あき欠陥が生じない良好な溶接部が常時得られる、理想的な溶接法であると言えます。

連続レーザ溶接時には、熱放射光をモニタリングし、その信号強度と溶接ビード幅の相関から、レーザパワーの増減により薄板での溶接ビード幅を一定にする適応制御法が開発されています。また、連続発振の固体レーザによる溶接時のキーホール深さを計測し、レーザパワーを増減させて所望の溶込み深さを確保するOCT制御法が開発されています。

要点BOX
- インプロセスモニタリングで適応制御
- 熱放射光信号の計測・制御により適応制御
- 適応制御法により溶接欠陥を防ぐ

レーザスポット溶接時のモニタリングと適応制御装置

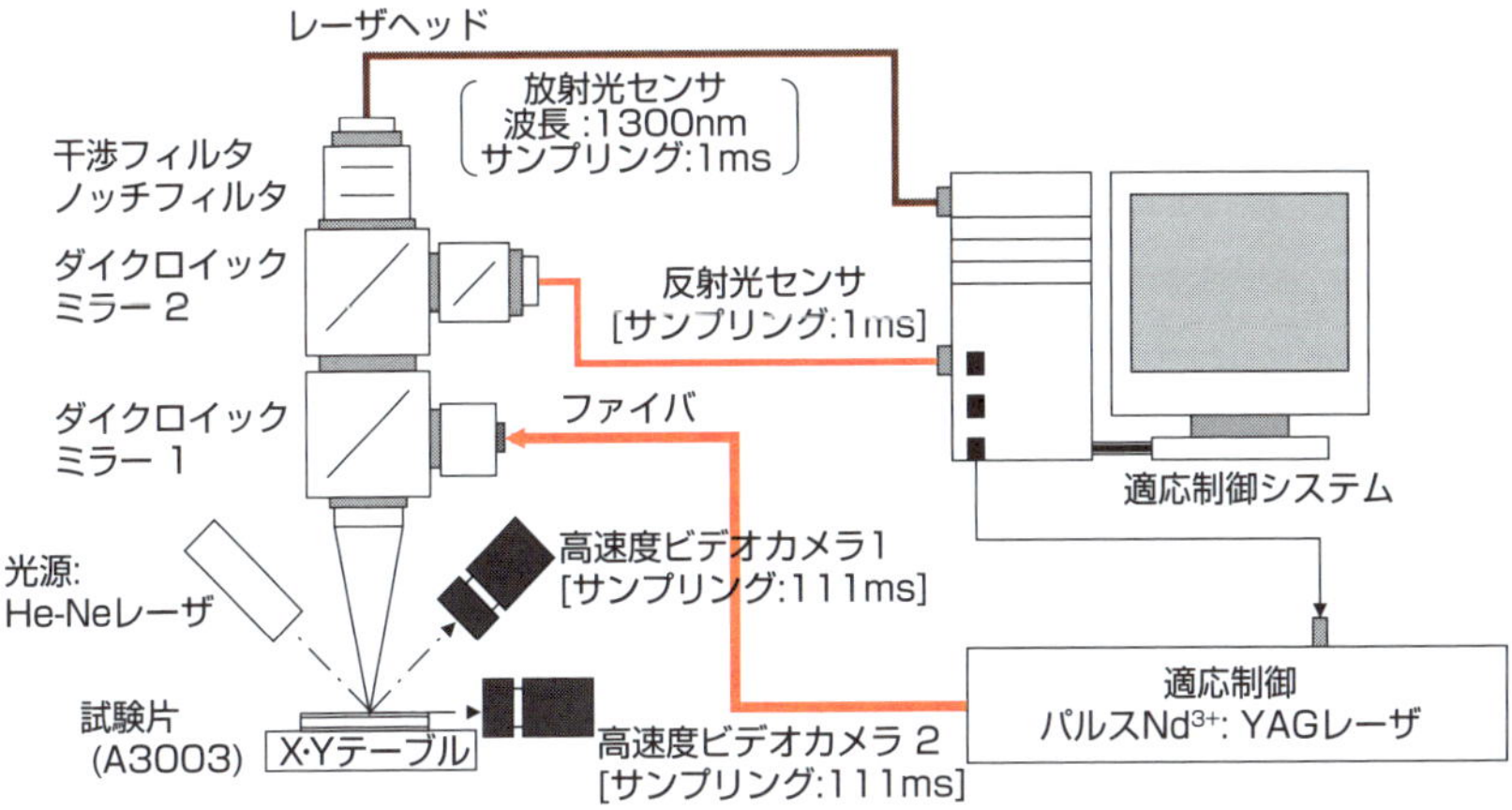

レーザスポット溶接現象(穴あき形成と補修)

実際の溶接プロセス(上板と下板間の隙間大の場合)

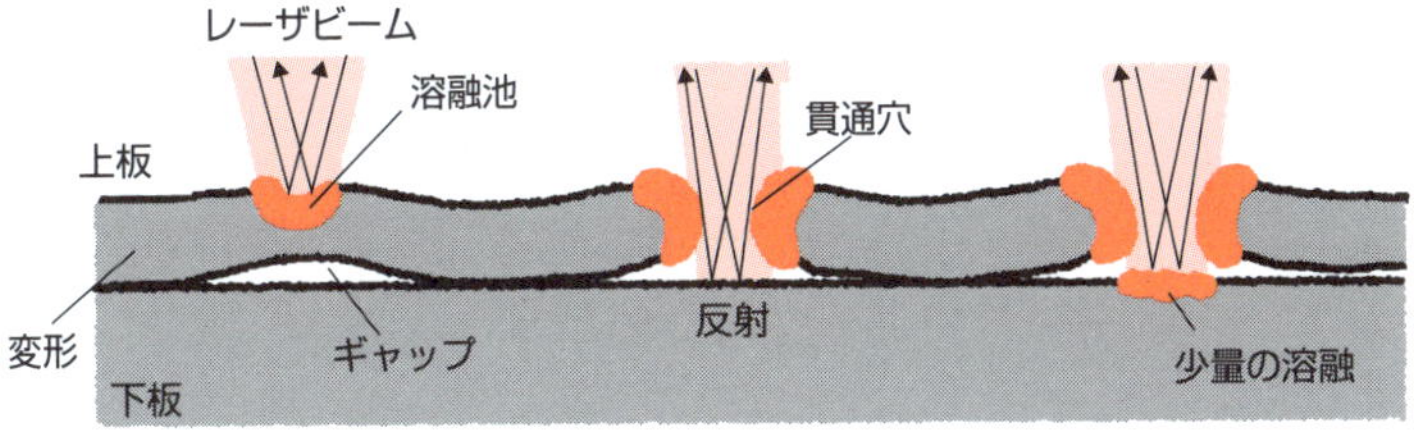

穴あきのインプロセスリペアリング

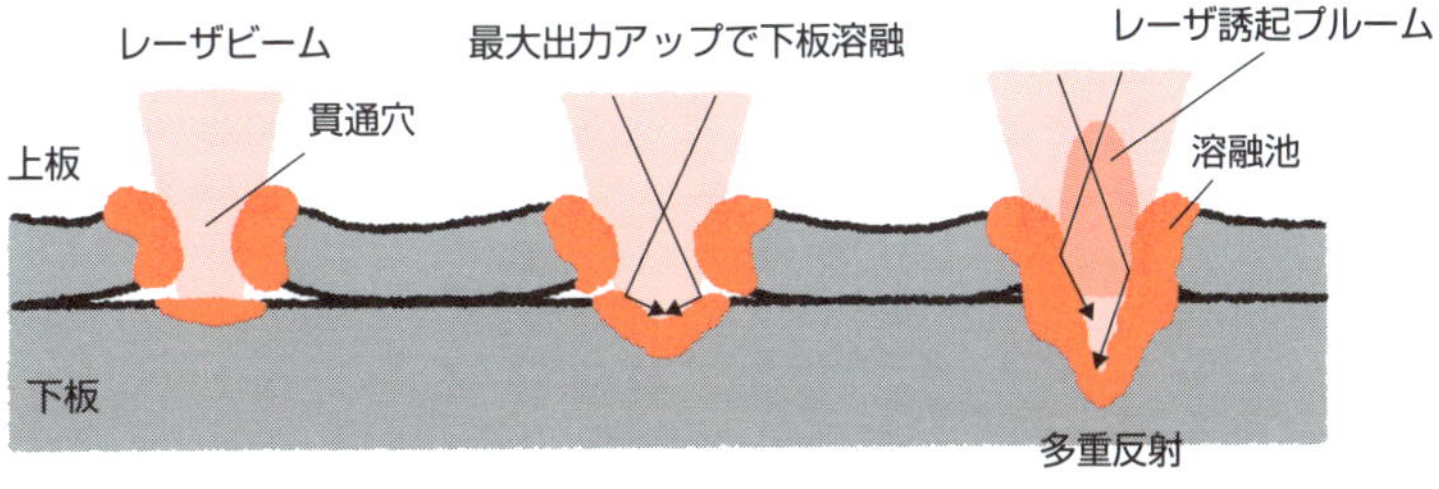

Column

溶接現象を見える化する高速観察法

レーザ溶接時の加工現象を正しく理解するのに、高速度ビデオカメラが使われます。レーザ溶接時に発生するプルームの挙動は、照明を用いずにフィルタや絞りを調整した高速度ビデオカメラで観察されます。また、高輝度の半導体レーザやファイバレーザによる照明を用い、シャドウグラフ法（内部観察に有効）やシュリーレン法（密度の変化部（境界）が強調される）と呼ばれる手法で、異なる密度状態の可視化が可能になりました。

溶融池やキーホール口は、上方に設置した高速度ビデオカメラで観察されます。その際、プルームの影響を軽減させて鮮明な観察を行うため、照明にはキセノンアークランプか半導体レーザ、もしくはLEDを使用し、それらの波長が透過する干渉フィルタを通して観察を行っています。

溶融池内部のキーホール挙動や湯流れ、気泡およびポロシティの発生・流動状況は、人体のレントゲン写真撮影と同じ機構で、X線源を用いた透視法で観察します。溶融池内部の湯流れは、密度の高いタングステン球やタングステンカーバイト球（直径：約0・5mm）、気泡の流動、プラチナ球の溶融・拡散状況を通して観察されます。なお、スプリングエイト（SPring−8）の超高輝度放射光を利用すると、キーホール形状と溶融池形状が鮮明に観察できます。

レーザ溶接現象をよりよく理解するために、各種の挙動が同時に観察できる同期装置も開発されています。

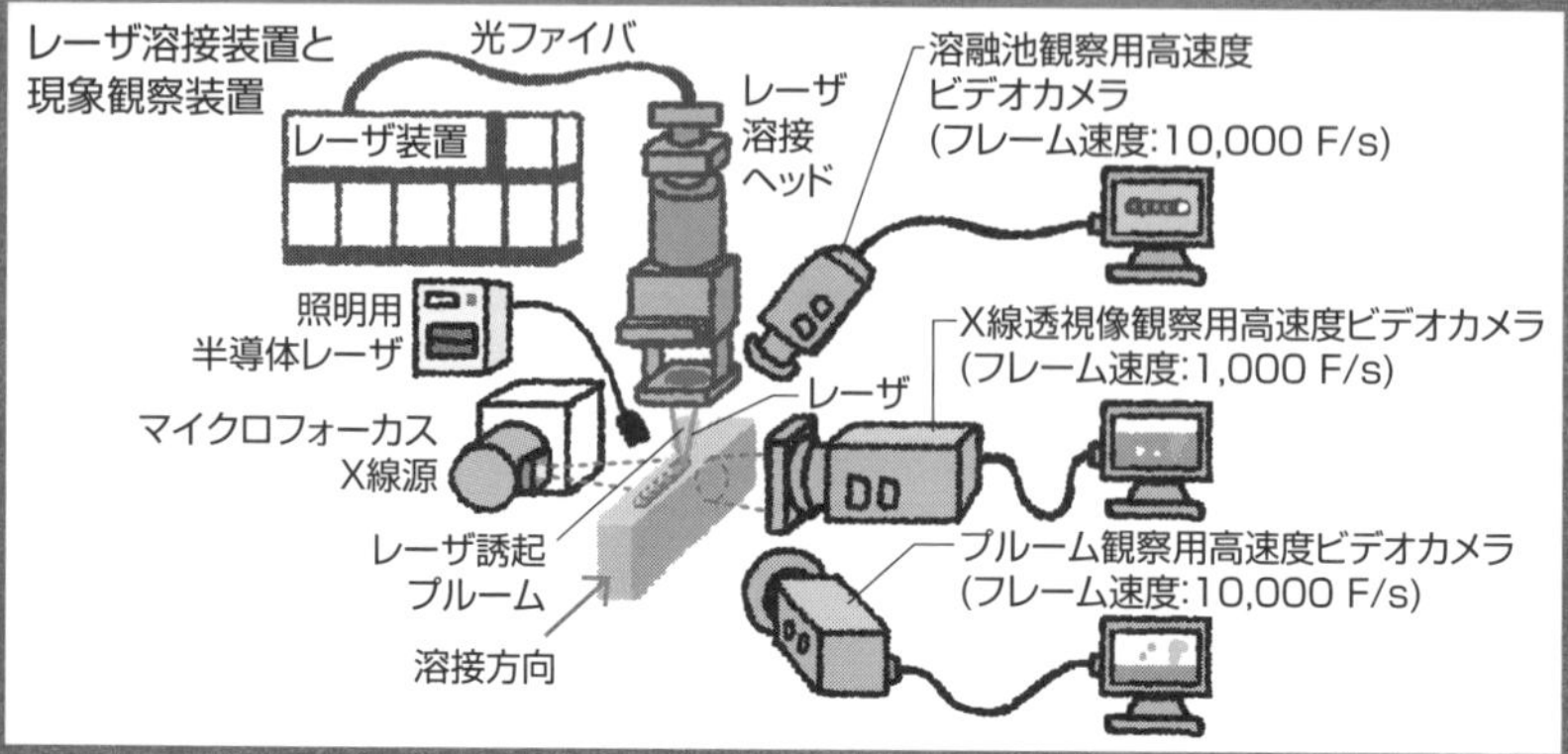

第4章

レーザで穴あけ・切断する

32 レーザによる穴あけ加工

いろいろな形態で実施され効率加工に貢献する

レーザによる穴あけ加工は熱的加工法と化学的加工法に大別されます。ここでは前者を紹介します。

レーザ穴あけ加工では、材料に高ピークパワーのレーザを照射し、表面がレーザエネルギーを吸収して急速に加熱され、溶融、蒸発して窪みます。生成した融液を、溶滴として上方へ1～100m／sの高速度で排除させ、この繰返しで板厚方向に深い穴を形成し、貫通穴を形成させます。このとき、ノズル口からレーザと同軸にアシストガスを噴出させ、融液を効率的に排除する方法が多用されます。

融液が残留して凝固すると、ニッケル基合金やセラミックスなどでは割れが発生する場合があるため、融液の排除が重要です。なお、レーザビームの焦点位置を板内部に移動させて、深い穴を作製する場合もあります。また、きれいな表面を作製するため、スパッタ付着防止薄膜も開発されています。

厚さ10㎜以下の板の穴あけ方法として、パンチング、ドリル法などの穴あけ法や放電加工法があり、同一の穴あけや精密な穴あけに使われています。レーザ穴あけの特徴は、①1㎳単位の短時間で加工ができる、②穴径に対する穴の深さの比（アスペクト比）が10以上の深い穴が形成可能、③直径10㎛程度の微小な穴から大きな穴まで、任意の形状・径で任意の位置に穴加工ができる、④材料表面に対して斜め方向の穴もあけられる、⑤下穴やパンチ打ちなどの前処理が不要、などが挙げられます。

実際、航空機エンジンのタービンブレードで効率の良い冷却を図るため、高ピークパワーのパルスYAGレーザで斜め穴があけられています。また、携帯電話やノートパソコンなど電子機器のプリント基板はエポキシと銅箔が積層していますが、パルスCO_2レーザや高ピークパワーYAGレーザで穴あけ加工がされています。CO_2レーザでは、50㎛の穴が1秒間に5000個以上作られているほどです。

要点BOX
- ●多数の穴あけが高速で実現
- ●レーザ穴あけ加工は融液の除去で達成
- ●レーザでは斜め穴あけもできる

レーザ穴あけ加工(ピアシング)の過程

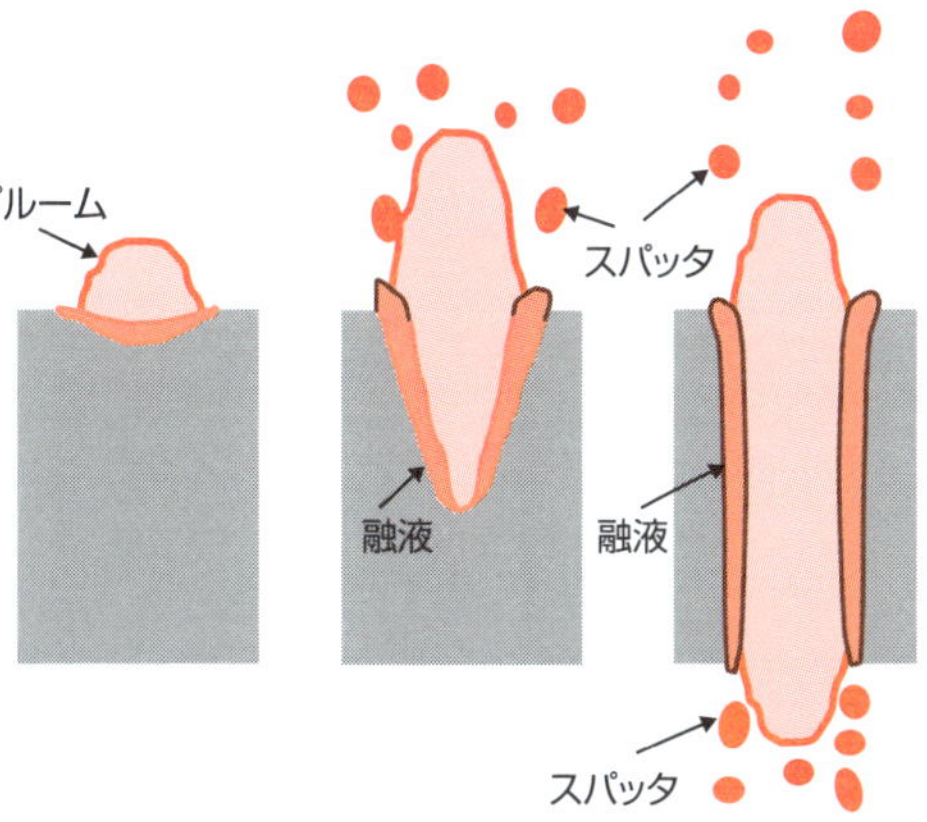

レーザ穴あけ加工例

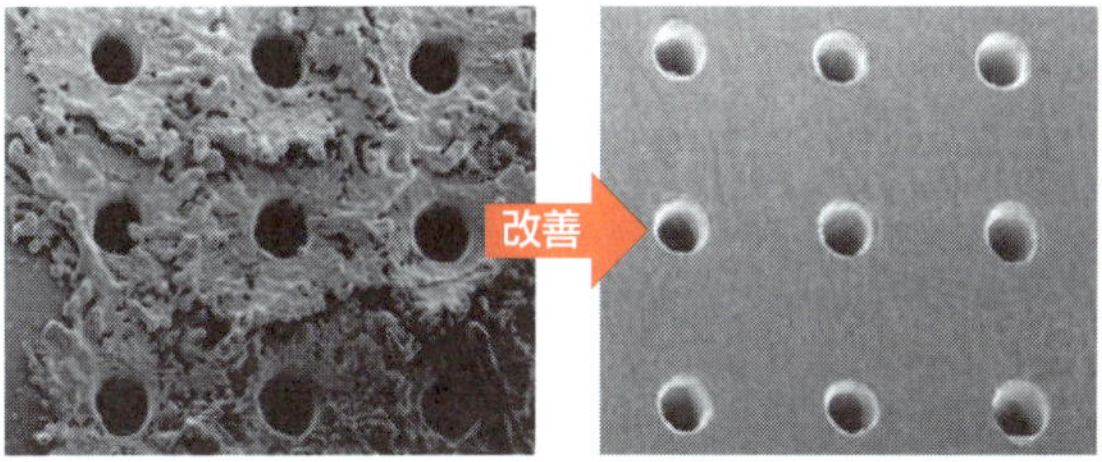

薄膜利用なし　　スパッタ付着防止用薄膜利用

タービンブレードの穴

プリント基板の穴あけ実施状況と穴の例(右上段)

プリント回路基板のレーザ穴あけ

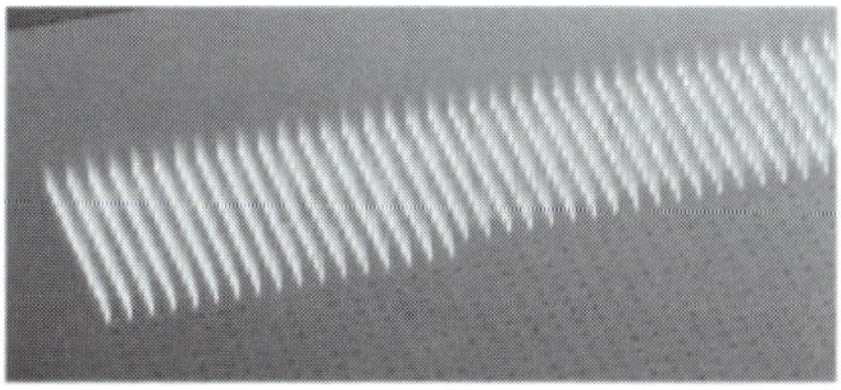

穴の例

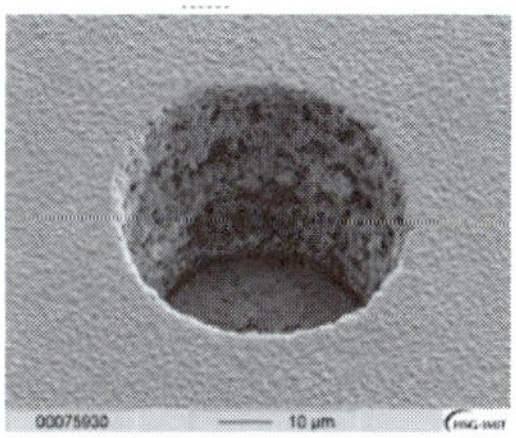

加工時間:～1ms/hole

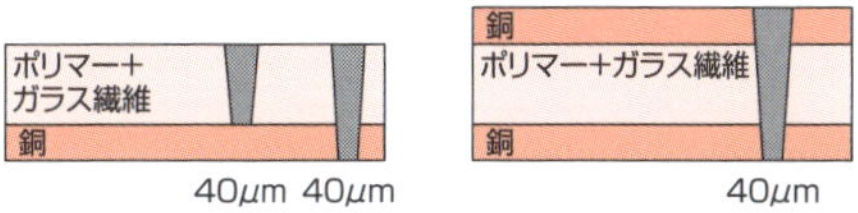

出所:トルンプジャパン

33 レーザによる微細加工（アブレーション加工）

熱によるダメージを防ぎ精密な加工が得意

製品の高品質・高性能・高機能化のために、精密微細加工が望まれています。微細加工には、フォトンエネルギーが高く短パルスのエキシマレーザか、パルス幅が極めて短くピークパワーの高いピコ／フェムト秒レーザが用いられ、熱影響層がほとんど認められない加工部が作製できる特長があります。

エキシマレーザが開発された当初、波長２４８nmのＫｒＦエキシマレーザをポリイミドのプラスチック薄膜（75μm厚）に照射し、きれいな熱影響層の少ない穴が形成できることが示されました（16項を参照）。基本現象は、ポリマー表面での高強度紫外レーザにおける光化学反応によるもので、レーザ照射されたプラスチックの化学結合が分解し、その断片が飛散するエッチング過程と考えられています。

これは、従来の近赤外レーザによる熱加工とは異なり、熱的な損傷を伴わない光化学的な現象によるものとして、アブレーションと呼ばれています。このアブレーションは、エキシマレーザのフォトンエネルギーがポリマーのC-HやC-Cなどの分子の結合エネルギーより高いため、分解が容易に起こると解釈されています。なお、アブレーションが起こる閾値は各材料で異なり、その値以上に高いフォトンエネルギーのレーザを照射することが必要です。

レーザの照射時間がナノ秒、ピコ秒、フェムト秒台と短くなるにつれて、熱的な影響を低減でき、きれいな穴が作製できます。これは、パルス幅が電子・フォノン結合時間よりも短いため、材料内部への熱伝導による損失過程が無視できることが理由です。その結果、レーザエネルギーが格子に効率良く注入され、加工部周辺への熱影響が排除されたためと考えられています。

レーザアブレーションは、ICパッケージのマーキングやICの抵抗トリミング、インクジェットプリンターノズルの穴あけなどに広く使われています。

要点BOX
- ●波長の短いエキシマレーザの使用が中心
- ●パルス幅は極めて短いピコ秒またはフェムト秒レーザによる加工も利用拡大

エキシマレーザによる穴あけの例

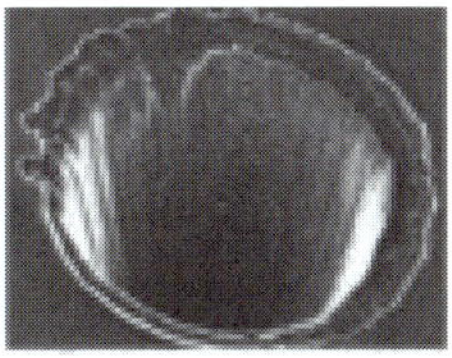

強化ガラスへのドリリング

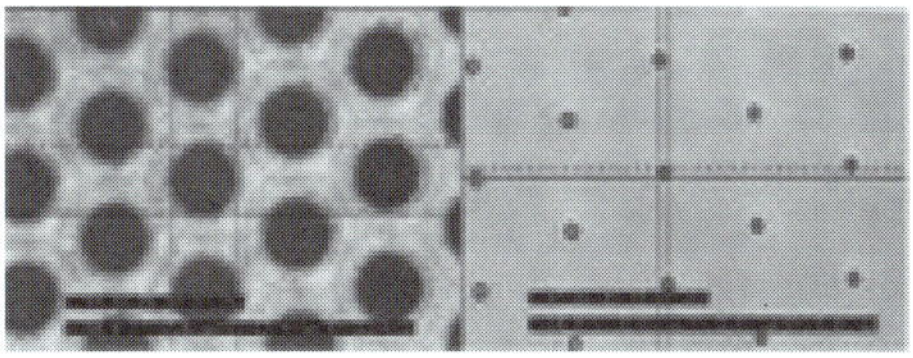

ガラスへの穴あけ加工（左:入射孔、右:出射孔）

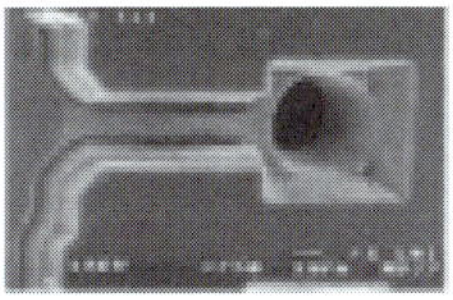

インクジェットノズル
出所:Lexmark社

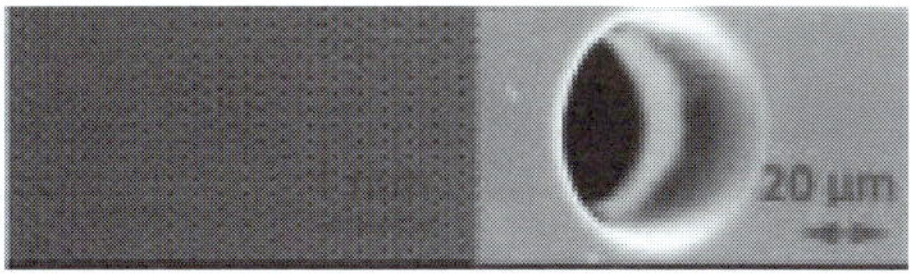

ポリイミドフィルムの貫通穴加工（大面積高密度の一括微細穴加工）
出所:コヒレント・ジャパン㈱

穴あけに及ぼすレーザ照射時間の影響

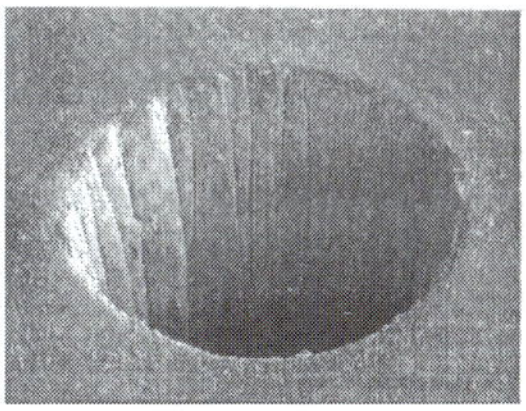

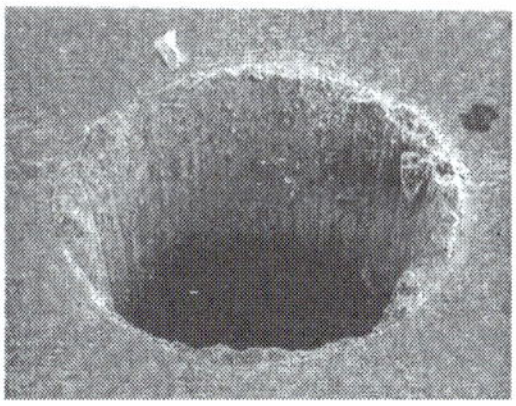

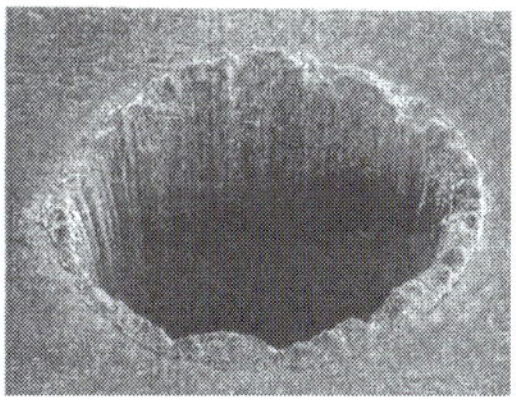

パルス照射時間が短いほど加工部はきれい

ピコ秒レーザによる穴あけ加工の例

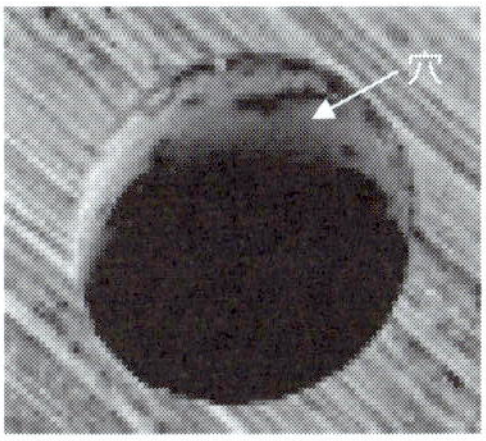

ステンレス鋼

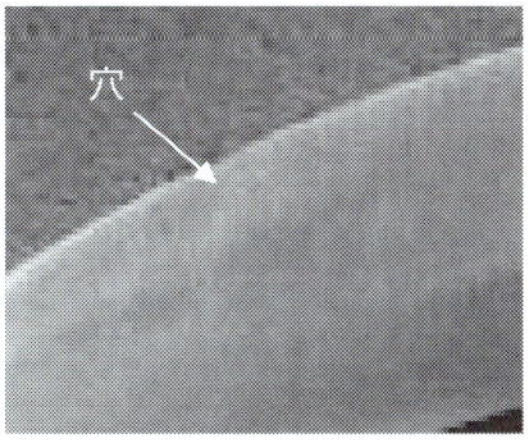

シリコンウエハ

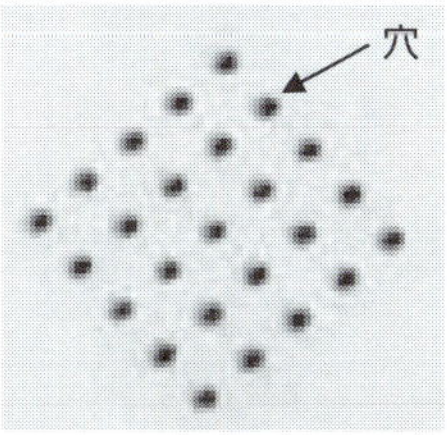

アルミナ

34 金属材料のレーザ切断

高品質・高速・自動化での加工が自慢

レーザ切断は、溶融切断と蒸発切断、割断に大別されます。通常は、溶融切断を指します。

金属材料切断の場合、レーザ切断とプラズマ切断、アセチレンガス切断があります。このうちレーザ切断は、板厚10㎜程度までなら速く切断でき、特にカーフ幅が狭く、きれいな切断面が作製できます。

金属材料のレーザ切断時には、まず、高パワー密度のレーザ照射とノズル口からのアシストガスの噴流により、貫通穴を形成します。これをピアシングと呼びます。その後、アシストガス噴流の下でレーザビームか材料を移動させると、レーザで溶融した金属や酸化した融液が強制的に板裏面から排出され、切断溝（カーフ）を形成します。

切断面には、板表面の数㎜下方から融液の流れた痕跡を示すドラグラインが見え、板裏面に融液が付着してドロスを生成する場合があります。切断面の凹凸とドロスの付着の程度で、レーザ切断の良否が判定されます。

アシストガスは通常、鋼には酸素か圧縮空気を用いて酸化反応を利用し、低融点で流動性の高い鉄酸化物を生成させます。一方、ステンレス鋼やアルミニウム合金にはアルゴンか窒素の不活性ガス、チタンではアルゴンを用い、粘性の高い酸化物の生成を抑制します。鋼のレーザ切断面をレーザ突合せ溶接する場合、切断面の酸化物がポロシティの原因となるためレーザ切断には不活性ガスを用います。

切断用レーザは、主にCO_2レーザが用いられます。最近、薄板切断では高輝度のファイバレーザやディスクレーザによる高速切断が増えています。一方、厚板の切断では、CO_2レーザの方が固体レーザより切断面が良好なことが知られています。固体レーザ切断では、厚板底部で融液が多く形成し、融液の排出が不十分なためで、パルス化やビームモードの変更により切断面が改善されています。

要点BOX
- ●レーザ切断では裏面からの融液排出が重要
- ●アシストガスの選択も工夫が問われる
- ●高輝度固体レーザにより薄板を高速で切断

レーザ切断、プラズマ切断、ガス切断における切断面の比較

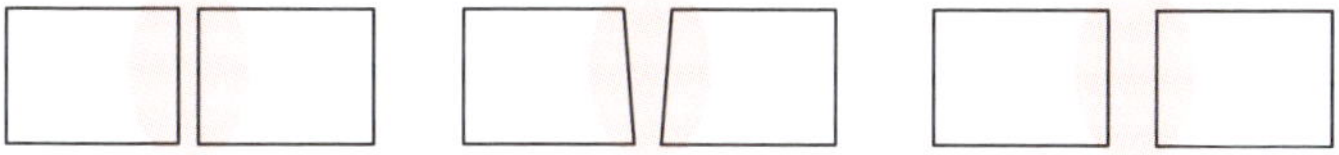

	レーザ切断	プラズマ切断	ガス切断
切断面品質	50 μm以内	50 μm	50 μm
精度レベル	0.2 mm以下	0.5～1 mm	1～1.5mm

レーザ切断機構（切断中の模式図）

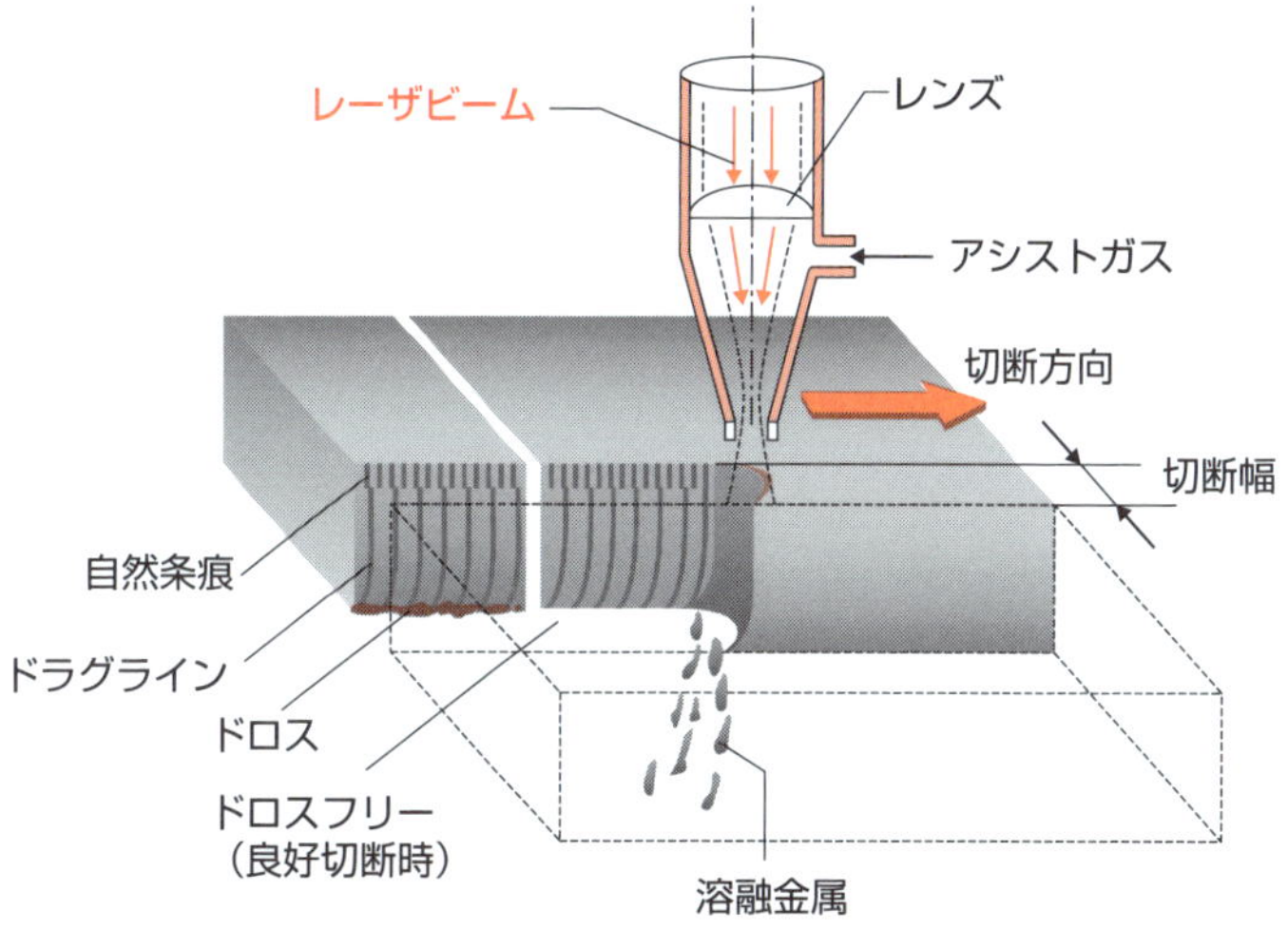

厚板のレーザ切断品質（CO_2レーザ対固体レーザ）

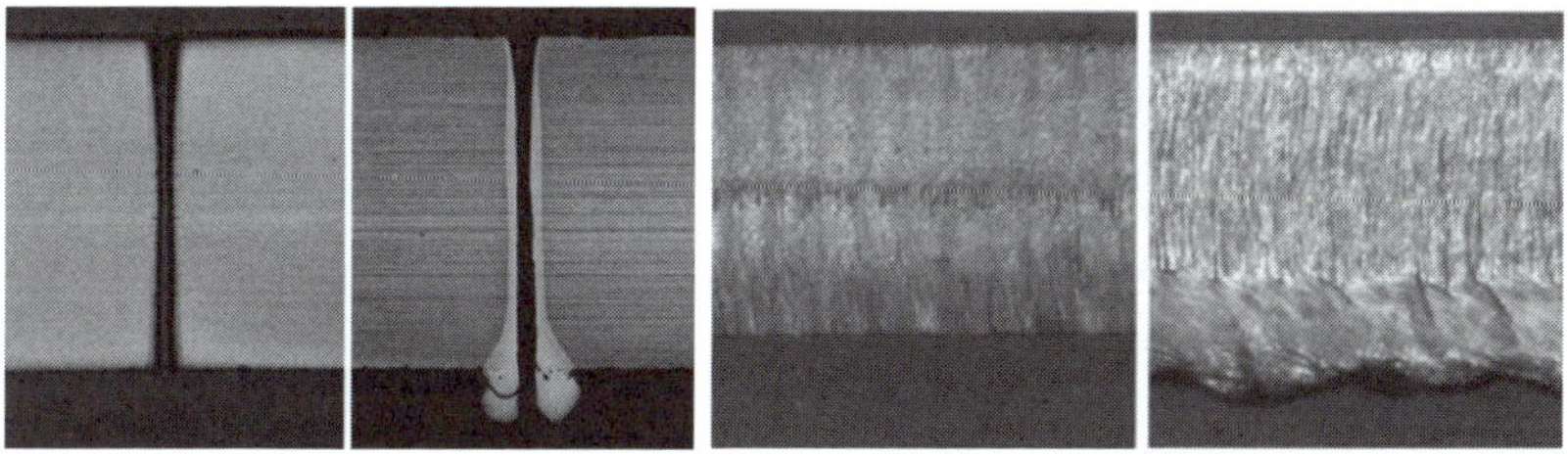

CO_2　固体　CO_2　固体

L. D. Scintilla[1], L. Tricarico[1], A. Mahrle[2], A. Wetzig[3], T. Himmer[3], Eckhard Beyer[2,3],
[1]Politecnico di Bari, [2]Univ.Technology Dresden,[3]Fraunhofer IWS(ICALEO2010)

35 加工条件の決定と影響因子

レーザ照射条件の選択が品質を左右する

レーザ穴あけ・切断などの除去加工法により、各種材料において多用な形状のものが作製できます。まず、材料（金属・合金、プラスチックなど）に対してレーザ加工法（切断、穴あけなど）が決まると、レーザの種類（ファイバ、ディスク、CO_2、YAG、エキシマ、半導体、超短パルスレーザなど）、発振形態（連続、パルス）を決めます。続いて、集光光学系や加工雰囲気、加工条件などを決めます。

たとえば、鉄鋼材料のレーザ切断の場合、ビーム品質の良いファイバ、ディスク、CO_2などが選ばれます。通常、高いパワー密度を得るため、集光レンズを用いてレーザビームを集光します。板厚により、レーザのパワーや集光状況（集光レンズの焦点距離と焦点位置）が決められます。連続発振で高速の条件で利用されますが、鋸刃形状の作製になると入熱を抑えるため、パルス発振が選択されます。

アシストガスは、酸素ガスを板の直上に設置した細径ノズルから高圧・高速で吹きつけて、融液を板裏面から飛ばして切断します。鉄の場合は、酸化反応に伴う生成エネルギーの発生や流動性の良い酸化物の生成があり、良好な切断面が高速に作製されます。高融点で流動性の悪い酸化物の生成や切断面の酸化を嫌う場合は、不活性で安価な窒素ガスが使われます。酸化も窒化も嫌う材料（チタンなど）では、アルゴンガスかヘリウムガスを使います。

最近では、高輝度の固体レーザによる薄板のリモート切断を、ガルバノスキャナを用いて大気中か雰囲気ガス中で高速度の条件で実施されます。

微細な穴あけの場合、QスイッチYAGレーザ、エキシマレーザ、ピコ秒レーザ、フェムト秒レーザなどが選択されます。パルス時間がナノ秒、ピコ秒、フェムト秒と短くなるほど、飛散する融液の量や残存する融液量と熱影響部幅が減少し、アブレーション（蒸発）による加工が行われるようになります。

要点BOX

- ●材料別にレーザ・アシストガスの組合せを選ぶ
- ●薄板ではリモート切断・穴あけが可能
- ●パルス化により残留融液量と熱影響が減少

レーザ除去（穴あけ・切断）加工における加工因子

1）レーザ：種類、連続／パルス発振（パルス幅）、パワー、焦点はずし距離、移動速度、パワー密度（レーザ特性、集光状況［波長、照射角度、偏光状態］）

2）シールド：ガスの種類、ガス圧、流量、雰囲気状態（酸素ガス割合）、ノズル形状

3）材料：種類、板厚、吸収率（反射率、透過率）、温度、熱伝導率、比熱、加工速度など

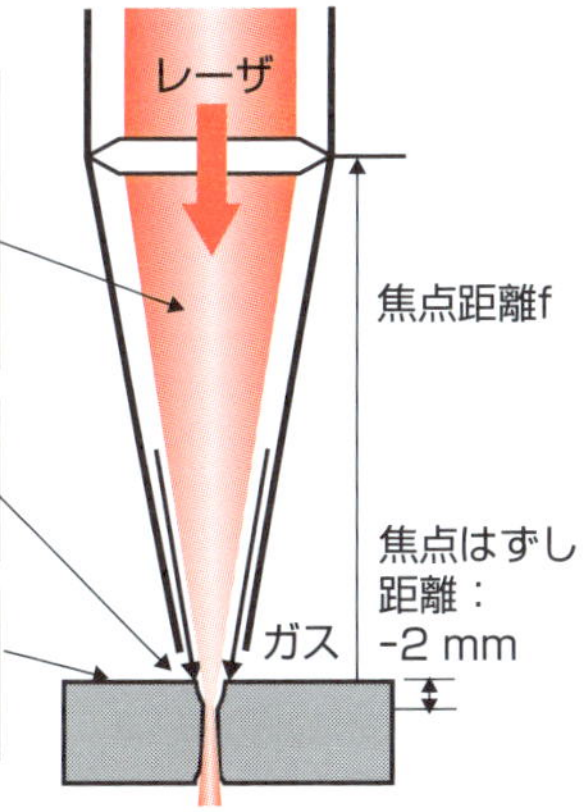

レーザ切断例

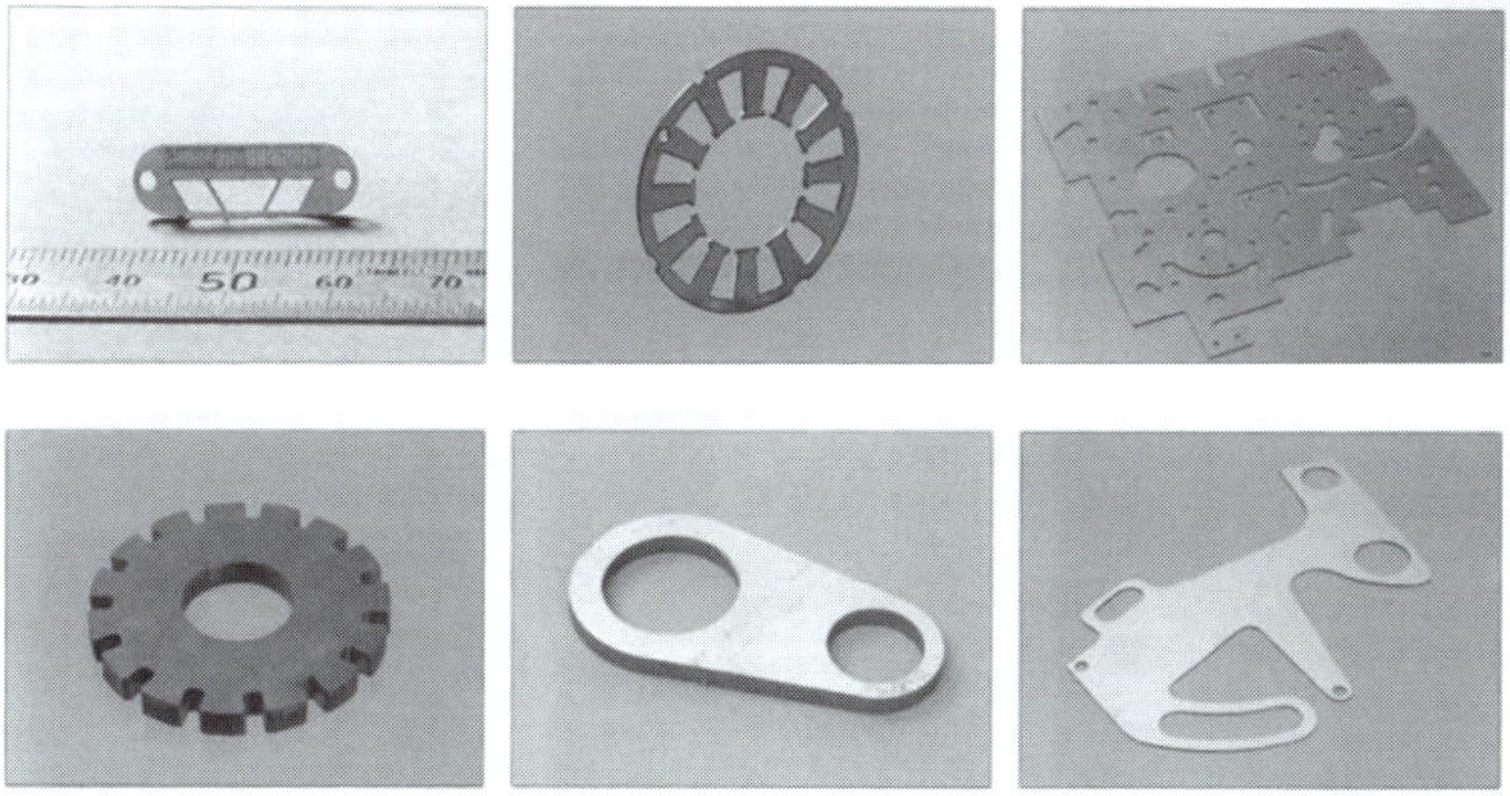

リモートレーザ切断状況と切断結果

(a)リモートレーザ切断の状況　　(b)リモートレーザ切断結果

36 ガラスなどの切断とレーザ割断

非金属に対するレーザの適用が拡がる

ガラスの切断は、吸収率の高いCO_2レーザで行われます。ガラスの種類によって切断可能な板厚やサイズが異なり、切断の難易度が変わります。

普通ガラスのCO_2レーザによる切断の場合、直後には良好な切断ができたと思えても、後に切断時に生じた残留応力で割れが発生することがあります。線膨張係数が小さく、耐熱衝撃性の高い石英ガラスは比較的厚くてもCO_2レーザ切断できますが、熱膨張係数の大きいソーダガラスは割れが発生しやすいため、切断可能な板厚が薄くなります。

ガラスの切断に対して、金属の切断に用いられる通常の高パワー・連続発振の固体レーザは適用されません。理由は、レーザビームの95％以上が透過し、レーザがほとんど吸収されないためです。なお最近、強化ガラスなどの高品質な切断が、超高ピークパワー密度のピコ秒レーザによる加工と板内部の残留応力の作用により達成されています。

ガラスの切断は割断法でも行われます。割断には、あらかじめ板の表面に浅い溝加工をした後、溝に沿って力を加えて分割する方法と、熱応力により板内部に割れ（亀裂）を連続的に誘起させて板材を分割する方法の2つがあります。後者は、CO_2やCOレーザでガラスのある領域を加熱し、その直後に水で急冷して割れを発生させるものです。

セラミックスのレーザ切断は、ガラスの溶融切断と同様に大半のレーザで可能です。ただし、熱衝撃により割れが起こりやすく、残留融液の凝固部に割れが発生しやすいという問題があります。これらを改善する方法として、パルスレーザの使用や融液を吹き飛ばす高圧ガスの適用が有効です。

CFRP（炭素繊維強化型プラスチック）のレーザ切断では、高輝度の連続固体レーザにより、アシストガスを用いない超高速多パス切断法で熱影響部の少ない切断部が作製されています。

要点BOX

- ●ガラスへのレーザ切断や割断は可能
- ●CO_2レーザやピコ秒レーザで切断
- ●CFRPにはレーザ超高速切断法を適用

フロートガラスのレーザ切断例（数回スキャン）

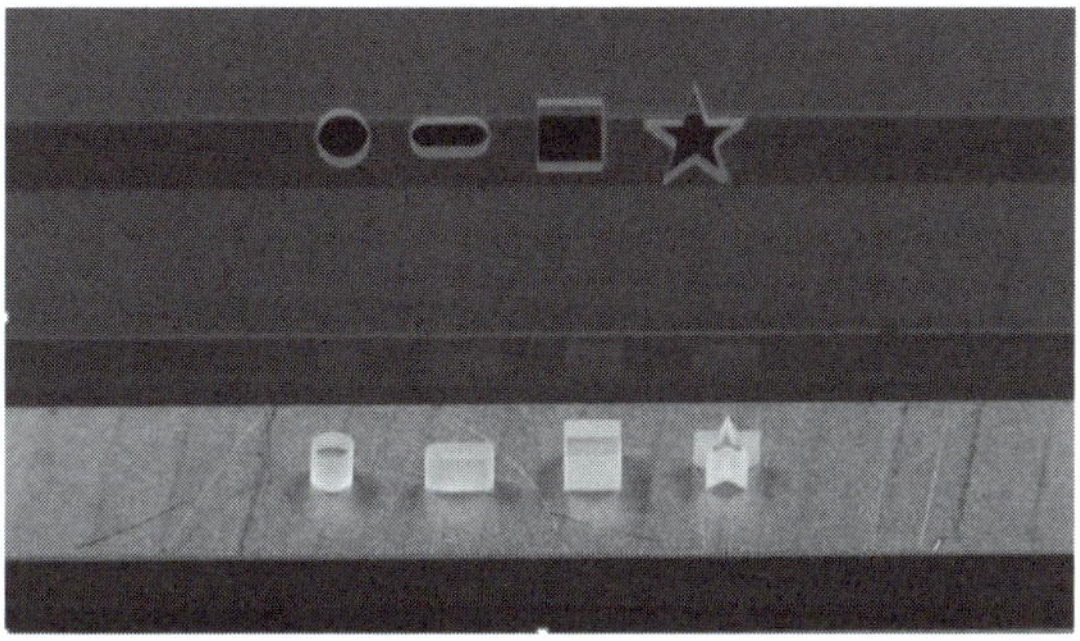

ガラスのレーザ割断

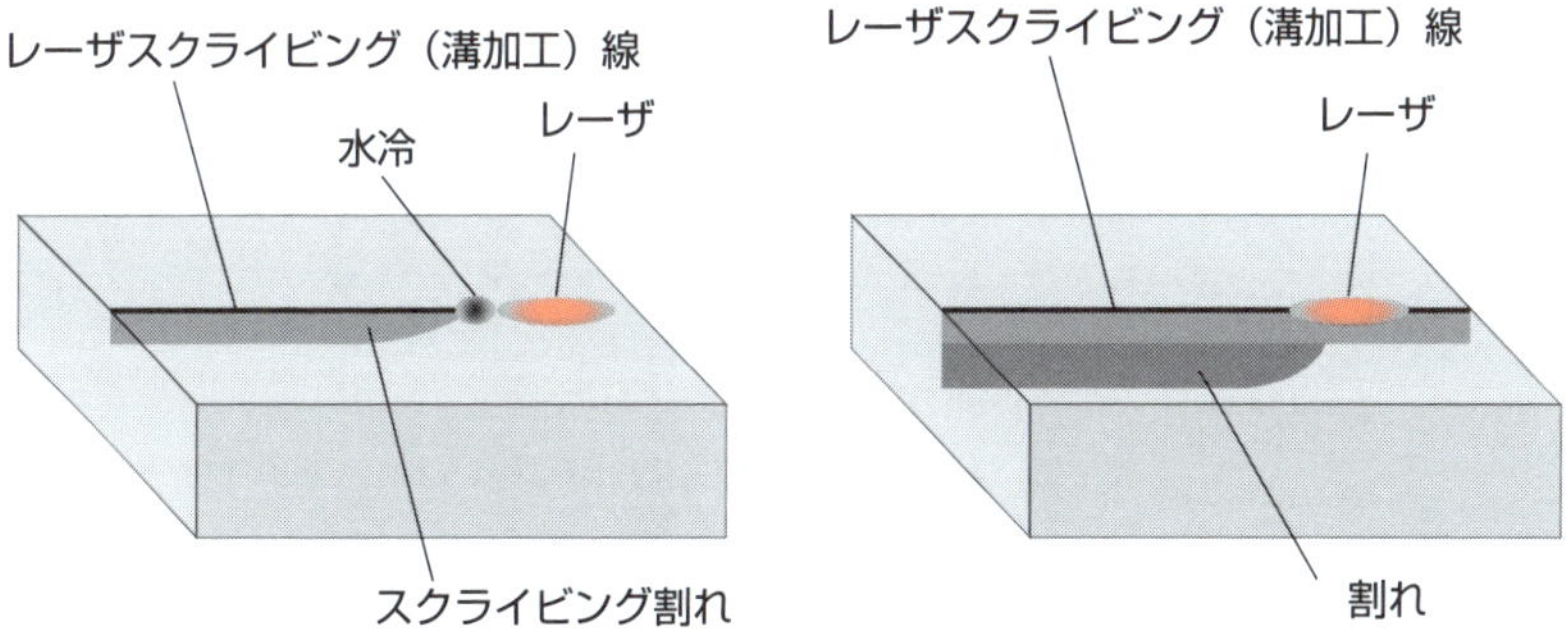

(a) レーザスクライビング　　(b) レーザ再照射による割れ

レーザスクライビング法による割断（模式図）

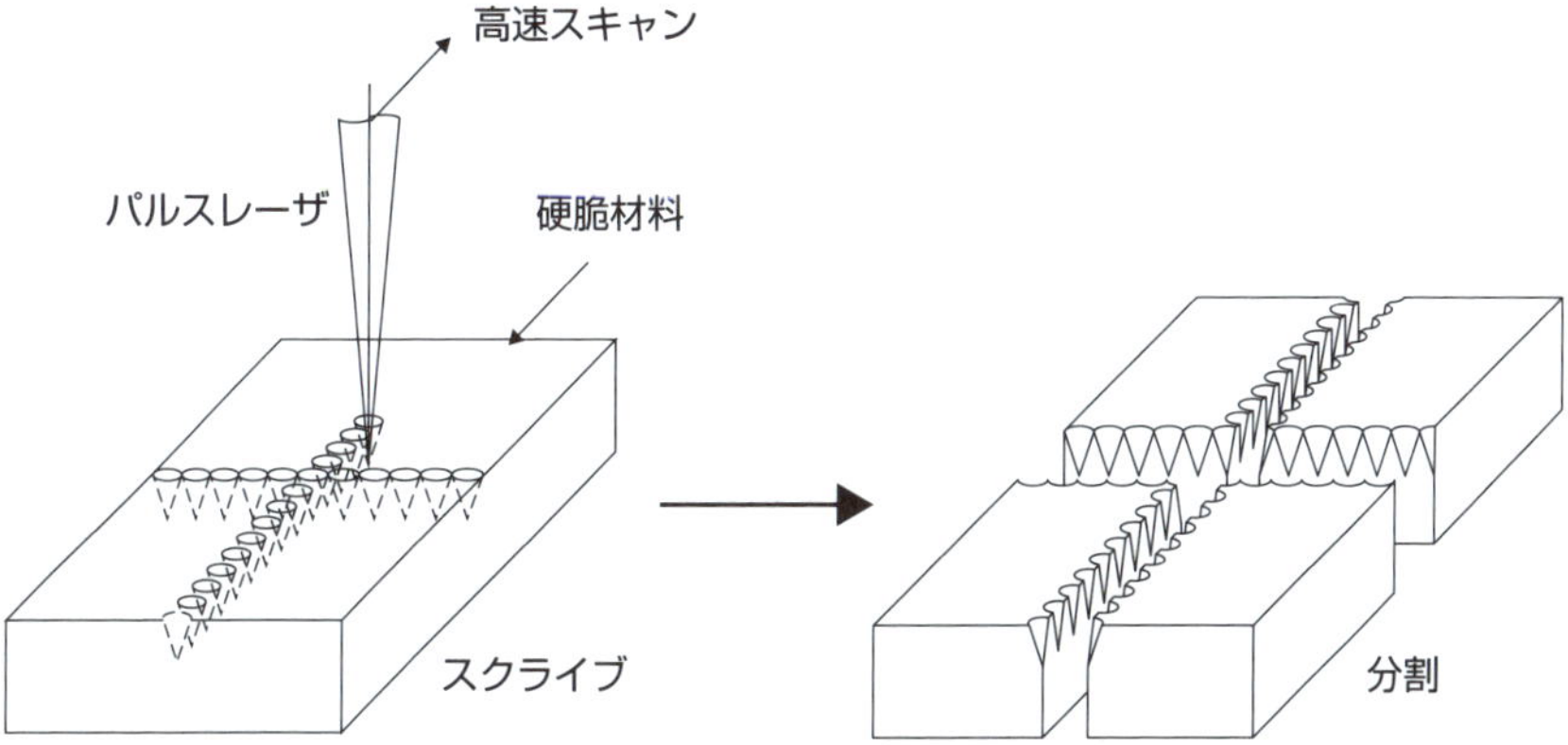

37 レーザによるマーキング

利用されている装置台数は非常に多い

マーキングとは、材料や部品の表面に、認識するための文字やパターンを形成する技術です。除去加工で行うことが多く、その機能としては、①目視により鮮明に識別できるもの、②表面に塗装された後も目視により識別できるもの、③塗装後に隠れてしまう方が良いもの、の3種類があります。

マーキング方法は「ポンチング法」「電気ペン法」「エッチング法」「インクジェット法」などに分類されますが、ポンチング法は小物や硬質材料に適用できない、電気ペン法は非導電体材料に適用できない、エッチング法は処理時間が長い、インクジェット法は物理的な力で剥げやすい、などの欠点があります。

一方、レーザマーキングは大きな問題点が見られず、以下のような特徴があります。①高速度で高品質・高精度の鮮明なマーキングができる、②非接触で加工を行えるため、複雑形状のものや振動・衝撃に弱いものにも加工ができる、③洗浄などで消えないマーキングができる、④前処理や後処理などが不要、⑤ドライな加工法であり、乾燥のための工程が不要、⑥雰囲気ガスと化学反応（酸化、窒化、還元など）させて変色マーキングが可能、⑦コンピュータで印字内容や書体、寸法、線の太さなどが自由に変更でき、自動化やFA化が容易、などです。

マーキング用のレーザは、初期は、ガラスに対してTEACO_2レーザが投入され、金属やプラスチック用として連続発振、QスイッチパルスかノーマルパルスのYAGレーザが利用されました。また、各種材料に対しては、主にエキシマレーザが使われました。

マーキング方式は、TEACO_2レーザ加工とエキシマレーザ加工はマスク方式が中心で、YAGレーザ加工はビームスキャン方式かコンタクトマスク方式が使われました。最近は、YAGレーザなどの上記レーザに代わり、ビームスキャン方式のファイバレーザが非常に多く使われています。

要点BOX

- ●マーキング用としてファイバレーザが活躍
- ●TEACO_2レーザやエキシマレーザ処理にはマスクを利用する

レーザマーキング方式

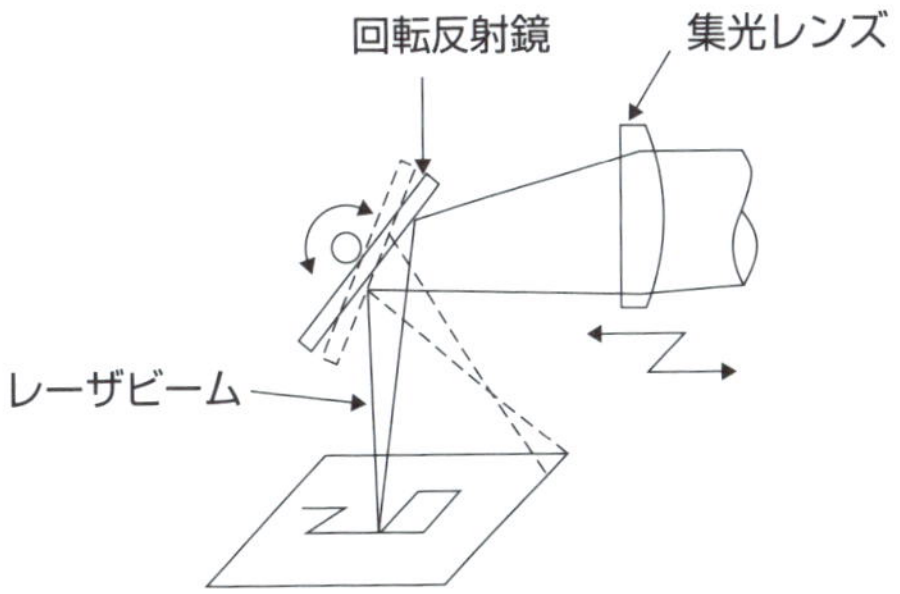

(a) ビームスキャン方式

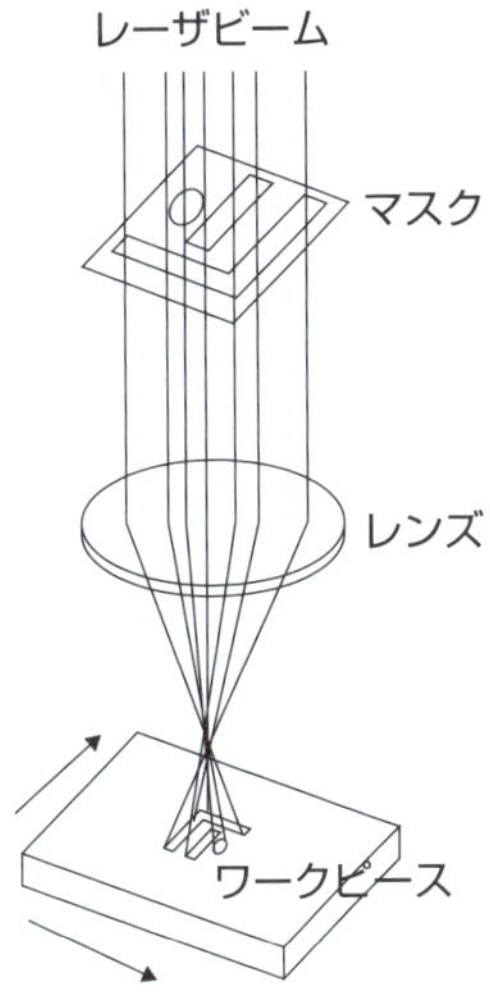

(b) マスク方式

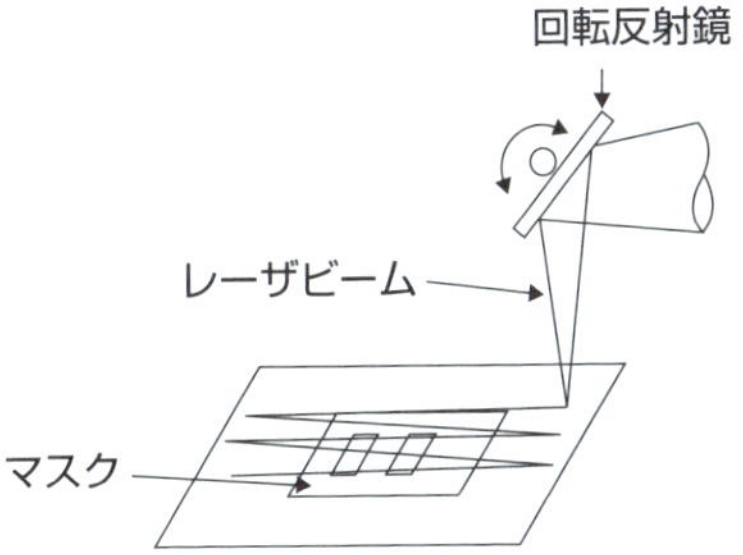

(c) コンタクトマスク方式

レーザマーキング例

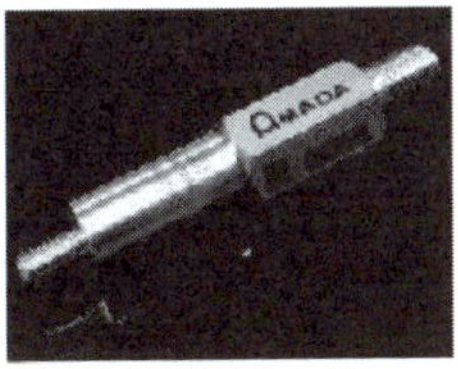

斜面や円筒面のある
複雑形状の金属部品

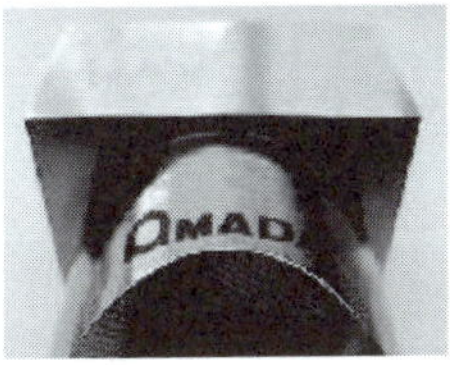

円筒面マーキング

段差面マーキング

樹脂マーキング

38 レーザ彫刻、型彫りおよび旋削への適用

レーザ蒸発による除去法を応用する

レーザ彫刻（エングレービング）法は2種類に大別されます。一つは、彫刻したい原図を光学的に読み取り、その信号をレーザパワーに変換して、レーザスキャンで材料表面に複写彫刻する方式です。もう一つは、まず彫刻したい形状をくり抜いたマスクを作製し、そのマスクを加工物表面に乗せて、マスクの上方からレーザビームを照射し、マスクの空いている部分の下にある加工物表面を溶融・蒸発させて除去する方式です。

基本は、それぞれビームスキャンおよびコンタクトマスク方式のマーキングと同様ですが、レーザ彫刻の方がレーザパワーやエネルギーが高く、材料の除去量は多くなります。なお、マスクにはレーザでダメージを受けない銅板などの金属板が使われます。

レーザ熱源としては、CO_2レーザやQスイッチYAGレーザ、YVO_4レーザ、Ybファイバレーザ、ディスクレーザなどが用いられます。

セラミックスなどの脆性材料の機械加工や、任意の3次元形状の成形（型彫りや旋削）加工は極めて困難です。そこで、レーザによる型彫り加工や旋削加工の3次元加工技術が検討されています。

型彫り加工では、QスイッチYAGレーザで周波数が変わると、加工穴径・深さが変化することを利用する方法が検討されています。深く加工したいときは、Qスイッチ周波数を低くします。もう一つの型彫り加工は、倣い制御技術を応用したものです。加工しやすい材料であらかじめ3次元形状のマスターを作成し、その凹凸をセンサーの移動で検出し、それに従ってQスイッチYAGレーザの周波数を変換しながら材料にレーザを照射する方法です。

旋削では、レーザ単独でビームを繰り返し照射し、除去深さと除去量を制御する方法と、旋削加工時にバイト（刃物）の前にレーザを照射し、バイト加工を補助する方法があります。

要点BOX

- ●レーザ彫刻は木材やゴム、プラスチック、金属などで実現し、レーザ旋削も始まる
- ●彫刻、型彫りにはスキャニング方式を利用

レーザ彫刻例

コルク

グラス

ステンレス

真鍮素材への写真彫刻

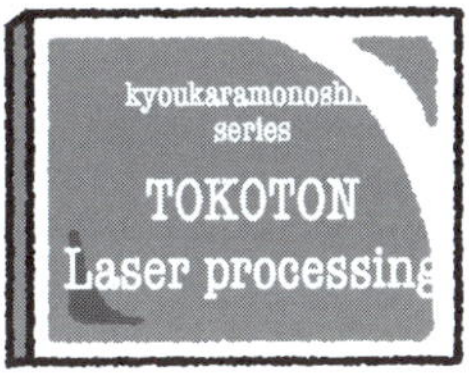

アクリルへの彫刻

木材

セラミックスに対するレーザ切削加工方法

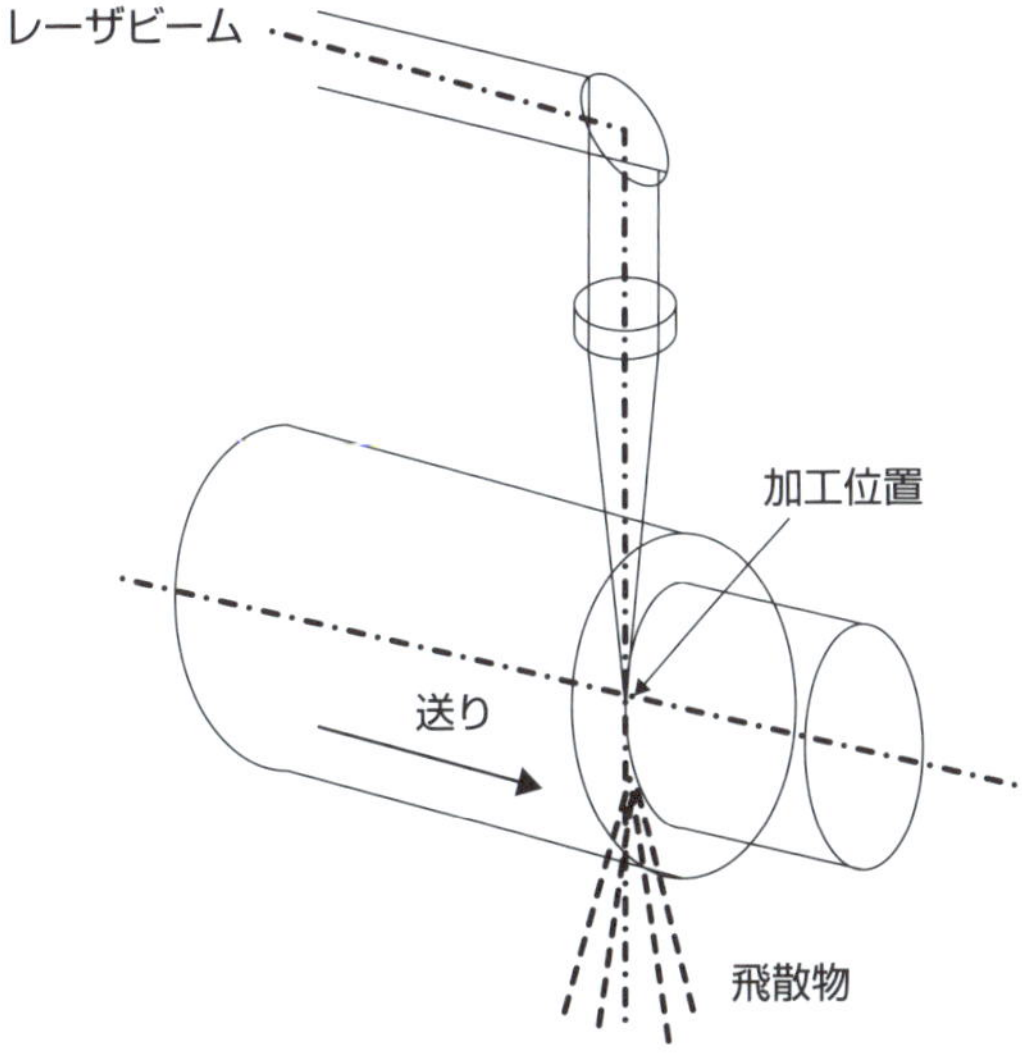

Column

レーザ溶接時の温度はどう変化する?

「レーザ溶接中の温度や冷却速度はどの程度か?」という質問をよく受けます。難しい質問です。温度や冷却速度に関する計測結果を多数持っていますが、大雑把な推測値でしか答えることができないのが実情です。

これらの値はシミュレーション結果と対応させ、妥当性を評価していく必要があります。温度はどの場所のもので、冷却速度はどの位置でどの温度からの冷却速度であるか、など場所・位置を限定して把握しなければなりません。その結果として、ミクロ組織や生成相と対応して理解するのが賢明です。

温度は、適切な温度範囲に対応した熱電対で測定し、レーザ誘起プルームは分光器で測定します。最近、溶融池とその周辺の温度は、放射温度計や高速度ビデオ観察法による2色温度計で測定されます。

レーザ溶接中にキーホールを有する溶融池を形成する場合、溶接前方から溶融池に近づき、溶融池の前方は材料の融点（液相線温度）となり、さらにキーホールに近づくにつれて温度は上昇します。レーザがキーホール内部の融液に直接照射されると、融液は蒸発温度まで上昇していると見なされます。溶融池の後方で融液が凝固し始めるのは、やはり融点となっています。

なお、溶接速度と冷却速度がともに速くなると過冷が起こり、液相線温度より少し低い温度で凝固を始めるとされます。鉄鋼材料では、ミクロ組織と生成相が850℃より低い温度での冷却速度に依存することが多いため、冷却速度が重要になります。

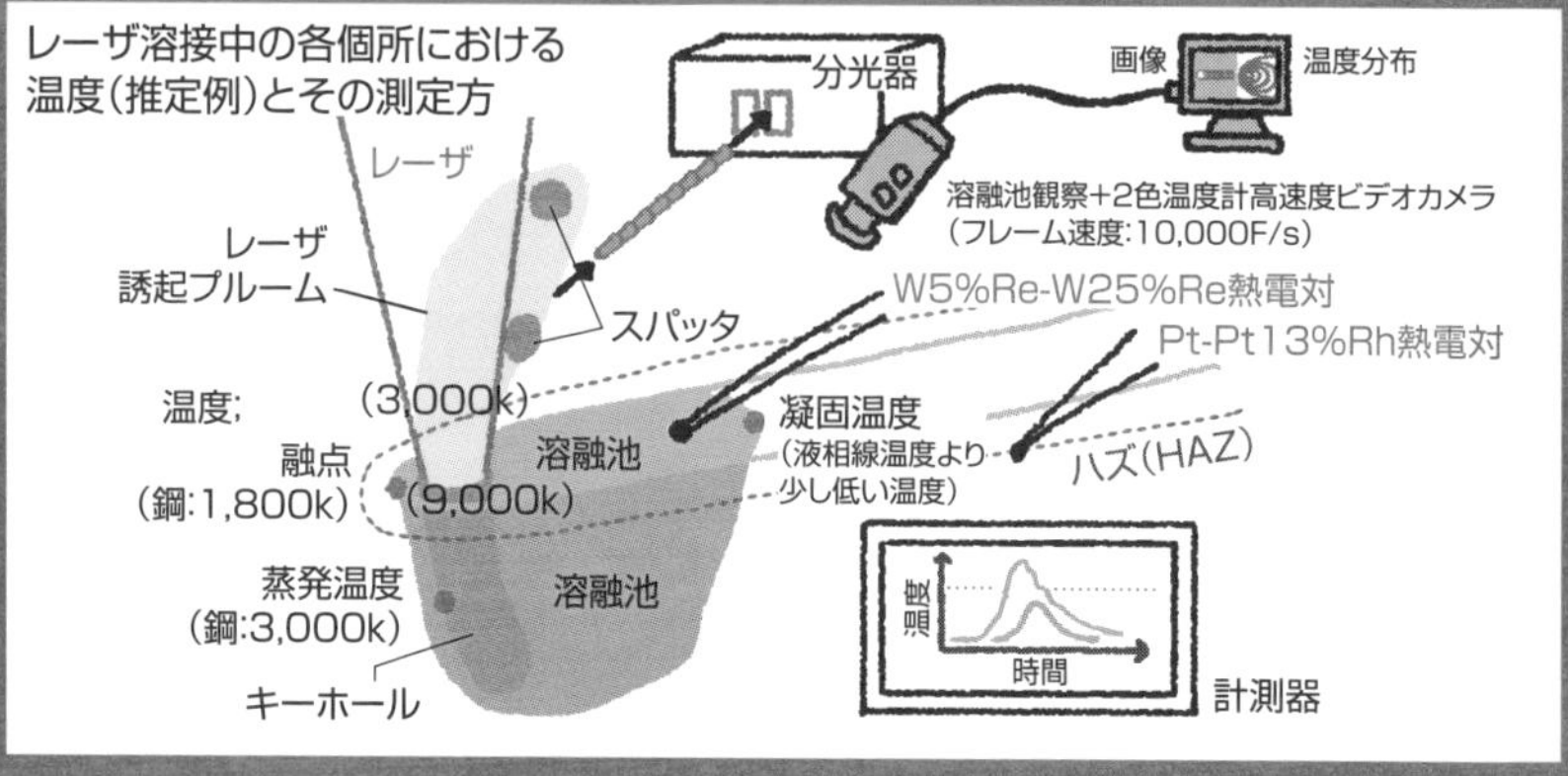

レーザ溶接中の各個所における温度（推定例）とその測定方

第5章

レーザで表面を改質する

39 レーザ表面改質処理法の特徴

目的に応じた方法が開発されて発展

従来から各種製品の高品質化、高機能化、高性能化、高耐久化などの要求が強く、各種材料の耐摩耗性、耐食性、耐熱性、装飾性、電磁気特性などの向上を目的とする表面改質処理法が注目されています。特にレーザ表面改質処理法は、レーザのパワー密度とエネルギー密度を目的に応じて自由に選定でき、レーザ焼入れ（変態硬化）法が実用化されて以来、機械的、化学的、材料的、電気的、磁気的性質などを改善する局所的な表面改質処理法として脚光を浴びています。

使用量の最も多い鉄鋼材料に対して、レーザ焼入れ、チル化処理の研究がまず行われました。そして、半導体に対する高ピークパワーのレーザを利用するアニーリング、合金化の開発がこれに続きました。

次に、対象材料もステンレス鋼やチタン、アルミニウム合金などに広がり、高硬度で耐摩耗性、耐食性などに優れた厚膜・薄膜を作製する目的で、レーザアロイング（合金化）、クラッディング（肉盛）、PVD（物理蒸着）法、CVD（化学蒸着）法などの研究が行われました。最近では3次元積層造形（3Dプリンティング）が注目を集め、盛んに研究が繰り広げられています。

レーザ表面改質処理法の特徴は、①非接触で加工物の形状や材質に制約が少ない、②ロッドの外面、シリンダやパイプの内面の処理が可能、③局所処理のため製品の材質劣化と変形が少ない、④加工処理速度が速い、⑤パワー密度やビーム形状などの制御がしやすく、処理領域の制御も容易、⑥1台のレーザ装置で多様な処理法が可能で、マルチステーション化およびタイムシェアリング化が図れる、⑦NC制御による自動化・省力化が容易、などです。

レーザ表面改質ではさまざまなビーム照射方式が検討され、レーザ装置と加工光学系が進歩しています。今後も着実な広がりが期待されています。

要点BOX
- ●最初にレーザ焼入れ法が実用化した
- ●レーザ表面改質には多くの特徴がある
- ●耐摩耗性、耐食性の向上が可能

各種レーザ加工法に適したパワー密度と照射（相互作用）時間

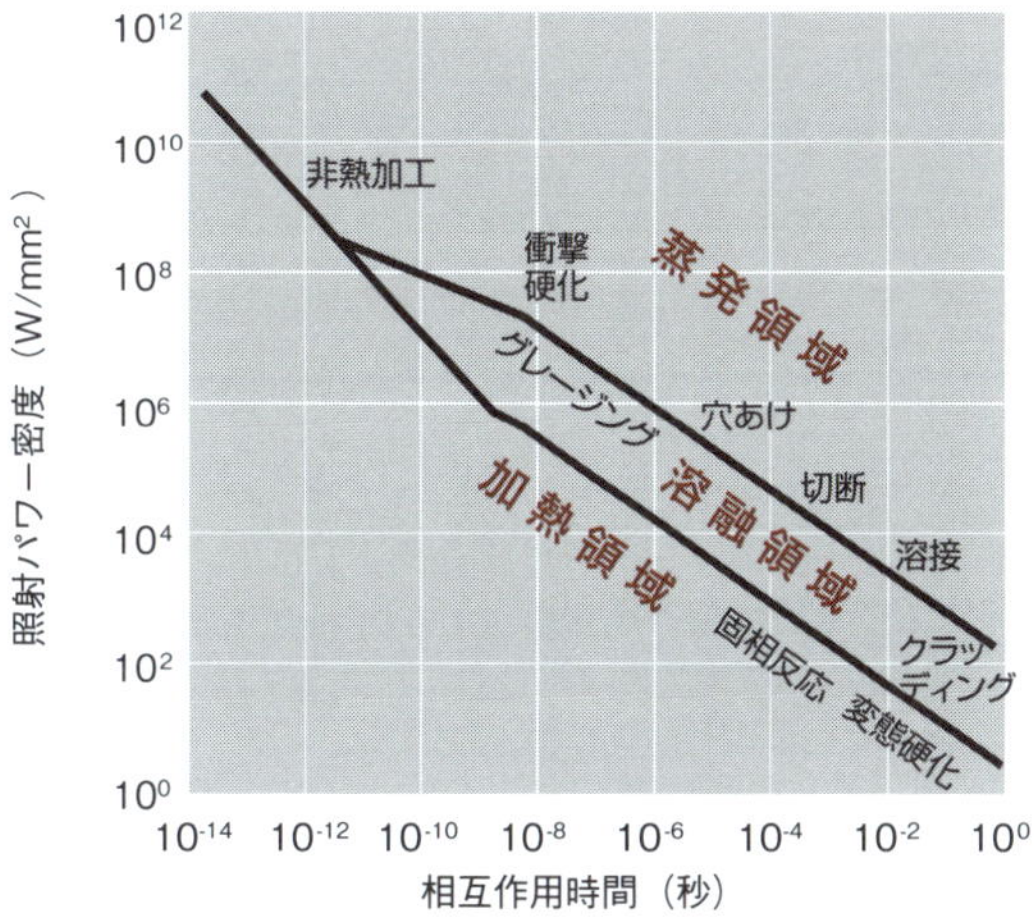

レーザ表面改質用の主なビーム照射方式

デフォーカスビーム方式

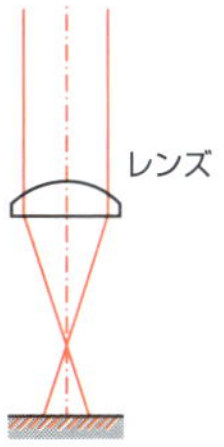

分割ミラー線状ビーム方式

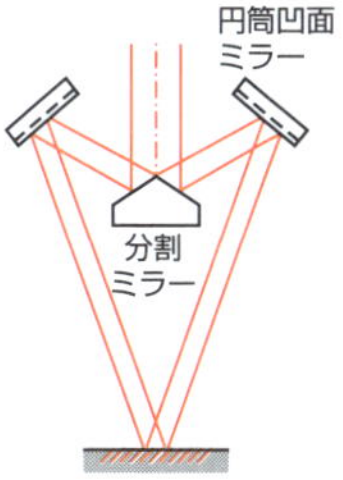

ビームスキャン方式

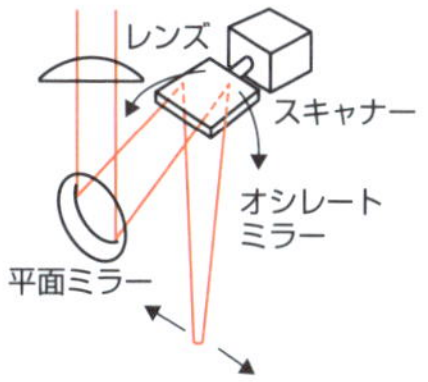

インテグレーションミラー方式

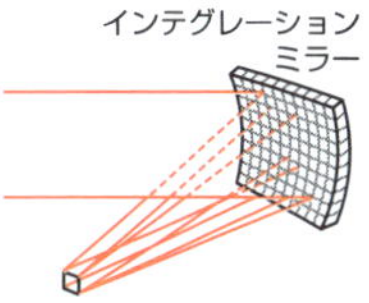

カライドスコープ方式

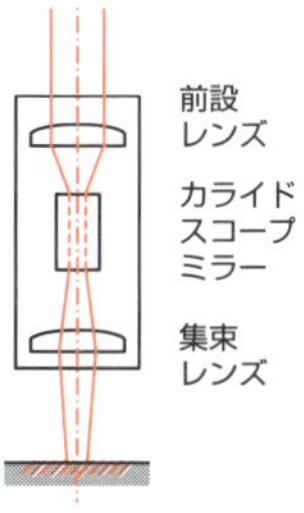

ポリゴンミラー方式

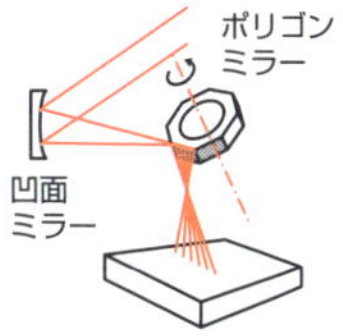

40 レーザ表面改質処理法の種類

2つの熱的・化学的プロセスに大別される

レーザ表面改質処理法は、熱的プロセスと化学的プロセスに大別され、熱的プロセスは、固相での加熱急冷か溶融凝固、蒸発を利用する方法の3つに分類されます。一方、表面改質処理法は表面変質加工と膜付与加工に分類される場合もあります。

このうち加熱利用法は、鉄鋼材料のマルテンサイト変態を利用する**焼入れ**（実用化は太字表記）、イオン注入後のシリコンウエハの**アニーリング**、ステンレス鋼などでの粒界腐食の元となる炭化物の固溶を促進させる溶体化処理（脱鋭敏化処理）、板を曲げる**フォーミング**（曲げ加工）などがあります。

溶融を伴う方法は、溶射層を溶融凝固させるコンソリデーション、鋳鉄で急冷による硬化を狙ったチル化処理、ミクロ組織や結晶粒の微細化を狙った微細化処理、超急速凝固により組織変化や非晶質相の生成を狙ったグレージングやアモルファス化処理、供給粉末やワイヤを母材とともに溶融させるアロイング、供給粉末やワイヤを溶融させて材料特性を発揮させる**クラッディング**、圧延ローラーの表面でレーザ溶融させた部分にガスを吹きつけ、多数の凸部を規則的に作製する**ダル加工処理**などがあります。

また蒸発を伴う方法は、短パルスレーザ照射でオーステナイト系ステンレス鋼などの表面に圧縮応力を発生させ、応力腐食割れの防止や疲労寿命の向上を目的とした**ピーニング**、レーザ波長より狭い溝を作製する固体レーザによる、ステンレス鋼などのレインボーカラー加工処理、フェムト秒レーザなどによるチタンなどの溝加工、真空中でセラミックスや金属を蒸発させて、被加工材に蒸着させて薄膜を作製するPVDなどがあります。

化学的プロセスとしては、表面の窒化、炭化、ボロン化などのガス合金化、CVD、半導体分野で使われる**ドーピング**、めっき加速処理法、エッチングなどがあります。

要点BOX
- ●加熱・溶融・蒸発現象または化学反応を利用
- ●表面変質加工は薄膜、膜付与加工は厚膜を作製
- ●クラッディングやピーニングが注目される

レーザ表面改質処理法

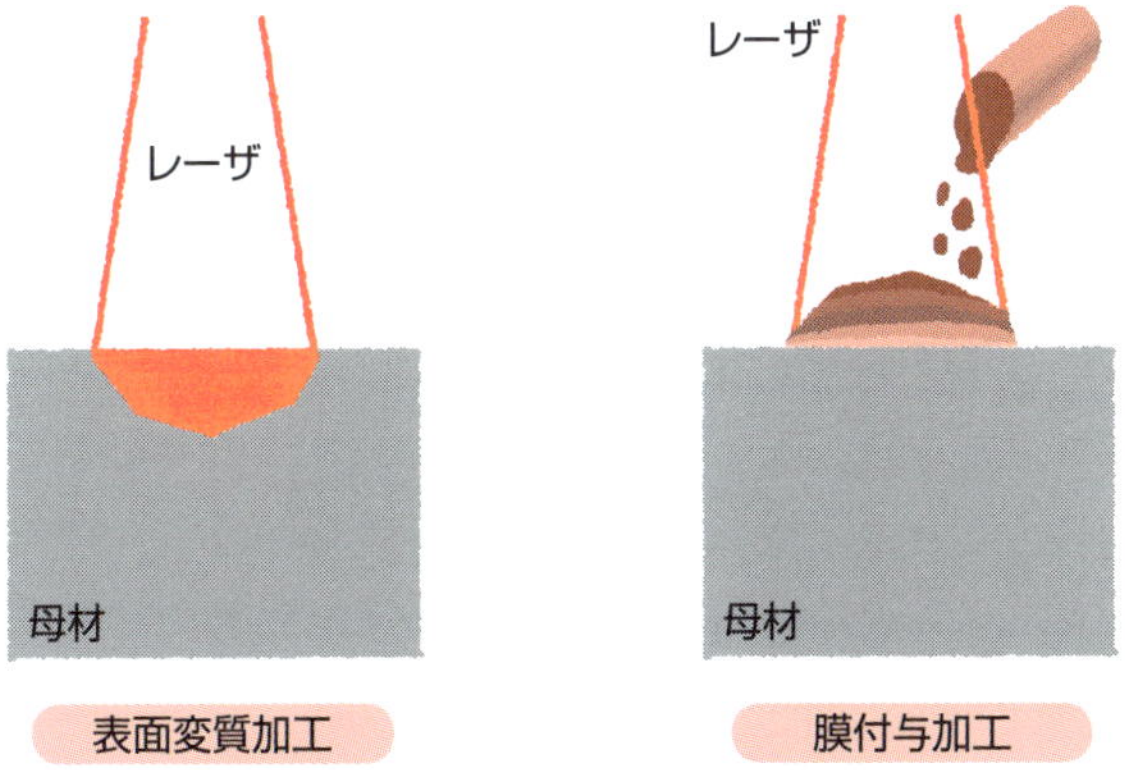

レーザー表面改質処理のいろいろ

プロセス		表面改質法		主な目的
熱的プロセス	固相加熱急冷加工	焼入れ（変態硬化）		耐摩耗性、疲労強度向上
		溶体化処理（脱鋭敏化処理）		耐食性改善、耐SCC性改善
		アニーリング（焼なまし）		残留応力・歪みの低下、結晶成長
		フォーミング（曲げ加工、変形加工）		部材の曲げ加工
	溶融凝固加工	表面溶融処理	通常凝固（コンソリデーション）	気孔率の低減、均質化
			急冷凝固（チル化処理）	耐摩耗性、耐食性向上
			超急速凝固（グレージング、アモルファス化）	耐食性、組織微細化、高機能化
		アロイング（合金化）		耐摩耗性、耐食性、耐酸化性
		クラッディング（肉盛）		耐摩耗性、耐食性、耐酸化性
		溶射（スプレー）		耐摩耗性、硬化
		ダル加工処理		凹凸化
		レインボーカラー加工処理		装飾性
		溝加工処理		高機能化
	蒸発加工	蒸発衝撃加工	ピーニング	SCC防止、長寿命化
			衝撃硬化	硬化、耐摩耗性
			磁区細分化処理	鉄損低下
		PVD（物理蒸着法）		耐摩耗性、硬化、耐食性
化学的プロセス		エッチング		腐食、組織の検出
		めっき加速処理		めっき高速化、耐食性
		CVD（化学蒸着法）		耐摩耗性、耐食性向上、配線
		ドーピング		不純物混合
		ガス合金化（窒化、炭化、ボロン化等）		耐摩耗性、耐食性向上、硬化

41 レーザ焼入れ（変態焼入れ硬化処理）とは

鉄鋼材料の表面を非常に硬くできる

レーザ表面焼入れは、炭素鋼（S20C～S55C）、構造用合金鋼（SCMなど）、工具鋼（SK、SKDなど）、軸受鋼、鋳鋼、鋳鉄（FCD、可鍛鋳鉄など）、マルテンサイト系ステンレス鋼（13%Cr-1%C）などの鉄系材料にレーザを照射するものです。急速に加熱してオーステナイト相を生成させ、レーザビームもしくは製品の移動（またはレーザ照射の完了）と、母材への熱伝導により高温加熱部をオーステナイト相から急冷し、マルテンサイト相を生成させることで処理部を変態硬化させる方法です。

当初、CO_2レーザによる焼入れでは、金属の固体状態で吸収率が低いため、一般にコーティング剤（材）が塗布されていました。後に、カライドスコープ方式での高出力YAGレーザやP偏光のレーザを利用し、コーティング剤を用いない試みがされています。最近では半導体レーザによる焼入れが主流で、コーティング剤を用いずに行われています。

鋼のレーザ焼入れの場合、S50CやSK5の高炭素含有鋼では深さ約1㎜までHV＝800以上と、非常に硬くできます。鋼の炭素含有量の減少とともに最高硬さは低くなり、硬化深さも浅くなります。また、加熱速度が速くて保持時間が短い場合や前組織のフェライト相が粗く大きいときは、炭素の拡散が不十分でオーステナイト化時間が短いため、フェライト相が残存し、パーライト近傍のみがマルテンサイト相となって硬化し、ミクロ組織の不均一化が起こるため注意が必要です。

表面の最高温度をパイロメーターなどで計測し、表面の最高温度を制御して焼入れ層の深さや硬さ分布を適応制御する方法が確立されています。

レーザ焼入れはさまざま部品で利用が検討され、ステアリングギアハウジングやシリンダライナー、工作機械のヘッド、ピストンリング、カムシャフトなどに採用された実績が残っています。

要点BOX

- ●急冷によるマルテンサイト相の生成で硬化
- ●最近は半導体レーザが主に使われる
- ●表面温度の計測と制御で硬化層深さを自在に

レーザ焼入れ状況

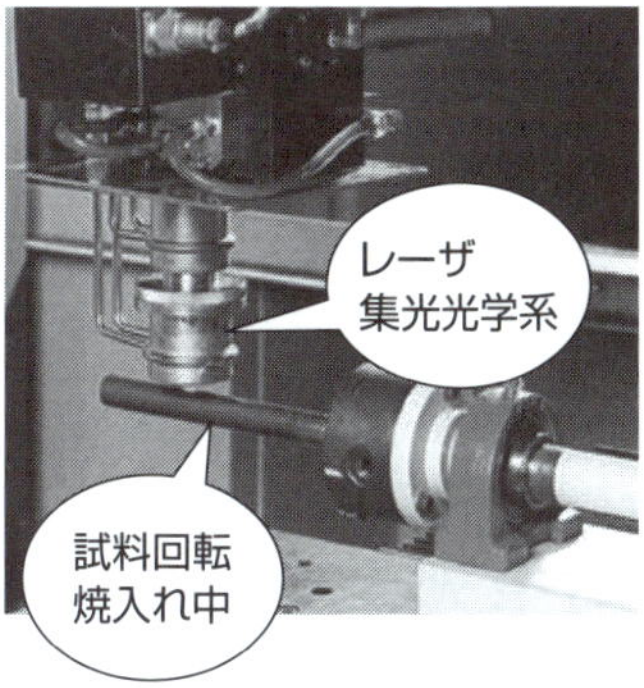

レーザ焼入れ処理をしたS55C断面

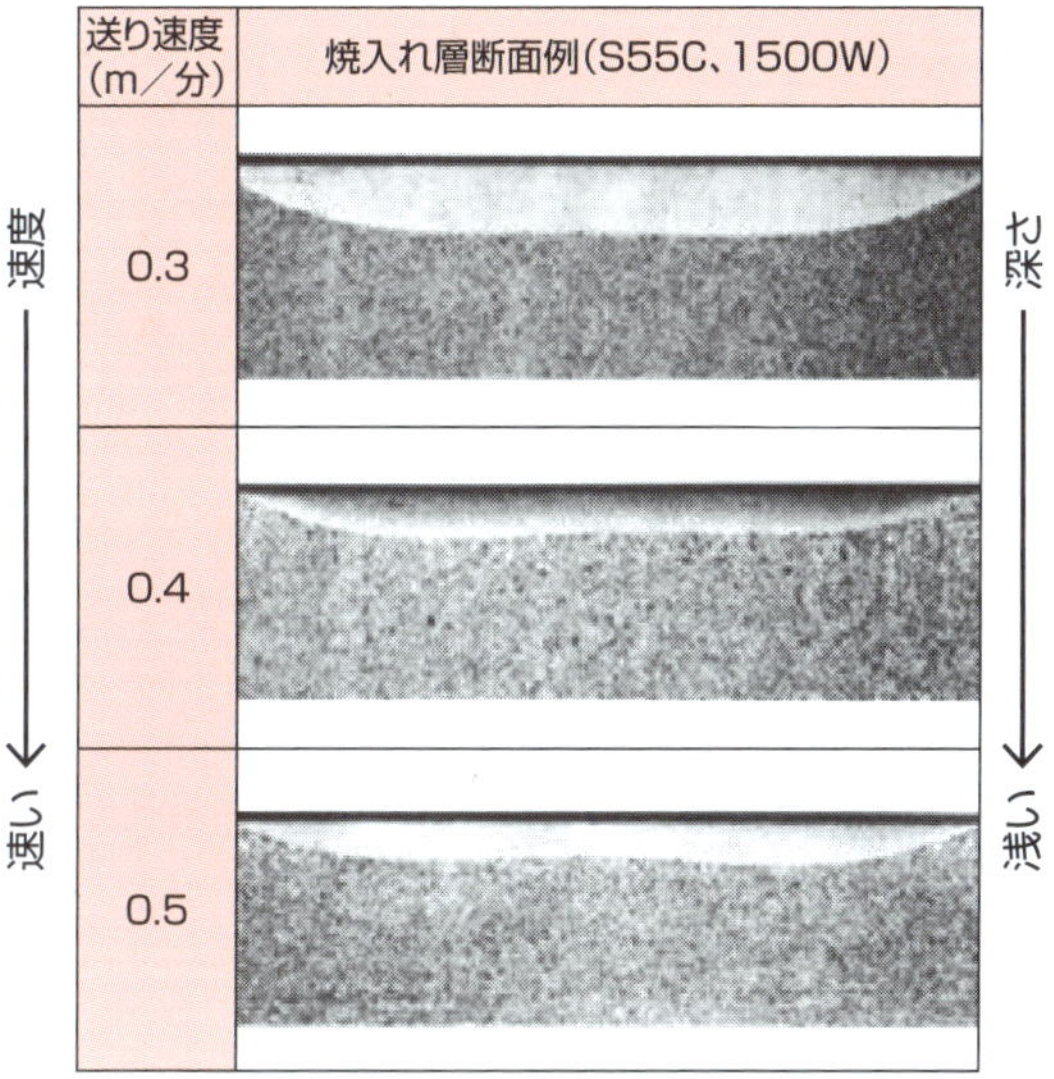

温度制御装置付き レーザ焼入れシステム

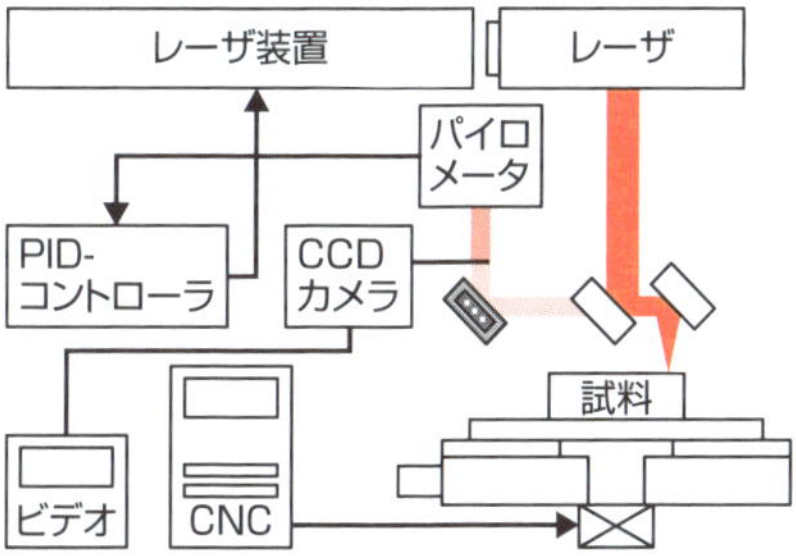

レーザ焼入れ処理後の 硬さ分布の例

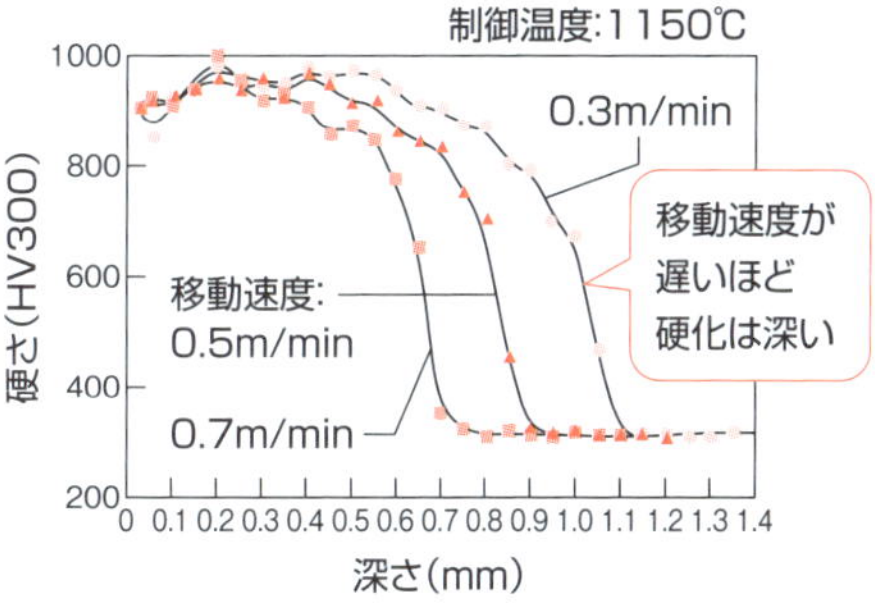

42 レーザグレージングとアモルファス化

急冷凝固により高性能・高機能を発現

レーザグレージング（表面溶融急冷急速凝固処理法）は、材料表面にパルスレーザを短時間か連続発振のレーザを高速移動の条件で照射して表面を溶融させ、その溶融部を自己冷却作用で急冷し、急速凝固させる方法です。この処理法は、凝固ミクロ組織のセルの間隔を狭くし、ミクロ偏析を低減でき、大きな介在物や中間相の微細分散化か固溶化ができ、固溶限を拡大して、準安定相か微結晶、アモルファス相が生成できます。表面硬化と耐摩耗性、耐食性などの向上と、機能性の発揮が可能になり、既存材料の特性改善や新素材・新機能材料の創製などが検討されてきました。

鋳鉄に対する処理はチル化処理と呼ばれ、一部実用化されました。この処理はレーザ焼入れに比べ、均質微細組織のため硬さの変動が少ない一方で、白銑組織が生成して割れが発生する場合があり、約200～450℃の予熱が必要です。

レーザグレージングは、ステンレス鋼などの耐食性、耐高温酸化性、耐SCC性が改善できます。Fe-Cr-Niステンレス鋼の室温のミクロ組織は、スポット溶接金属部では非磁性のオーステナイト相と磁性のフェライト相の生成割合が急速凝固と急冷のため、通常溶接部と大きく異なります。そのため、耐食性の改善や金属磁気センサーの開発がされました。

ある合金を、溶融状態から結晶生成の臨界の冷却速度以上に速い速度で急冷をすると、非結晶のアモルファス相（金属ガラス）が生成します。臨界冷却速度が遅い合金では、アモルファス表面層の生成が容易で、その層を厚くできます。

この処理では、母板が結晶相であれば、そこからの結晶成長がしやすく、また一度アモルファス化した領域でも、次の処理で熱影響部において結晶化します。そのため、レーザアモルファス化は結晶生成の臨界速度よりかなり速い冷却が必要です。

要点BOX
- ●ステンレス鋼溶接部のオーステナイト／フェライト相の割合はレーザ溶融・急冷で変化
- ●超急冷するとアモルファス相の生成が可能

SUS 304のTIG溶接部とレーザスポット溶接部のミクロ組織

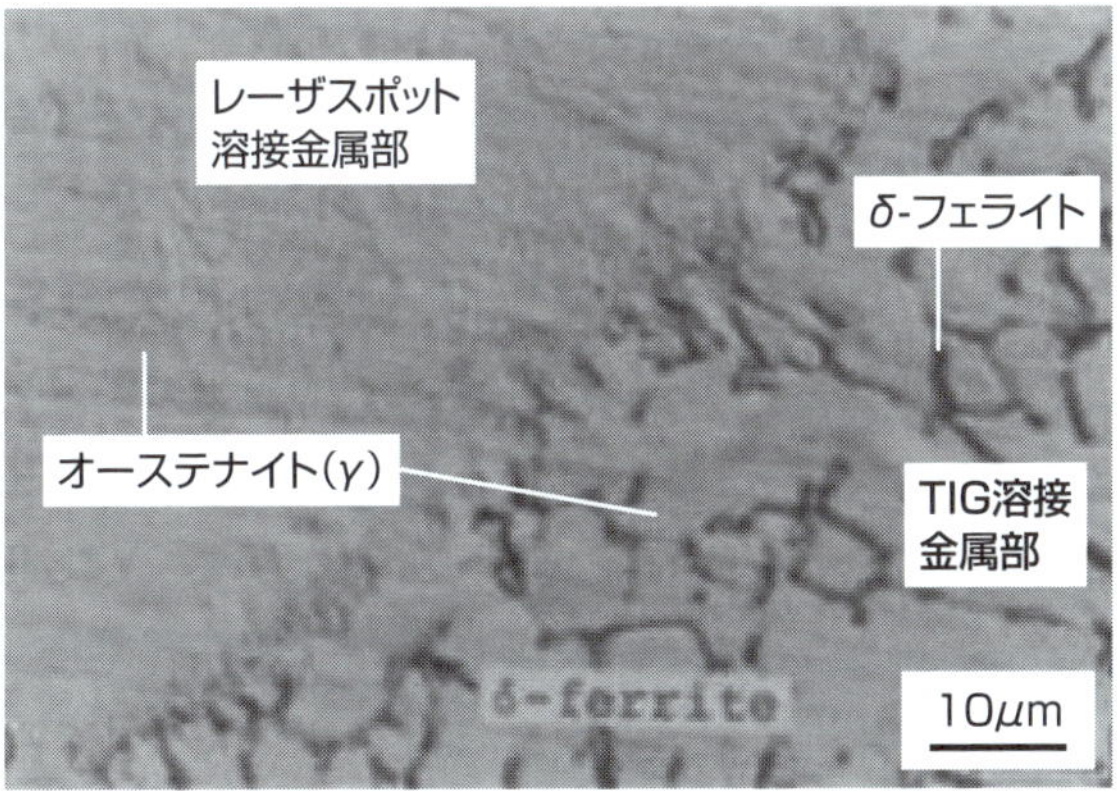

アーク通常溶接部とレーザスポット急冷凝固溶接部における残留δ-フェライト量の比較

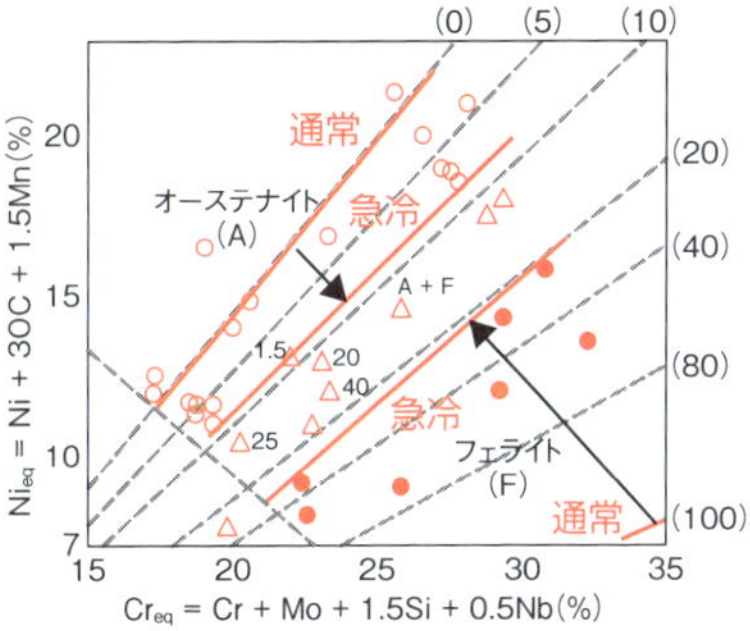

レーザ照射急冷処理部の特徴とそれに及ぼす合金と冷却速度の影響

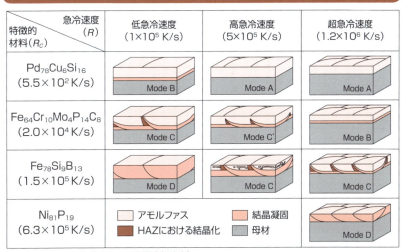

急冷速度(R) / 特徴的材料(R_C)	低急冷速度 (1×10^5 K/s)	高急冷速度 (5×10^5 K/s)	超急冷速度 (1.2×10^6 K/s)
$Pd_{78}Cu_6Si_{16}$ (5.5×10^2 K/s)	Mode B	Mode A	Mode A
$Fe_{64}Cr_{10}Mo_4P_{14}C_8$ (2.0×10^4 K/s)	Mode C	Mode C'	Mode B
$Fe_{78}Si_9B_{13}$ (1.5×10^5 K/s)	Mode D	Mode C	Mode C
$Ni_{81}P_{19}$ (6.3×10^5 K/s)	アモルファス / HAZにおける結晶化	結晶凝固 / 母材	Mode D

Rc:(アモルファス生成のための臨界冷却速度)

43 レーザアロイングと表面ガス合金化

表面の耐摩耗性が改善される

レーザアロイング（合金化）は、耐摩耗性や耐食性、耐酸化性などの向上を目的に、対象の材料表面に添加したい合金元素やセラミックスなどを粉末で塗布するか、溶射、真空蒸着、スパッタリング、イオン注入するか、めっきを施すか、薄板か箔を置いて基板とともにレーザ溶融させ、表面に合金化層を作製する方法です。粉末塗布方式や粉末供給方式、粉末注入方式が主に開発されています。

鉄鋼材料のレーザアロイングでは、C粉末や炭化物を塗布するか、TiやCrをイオンプレーティングし、それを溶融させて溶融合金層を作製し、硬化層が作製できることが示されています。

アルミニウム合金に対するレーザアロイングでは、Si、Fe、Cu、Ni、Cr、TiなどやFe＋Cu、Ni＋Cr＋B＋Si、SiC、TiC、ZrO_2などの金属、混合粉末、セラミックス粒子などが添加され、作製合金層の室温や高温での硬さ、耐摩耗性などに対する改善効果が示されています。

アルミニウム合金のレーザアロイングの問題点は、高硬度層の作製により割れが起こることに加え、粉末使用の際に、粉末やバインダーの品質管理が十分でないとポロシティが生成することです。このため、割れはAlとTi、AlとFeなど混合粉末を塗布することで防いでいます。基板のレーザ溶融池に硬質なセラミックス粉末を積極的に注入する、粒子分散型複合合金層が生成する方法も開発されています。

ガス合金化法では、窒素（N）を含むガス雰囲気中で、チタン合金にレーザ照射して溶融池を形成すると、ガスと液相が直接反応し、窒素ガスの溶融池への溶解現象も起こり、高硬度のTiNセラミックス膜とN固溶の硬化溶融部の生成が起こります。これがレーザ窒化処理法で、良好な耐摩耗性が得られます。BCl_3とH^2の混合ガス雰囲気中でレーザを照射すると、高硬度のTiB_2膜が生成されます。

要点BOX
- ●添加物と母板の溶融混合で合金層を作製
- ●硬くて耐摩耗性の良好な合金層ができる
- ●活性ガスとの反応で表面ガス合金化が可能

レーザアロイングの方法

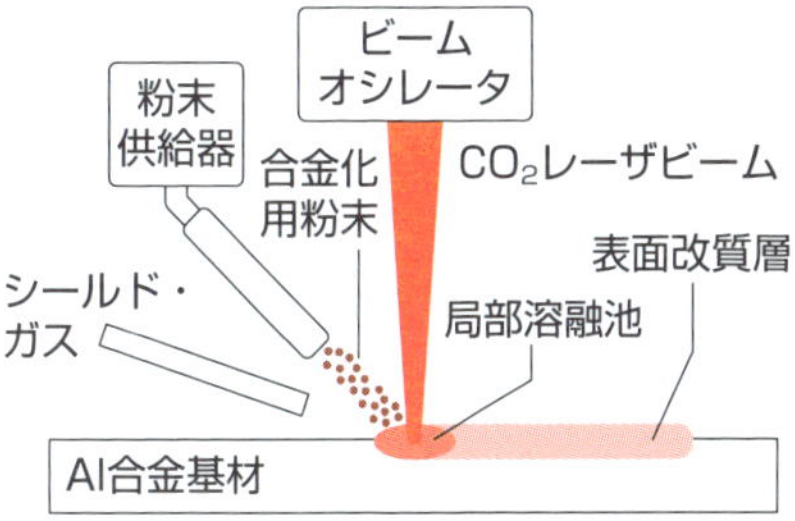

レーザアロイング部の断面

粉末供給式レーザアロイングによる溶融部ミクロ組織と硬さ分布の差

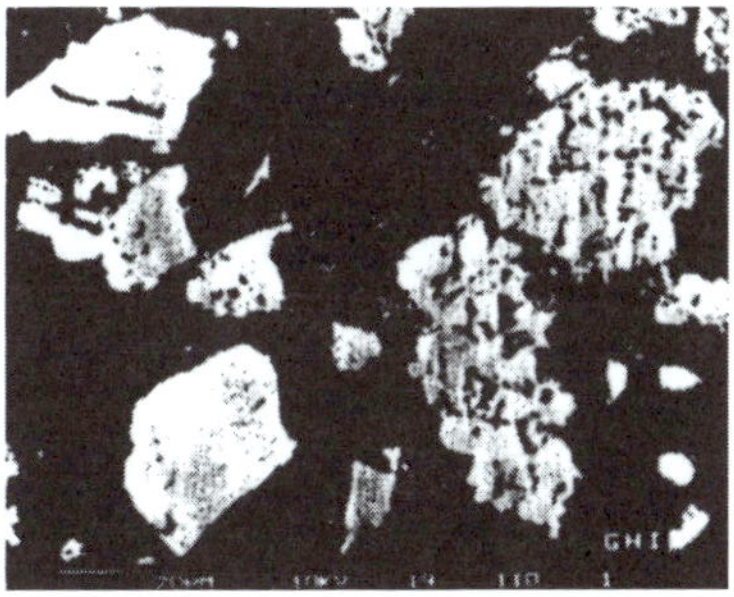

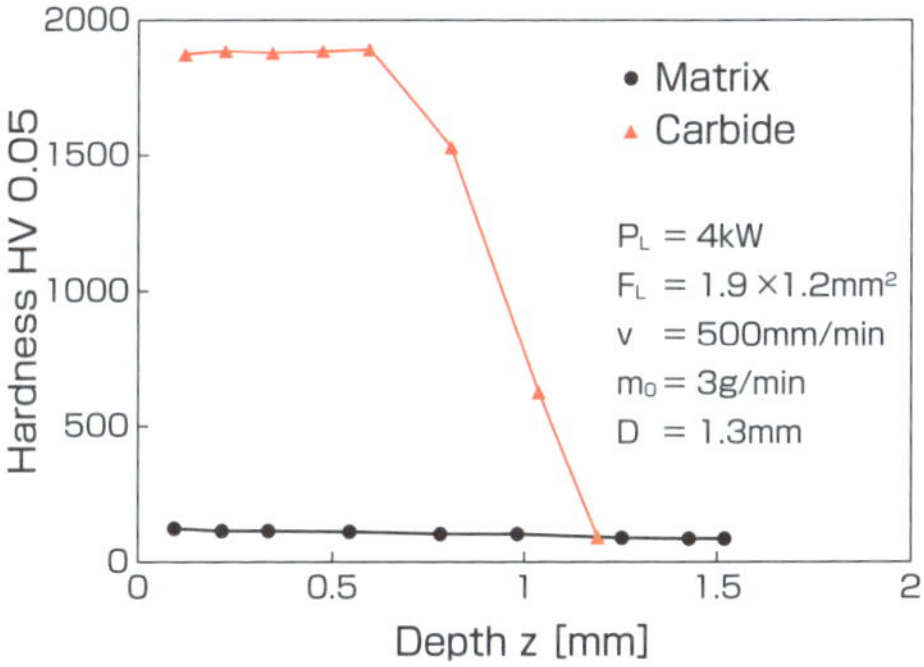

パルスYAGレーザを照射したチタンの溶融部(ガス合金化)

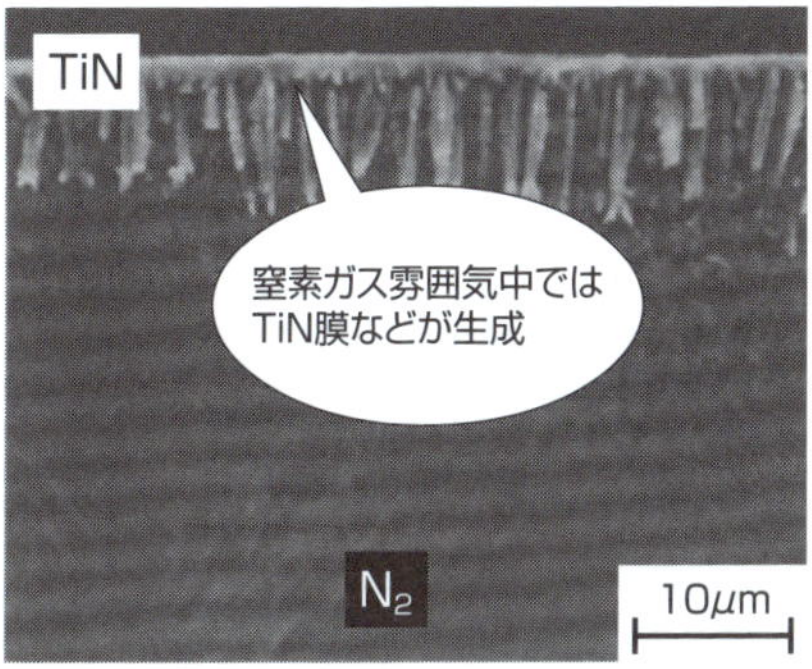

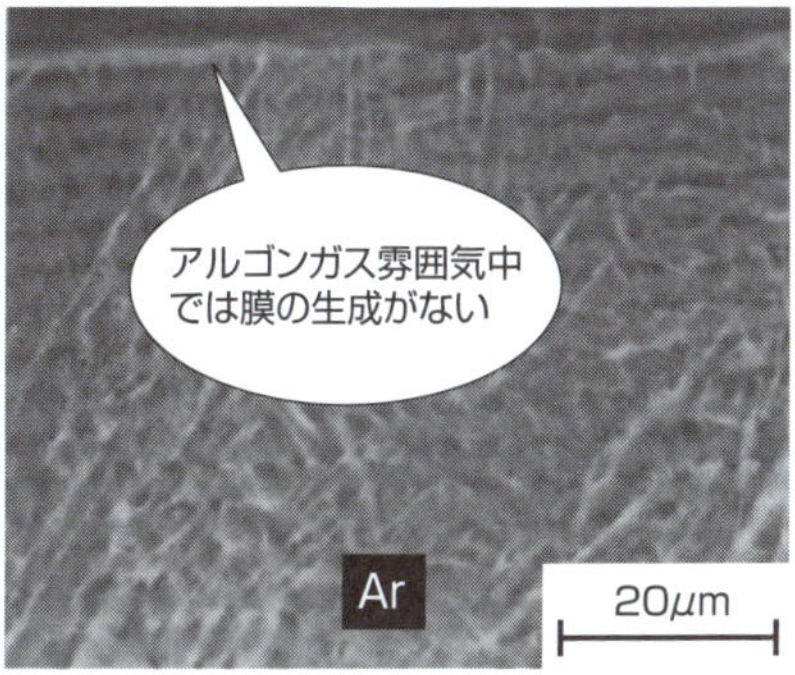

44 レーザクラッディングとは

肉盛で高機能表面が作製できる

レーザクラッディング（肉盛）は、材料表面に金属や合金、化合物、混合物などの粉末を塗布するか、粉末かワイヤを供給しながら基板表面（母材）をあまり溶融させず、供給添加物の溶融凝固層を形成する方法です。したがって、レーザクラッディング法は耐摩耗性などの表面特性を、添加供給材の溶融凝固層で発揮させるのが基本です。

その特長は、①低入熱処理で高品質な局所溶融部が生成され、母材の劣化が少ない、②母材の希釈が少ない合金層が生成、③密着性の良い合金層が生成、④厚膜の生成が可能、⑤高速加工・処理が可能、⑥自動化が容易で品質の安定した加工処理部が形成、⑦ニア・ネットシェイプ（製品に近い形）の肉盛部形成、⑧熟練者が不要、などです。

レーザクラッディングは、英国においてパウダ供給方式で勢力的に研究が行われ、大型ジェット旅客機用ターボファンエンジンの高圧タービンブレードのシュラウドに対して最初に適用され、注目された表面改質法です。Ni基耐熱合金にCo基合金粉末を供給しながら、ウィービング方式で行われました。

レーザクラッディング法は、自動車エンジンバルブに適用され、従来の酸素・アセチレンガス炎での熱源の制御性の悪さ、生産性の低さなどの問題点が改善されています。希釈率を約10%に調整することで、予熱なしで割れのない良好なクラッド層が得られ、高耐久性のエンジンバルブが作られています。

エンジンバルブシートは従来、耐摩耗性合金をシリンダヘッドに圧入インサートする方式でした。しかし、レーザクラッディング法の採用で耐摩耗性、潤滑性、冷却性、耐久性などを向上させています。

ファイバ伝送のYAGレーザを用い、原子力プラントのステンレス鋼配管内面に、耐応力腐食割れ性の高いクラッド層を作製する技術も開発されました。最近はファイバか半導体レーザの利用が中心です。

要点BOX
- ●添加物の溶融クラッド層で表面特性を発揮
- ●諸特性の良好なクラッド層を作製できる
- ●優れた表面処理法と言われている

レーザクラッディングの方法

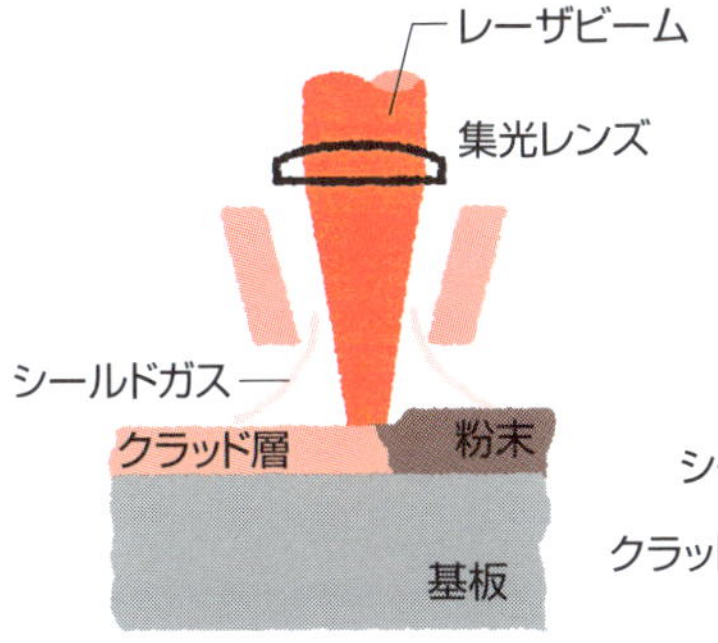

(a)粉末塗布法

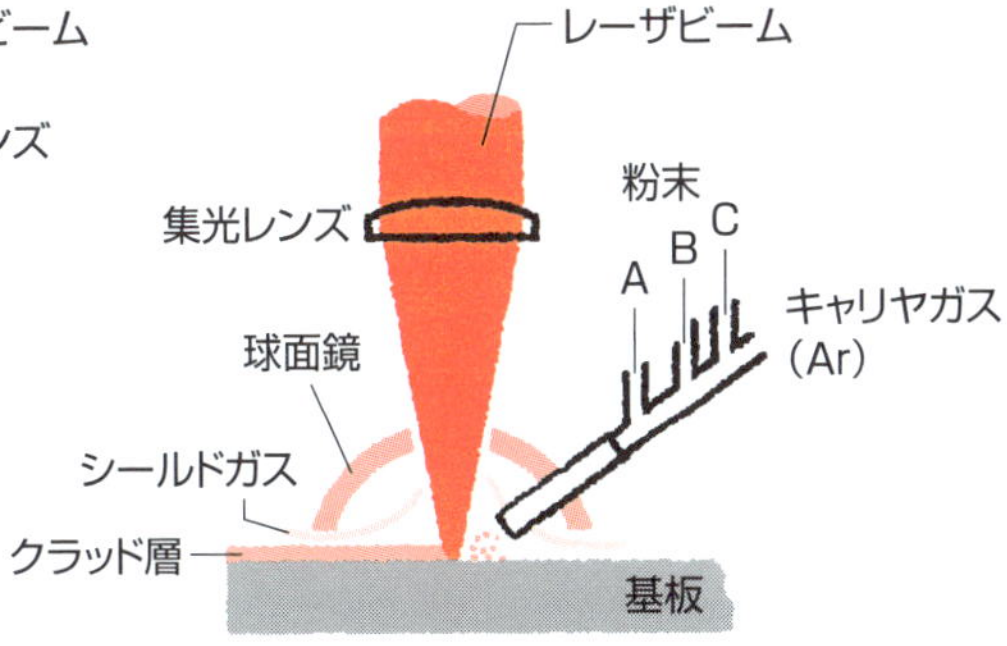

(b)粉末供給法

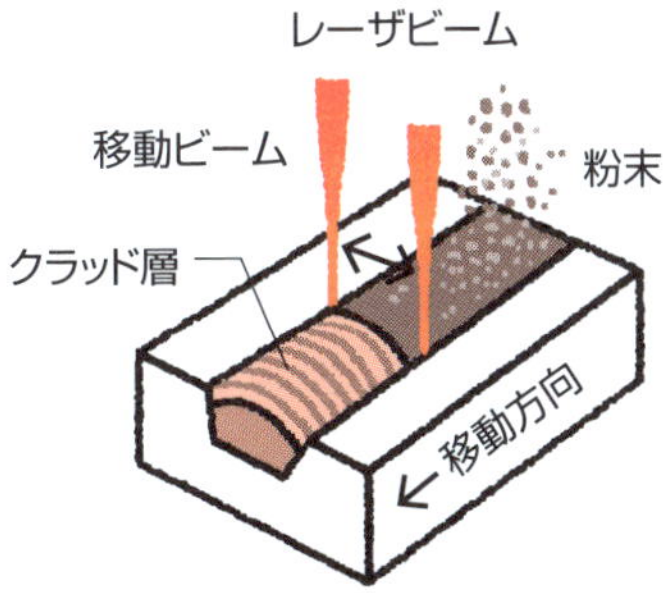

(c)ウィービング(オシレーション)方式

レーザクラッディングの例

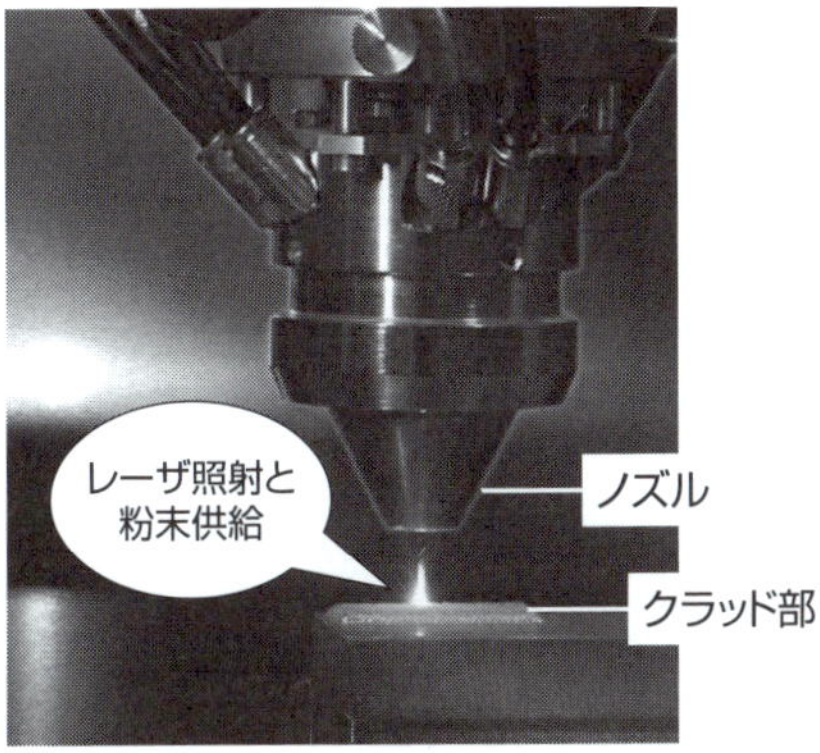

45 レーザクリーニングとは

表面物質の蒸発除去で清浄化する

クリーニング（表面清浄化）は従来、化学薬品で腐食除去したり、機械的に削ったり、ガラスやセラミックス、砥粒などをぶつけるブラスト処理をしたり、水などによる高圧洗浄をしたりして、表面に付着した異物、酸化被膜、表面の変性部などを除去してきました。

レーザによる表面クリーニングは、高パワー密度のレーザを固（液）体物質に照射し、その表面から構成元素を爆発的に昇華・蒸発させます。これは、レーザアブレーション現象を利用したものです。

レーザクリーニングには次のような特徴があります。①薬品やブラスト材を使用しない、②溶剤や水などを用いないドライプロセス、③非接触加工である、④処理速度が速い、⑤手動でも遠隔操作でもでき、狭隘部や人の入れない危険な場所での作業が可能、⑥除去物や除去の程度をレーザの種類とその照射条件でコントロールでき、母材（金型など）にダメージを与えない、⑦2次廃棄物（蒸発除去物）の発生が少ない、⑧安全で環境に優しい技術、などです。こうした特徴から世界で利用が進んでいます。

1990年代初期には、歴史的な建造物や彫刻を洗浄するレーザクリーニングシステムが開発されました。波長が近赤外線域のQスイッチYAGレーザが、大理石の頭部のクリーニングに利用され、波長が紫外線域のKrFエキシマレーザが絵画のクリーニングに適用され、続いて金型のクリーニングにも利用されました。近年、波長が近赤外線域のファイバレーザが飛行機の塗装除去に適用されています。

レーザクリーニングは最近、QスイッチYAGレーザかシングルモードファイバレーザを用い、塗装、めっき層の除去や溶接前の油膜や酸化膜の除去、金型・金属製品のさび取りなどに利用され、食品や医療品の滅菌、有毒物質の洗浄、放射線物質の除染などへの展開が図られています。

要点BOX
- 塗装、めっき層、酸化物被膜などを除去する
- 非接触でドライプロセス処理が特長
- QスイッチYAGレーザの利用が多い

レーザクリーニング法の原理

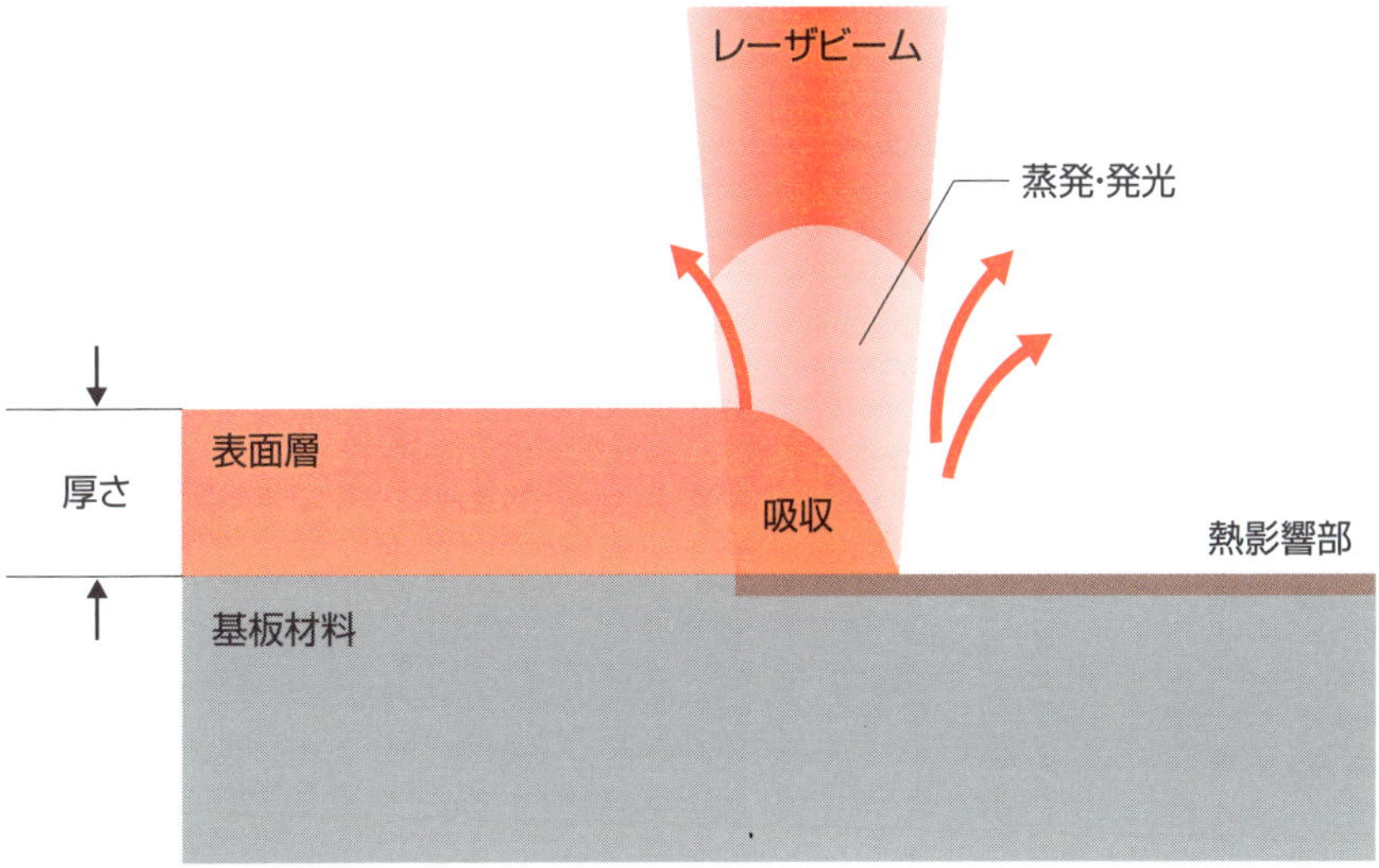

レーザクリーニングの現場での実施状況

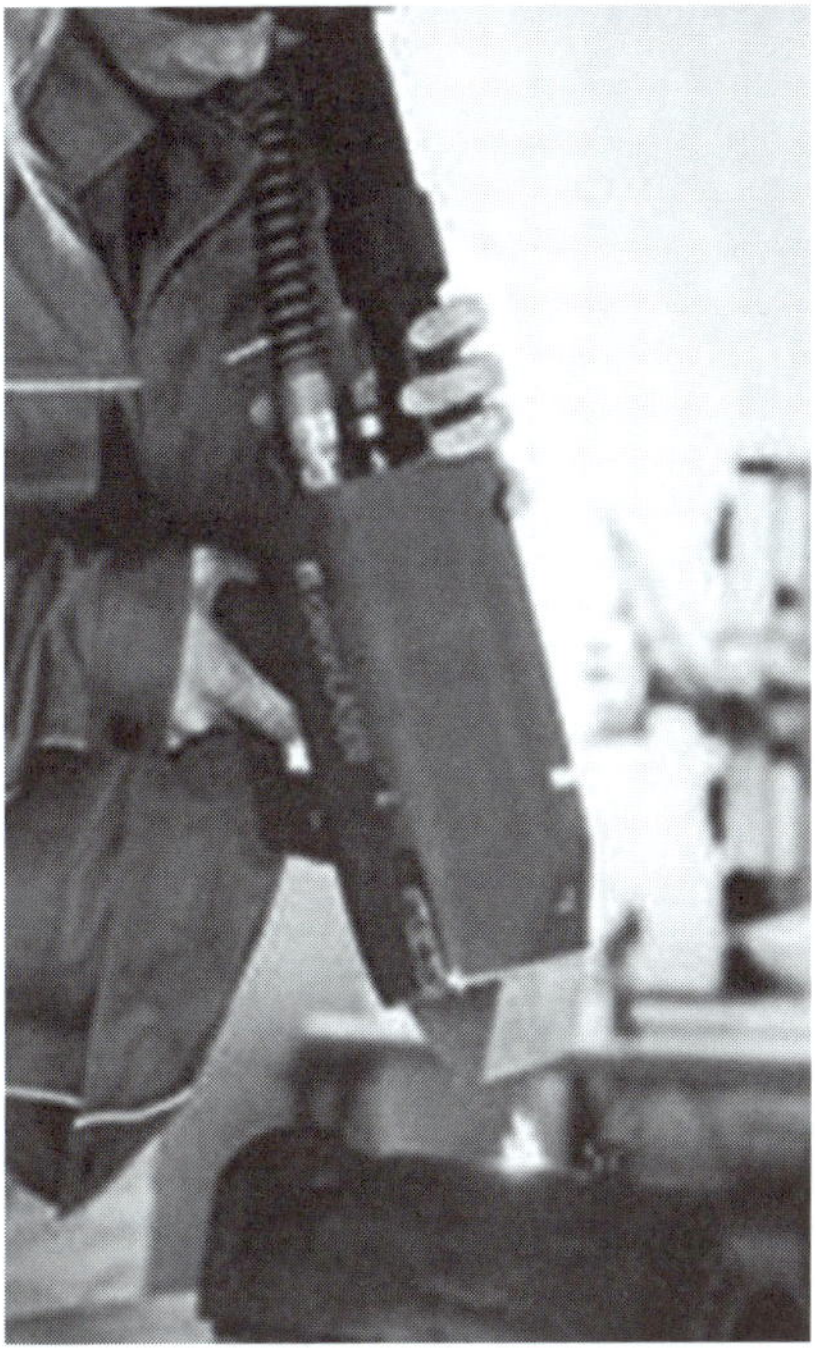

レーザクリーニングの実施状況

46 レーザピーニングとは

応力腐食割れ防止と疲労特性の改善に有効

レーザピーニング（Laser Peening）は、水中の（金属）材料に高ピークパワーのパルスレーザを照射し、その際に発生する高圧の金属プラズマの膨張を、水圧で妨ぐことにより衝撃波を発生させ、その動的圧力で材料表面を塑性変形させ、表層に圧縮の残留応力を形成させる技術です。

無数の鋼鉄の小さい球体を高速で金属表面に衝突させて、塑性変形による加工硬化と圧縮の残留応力を付与できるショットピーニング法があり、その類似性からレーザピーニングと呼ばれていますが、欧米では硬化機構を衝撃硬化（Shock hardening）と呼び、この技法をレーザ衝撃加工法（Laser shock processing）と言われています。

レーザピーニングは、米国やフランス、日本で飛行機部品の疲労対策や応力腐食割れ（SCC：Stress Corrosion Cracking）防止策として開発されたものです。米国とフランスではレーザ核融合用に開発された大型ガラスレーザを、1パルス当たり約100Jの高エネルギーの条件で、材料表面に薄い水膜を形成した状態で数mm領域に1パルスずつ照射して処理されました。なお、レーザが直接照射されると材料表面が溶融するため、それを防ぐ目的で表面を黒色ペイントや金属箔などでコーティングして保護した後、レーザ照射処理されます。

一方、日本では銅蒸気レーザと、その後第2高調波YAGレーザを水中で照射する方法が開発され、約1mmの深さ領域を圧縮応力にでき、耐SCC性に有効であることが示されました。この技術は、1999年から原子炉シュラウドの溶接熱影響部のSCC防止に適用されました。

最近は、水中で第2高調波のQスイッチ固体（YAG・ディスク・ファイバ）レーザを照射するのが通常ですが、大気中でフェムト秒レーザの照射によっても硬化層が作製できることが示されています。

要点BOX
- ●水中で第2高調波固体レーザによりピーニング
- ●深い領域を圧縮応力に代えることができる
- ●疲労向上とSCC防止に有効

レーザピーニング法の原理

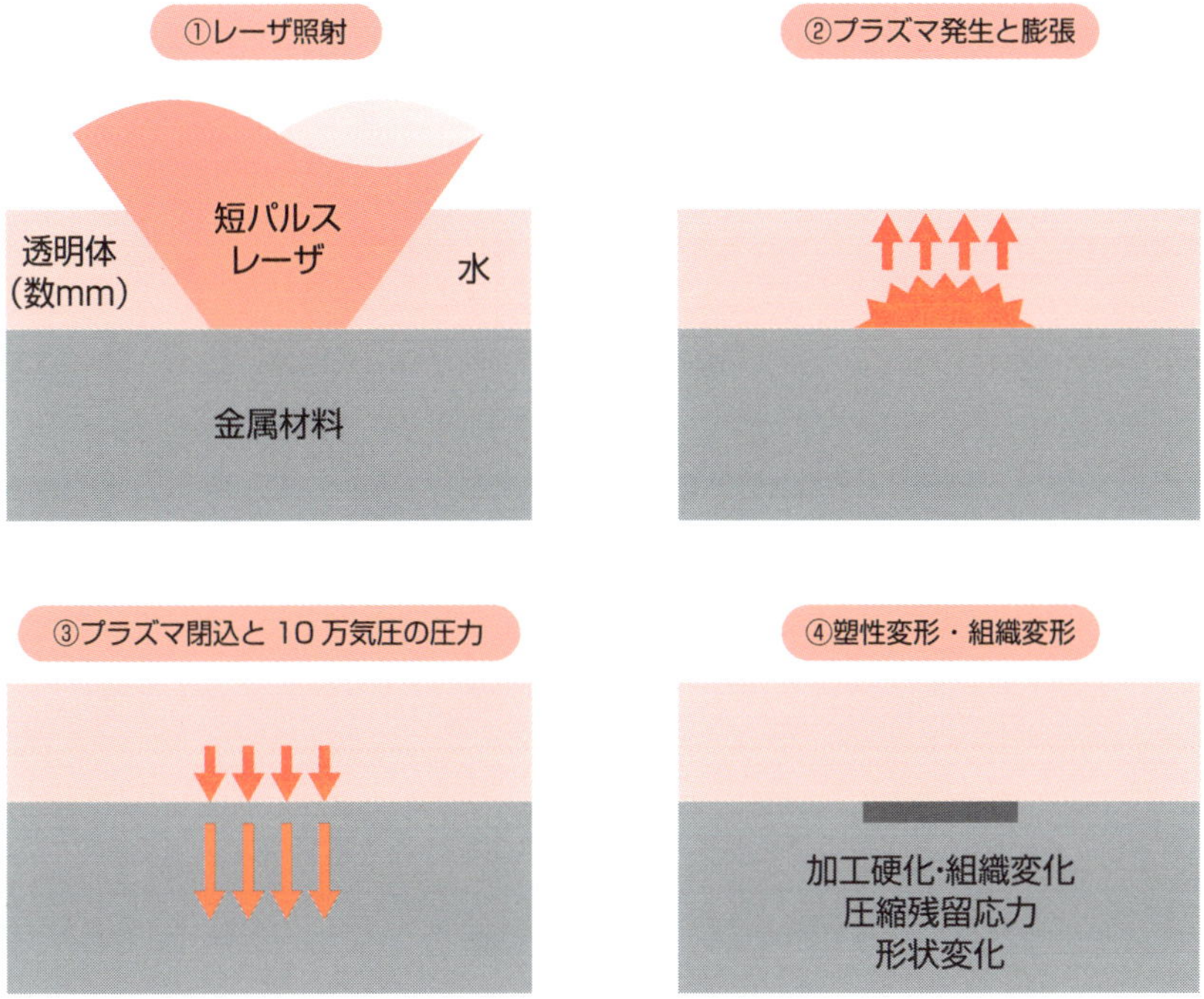

未処理材とレーザピーニング後の処理材における応力分布

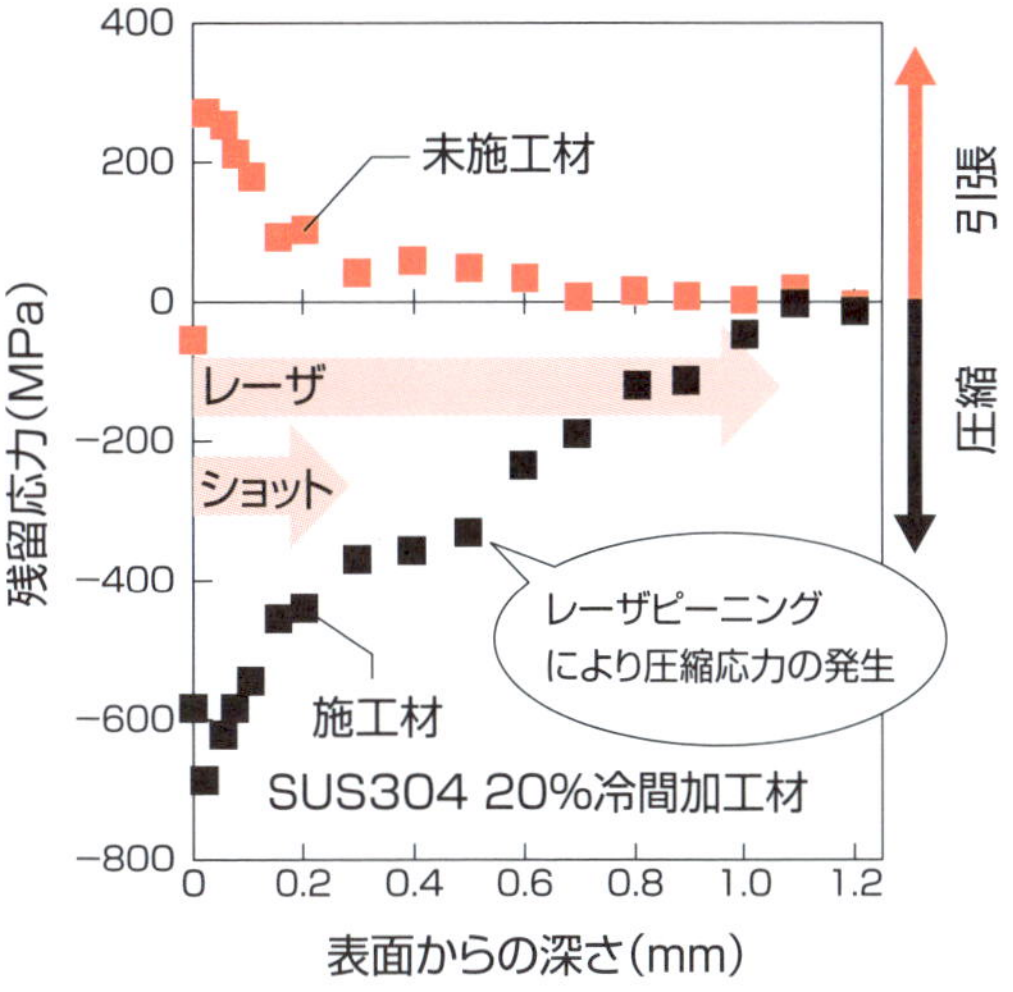

生成相とその硬さは冷却速度でどのように変化する?

金属材料（合金）の溶接や表面処理（焼入れなど）において、特性の優れた良好な溶接部や表面処理部を作製するためには、材料製造時の温度履歴と使用された加工条件での冷却状況から、どのような生成相とミクロ組織が形成するのか知ることは非常に重要です。そこで、最も多く利用されている鉄鋼材料の溶接部や焼入れ部の生成相とビッカース硬さに及ぼす冷却速度の影響について考えてみます。

多数の鉄鋼材料は、組成（化学成分）によって、初晶（液相中に最初に生成する固相）がデルタ（δ）フェライト相かオーステナイト（γ）相のどちらかで凝固します。その後、いずれも約850℃までの冷却中に安定なγ相となります。また、850～1500℃の温度領域に加熱された熱影響部（HAZ）や焼入れ部もγ相となります。つまり、鉄鋼の特性は約850℃からの冷却（温度履歴）で生成する相に影響されることになります。そこで、登場するのが連続冷却変態（CCT：Continuous Cooling Trans-formation）図で、それを使って説明します。

冷却速度が遅い場合、平衡の温度からはかなり低い温度（約725℃）でγ相中の結晶粒界などにフェライト（F）相が生成し始め、次にパーライト（P）相が生成し、最後に一部ベイナイト（B）相が生成します。フェライト相が主であるので、ビッカース硬さは約170と低いです。一方、冷却速度が速い場合、フェライト相やベイナイト相が生成しなくなり、マルテンサイト（Ms）相が直接生成するようになり、一部、γ相が残留することがあります。その結果、ビッカース硬さは460と高くなります。中間の冷却速度ではベイナイト相が生成するようになり、硬さは250～400程度になります。一方、溶接部や焼入れ部の生成相と硬さから冷却速度が推測されます。

合金鋼の連続冷却変態(CCT)図

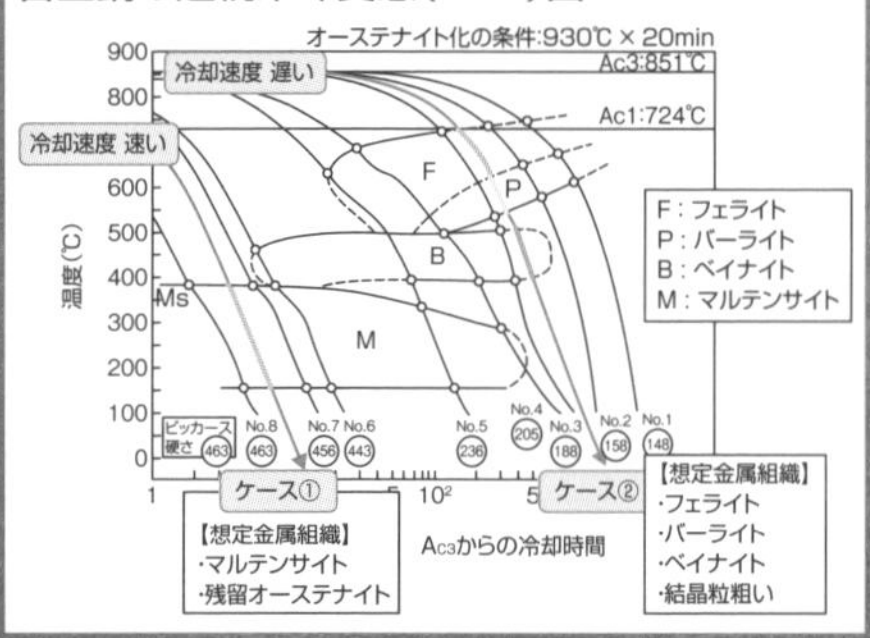

第6章 レーザで高機能材料を作る

47 3Dプリンティング（積層造形）への応用

今、改めて注目を集める"新技術"

アディティブ・マニュファクチャリング（AM：Additive Manufacturing）は、任意形状の構造体を作製する技術のことです。複雑な3次元断面を積み重ねて、2次元または「3Dプリンタ」という名称で注目されている技術で、ラピッドプロトタイピングや積層造形などとも呼ばれています。これらは、液状の光硬化性樹脂を光重合で選択的に硬化させる技術や、敷きならした粉末のある領域にレーザを照射し、選択的に溶融結合させるレーザ焼結法およびレーザクラッディングから発展した技法です。

現在、レーザ3Dプリンティング法としては、①液槽光重合法、②粉末床溶融結合（Powder Bed Fusion）法、③シート積層（Sheet Lamination）法、④指向性エネルギー堆積（Directed Energy Deposition）法などが使われています。

金属においては、パウダーベット方式（粉末床溶融結合法）とメタルデポジション方式（指向性エネルギー堆積法）の2つがあり、熱源には主にレーザと電子ビームが用いられます。

パウダーベット方式では、①粉末をある一定の高さで敷き詰め、②レーザをスキャンしながら照射・溶融し、③レーザ照射完了後に試料を下方へ移動させ、その後①～③を繰り返して3D製品を作製します。一方、メタルデポジション方式では、レーザ照射している溶融池に不活性ガスとともに粉末を投入し、クラッド層を作製します。この作業を繰り返すことで3D製品を作製します。レーザ加工機とレーザ加工の途中に、積層物の側面をミリング加工できる装置を備えたシステムも販売されています。

パウダーベット方式では電子ビームがより高速にスキャンでき、試料をより効果的に加熱できるため優れていると見られ、メタルデポジション法では取り扱いやすいレーザの方が有利と考えられています。

要点BOX
- ●積層造形法による3Dプリンティング
- ●主力はパウダーベット方式
- ●クラッディングにより積層造形する

パウダーベット方式による選択的レーザ溶融(SLM)法の基本原理

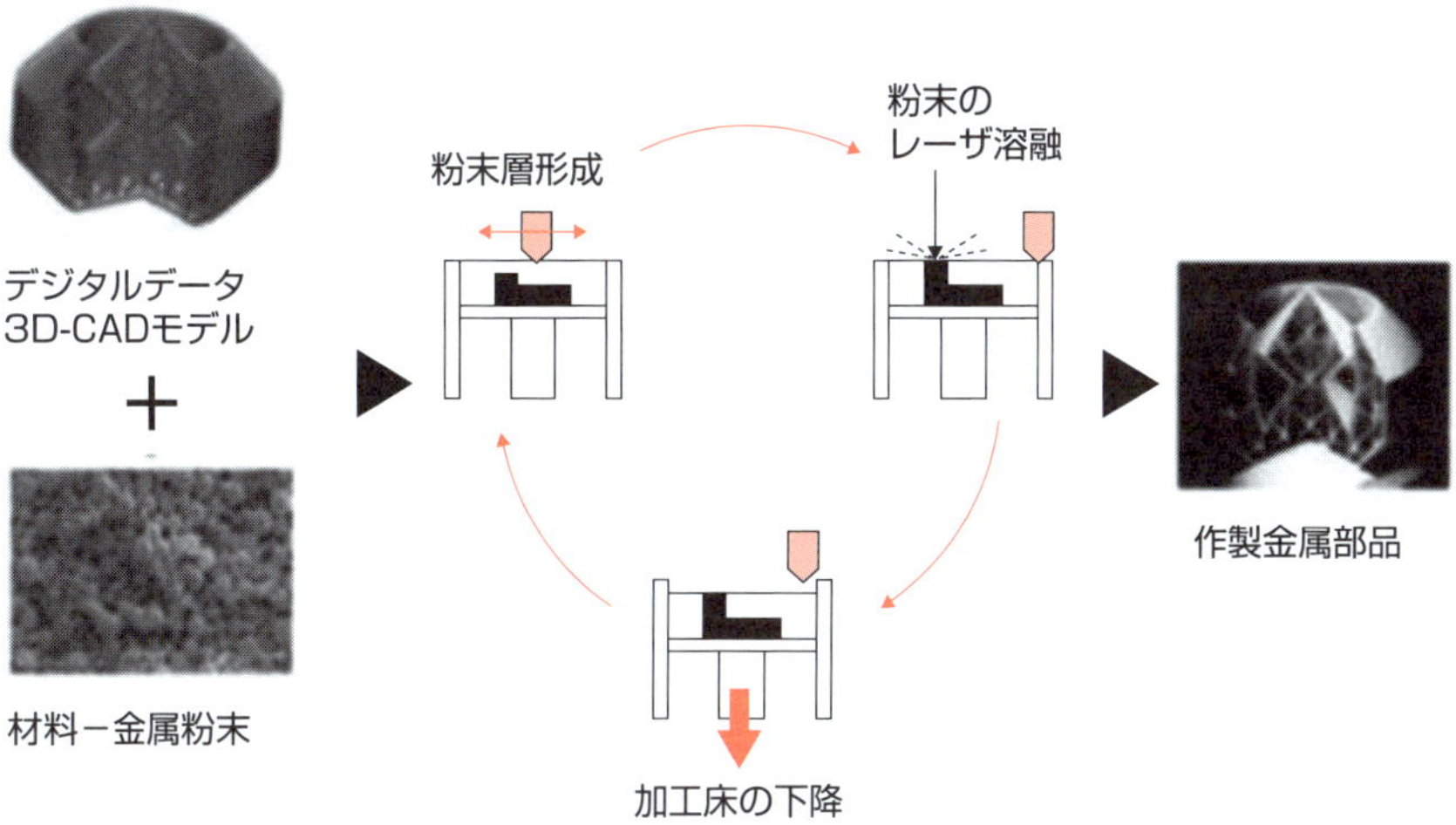

メタルデポジッション方式によるレーザ積層造形中の様子

48 加熱蒸発法で超微粒子を作る

高機能な金属やセラミックス超微粒子の作製が可能

粒径が1㎛以下の極めて小さい粒子は超微粒子と呼ばれ、通常のバルクの物質と（融点降下などの）物理的特性や（活性などの）化学的特性が異なり、磁性材料、触媒、焼結促進剤、センサなどの新機能性材料として注目されてきています。製造方法は湿式、乾式、化学的・物理的方法などが考案され、プラズマジェット、アークプラズマ、電子ビーム、レーザなどの熱源を用いるガス中蒸発法が主として研究され、実施されています。

レーザ加熱蒸発法は、雰囲気と圧力を任意に選定でき、どのような材料でも極短時間に蒸発温度まで加熱して蒸発させることが可能で、蒸発位置とパワー密度をコントロールできます。Arガス雰囲気中で、33J／P、約4msの条件でパルスYAGレーザを鉄板に照射して超微粒子を作製した結果、平均サイズ約20nmの超微粒子の生成が確認されています。各種金属で超微粒子の生成が確認され、雰囲気圧力を下げると粒径はさらに小さくできます。

アルミナやジルコニア、窒化ケイ素、窒化アルミニウムなどのセラミックスは、耐熱性、耐食性、耐摩耗性、高硬度、軽量性などの各特性が良好で、ニューセラミックスやファインセラミックスと呼ばれ、注目されています。酸素（O_2）ガス雰囲気中で各種純金属にパルスYAGレーザを照射した結果、CuなどMO型、FeなどM_2O_3型、TiなどMO_2型、NbなどM_2O_5型、WなどMO_3型の安定な酸化物超微粒子の生成が確認されています。そのサイズは金属の場合より大きくなっています。

一方、窒素（N_2）ガス雰囲気中では、TiN、ZrN、Cr_2N、Nb_4N_3、Mn_4Nの窒化物超微粒子、AlとAlNの混合微粒子が生成され、Fe、Ni、Moなどでは窒化物超微粒子は生成されません。そこで、TiとNiの合金に窒素ガス中でレーザを照射すると当然、TiNとNiの混合超微粒子が作製できます。

要点BOX

- ●酸素ガス中では酸化物超微粒子が生成
- ●窒素ガス中ではTiやZrなどで窒化物超微粒子が生成し、FeやNiでは金属超微粒子が生成

レーザ熱加熱法による超微粒子（UFP）の作製法

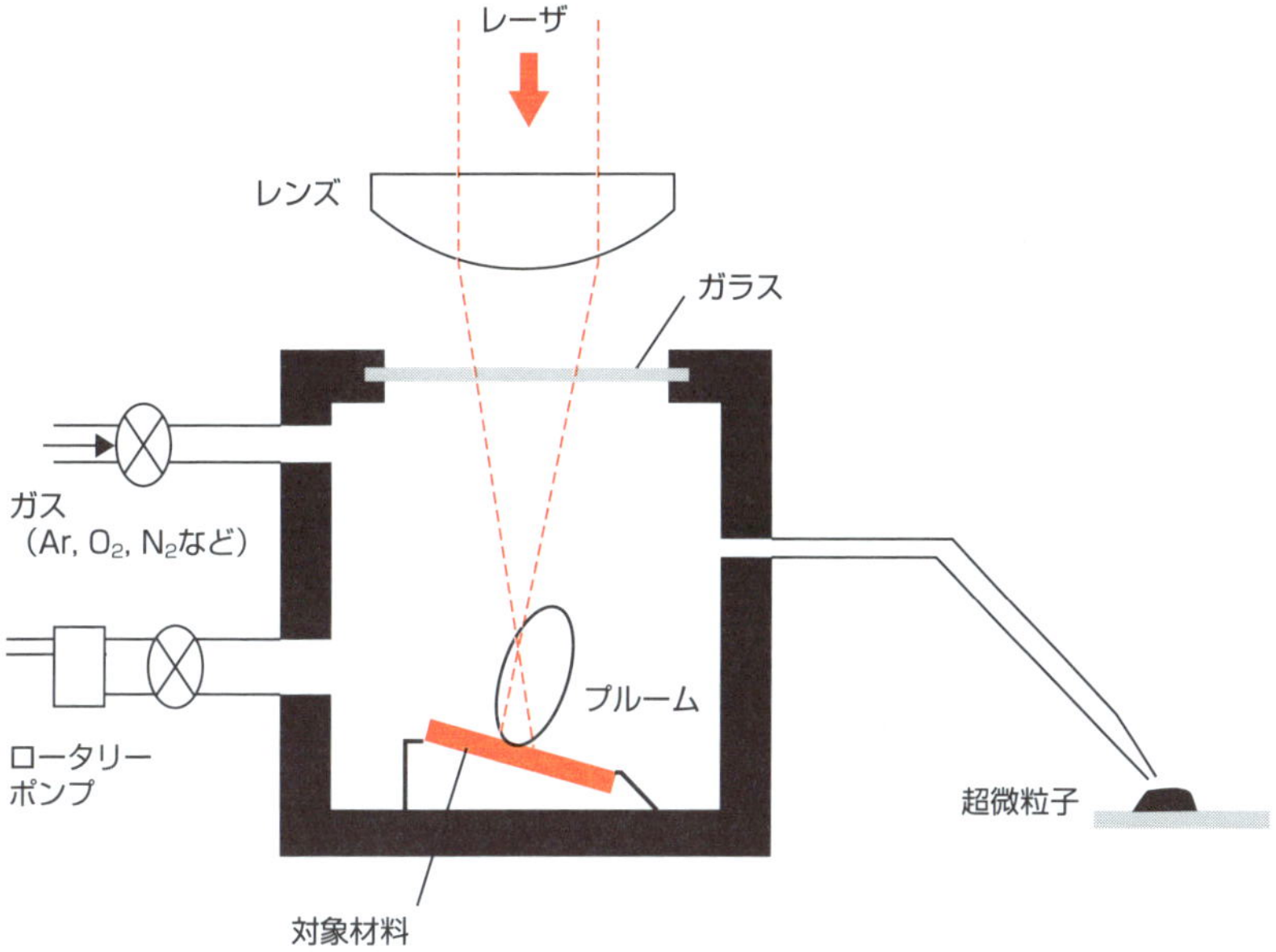

各種雰囲気中の各金属からレーザで作製された超微粒子

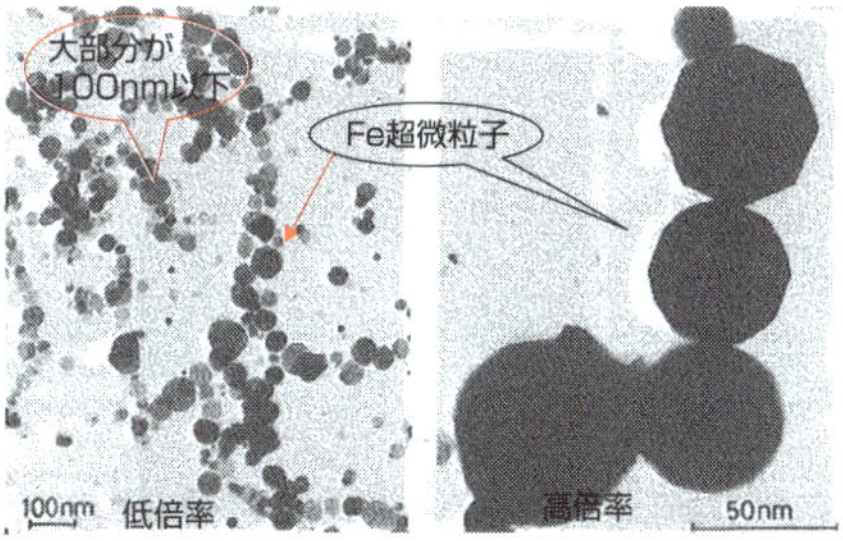

Arガス雰囲気中でFeから生成したFe金属超微粒子

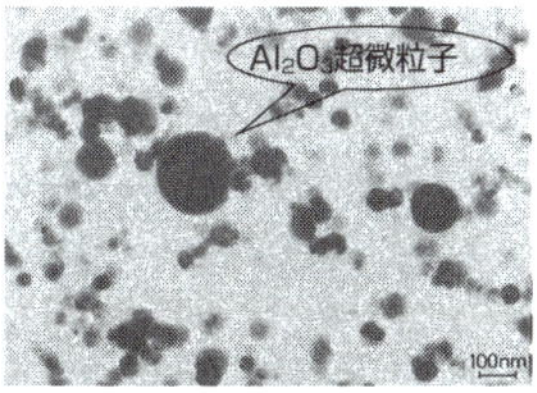

O_2ガス雰囲気中でAlから生成した
Al_2O_3酸化物超微粒子

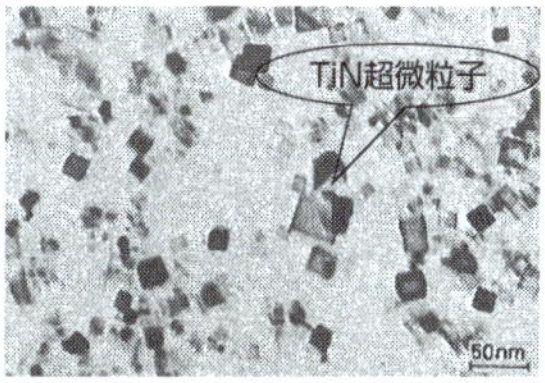

N_2ガス雰囲気中でTiから生成した
TiN窒化物超微粒子

49 高硬度膜や高温超伝導体被膜を作る

レーザPVD法で高硬度・高機能化

金属表面に高硬度、耐摩耗性、耐食性に優れたセラミックスを皮膜し、トライボロジ特性を向上させる試みがされています。中でも、レーザPVD（物理蒸着）法によるセラミックコーティングは高速皮膜形成プロセスとして注目されています。

例えば、真空雰囲気中でアルミナ（Al_2O_3）板にパルスYAGレーザを照射し、対峙する金属基板にアルミナ皮膜を作製した結果、皮膜は容器の真空度0・01MPaにおいて基板の温度が500Kから1000Kに高くなるほど硬くなり、高真空でも低真空でも軟らかくなることが判明しています。

真空度が高い場合は、皮膜のガス成分（O）が母材と比べて低くなり、一方、真空度が悪くなると、基板に堆積するまでの原子がクラスタや超微粒子に成長してから堆積するようになったためと推察されています。また、炭化ケイ素（SiC）や純度の異なる窒化ケイ素（Si_3N_4）に対し、パルスYAGレーザでPVDをした結果、皮膜は主に非晶質となり、内部に母材からのかけらの微粒子や、PVD中に生成された融液が飛翔して内在することが明らかにされています。形成皮膜は、セラミックス母板の種類と特性によって異なるため注意が必要です。

1987年に、窒素の沸点である77・3Kよりも高い90Kの超電導転移温度（Tc）を持つペロブスカイト型の酸化物$YBa_2Cu_3O_x$（YBCO）が発見され、現在、最高のTcは$Tl_2Ba_2Ca_2Cu_3O_x$の127Kです。このような酸化物高温超電導体の薄膜はレーザ蒸着法により作製のトライがされています。

用いられるレーザは、ArF（193nm）、KrF（248nm）、XeCl（308nm）のエキシマ、パルスまたはCW Nd：YAG（1064μm）、QスイッチNd：YAG（532nm）、パルスCO^2の各種レーザです。短波長で、短パルスの紫外エキシマレーザが良好な皮膜を作製できるようです。

要点BOX

●レーザPVD法でセラミック皮膜が作製できる

●最適な真空度の設定と高温基板加熱の条件がカギを握る

レーザPVD法

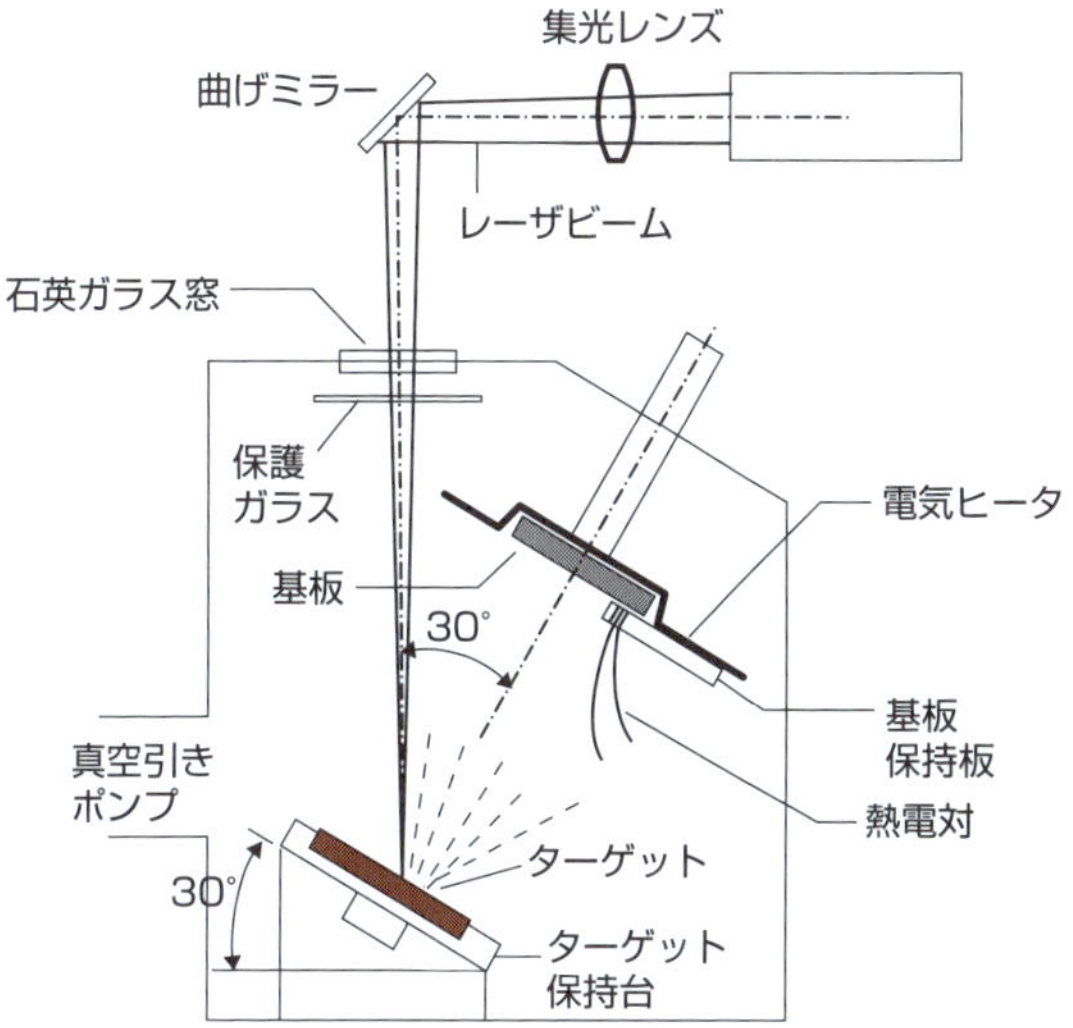

レーザPVD法で最適な真空下でAl_2O_3板から作製された膜

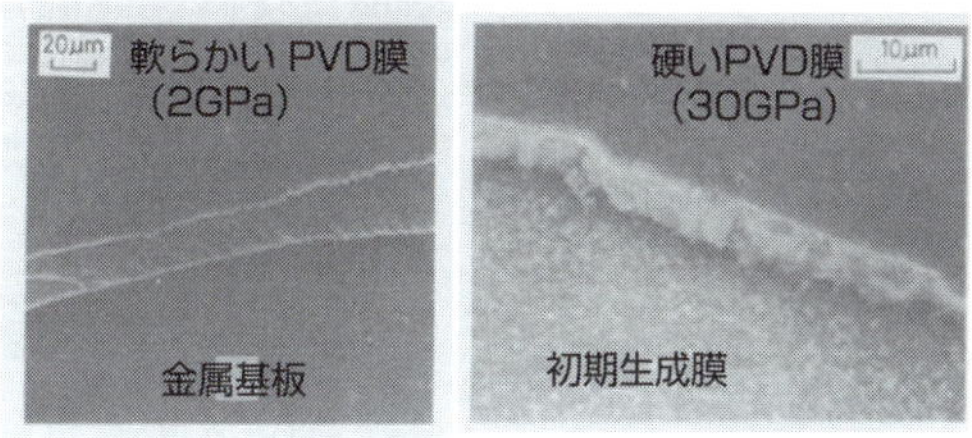

低温 (550 K)　高温 (1070 K)

レーザPVD法でSiCとSi_3N_4板から作製されたセラミック膜

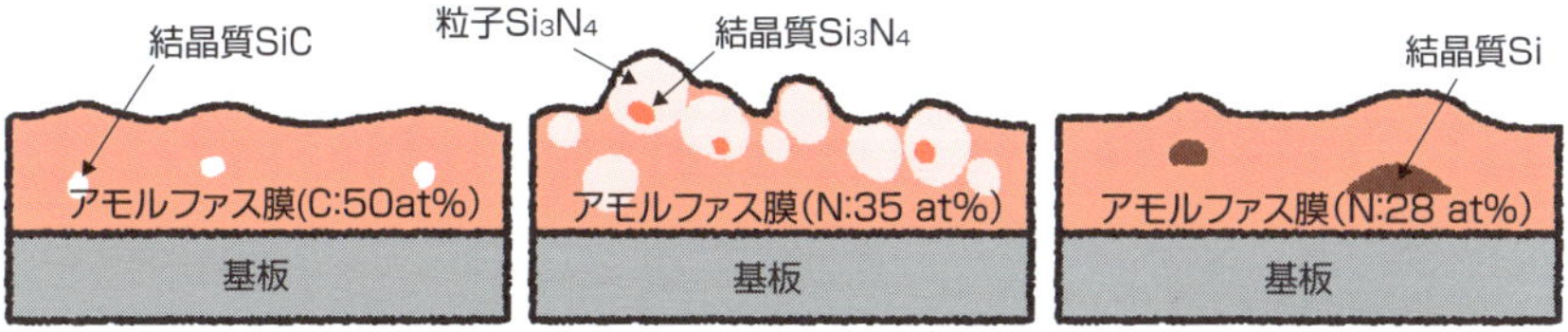

(a)99.5% SiC　(b)99.2% Si_3N_4　(c)92.0% Si_3N_4

50 ガラスの内部を加工する

短パルスレーザで作る各種お土産品

ガラスは、液体と同様に均一・等方・無秩序という特徴を持っています。ガラスは通常、紫外線側とバンドギャップ間の電子遷移による吸収端があり、赤外線側に格子振動による吸収端を持っていますが、その間では光が透過して透明になります。

レーザは、その波長によってガラスに吸収されたり透過したりして、相互作用の程度が異なります。波長が紫外線域にあるエキシマレーザのように短い場合、および遠赤外線域にあるCO_2レーザのように長い場合、レーザのエネルギーは表面で吸収されるため、ダメージや溶融させたりする表面加工は可能ですが、内部加工は本質的にはできません。

一方、YAG（1・06㎛）やファイバ（1・07㎛）、チタンサファイア（800㎚）レーザなどは、エネルギーの大部分がガラスを透過するため、これを極度に集光させて高パワー密度の集光点をガラス内部に作ると、その箇所で傷または割れが発生して、加工部が見られます。ガラスの内部加工に使われるレーザには、第2高調波のパルス固体レーザやフェムト秒レーザなどがあります。

最近、ガラス（石英なども含む）内部に立体的な点描がされているお土産の置物を目にすることが多々あります。これらは、ある平面で加工する箇所をコンピュータであらかじめ決め、集光したレーザで2次元の点描をします。その一面の処理が終わると、試料を極わずかに下方へ移動させて、次に、同様な2次元の点描を行います。このような手順を、サンプルの下から順番に繰り返して行い、立体的な3次元の点描を作製しています。

フェムト秒レーザは、集光点近傍で高パワー密度であることを利用し、ガラスの2枚板の重ね接合継手の作製や、3Dメモリー、3D導波路、屈折率が周期的に変化するフォトニック結晶（ナノ構造体）の作製などへ展開されています。

要点BOX
- ●第2高調波YAGレーザによるガラス内部加工
- ●フェムト秒レーザによるガラスの接合や3D導波路の作製

レーザによるガラス内部加工機構

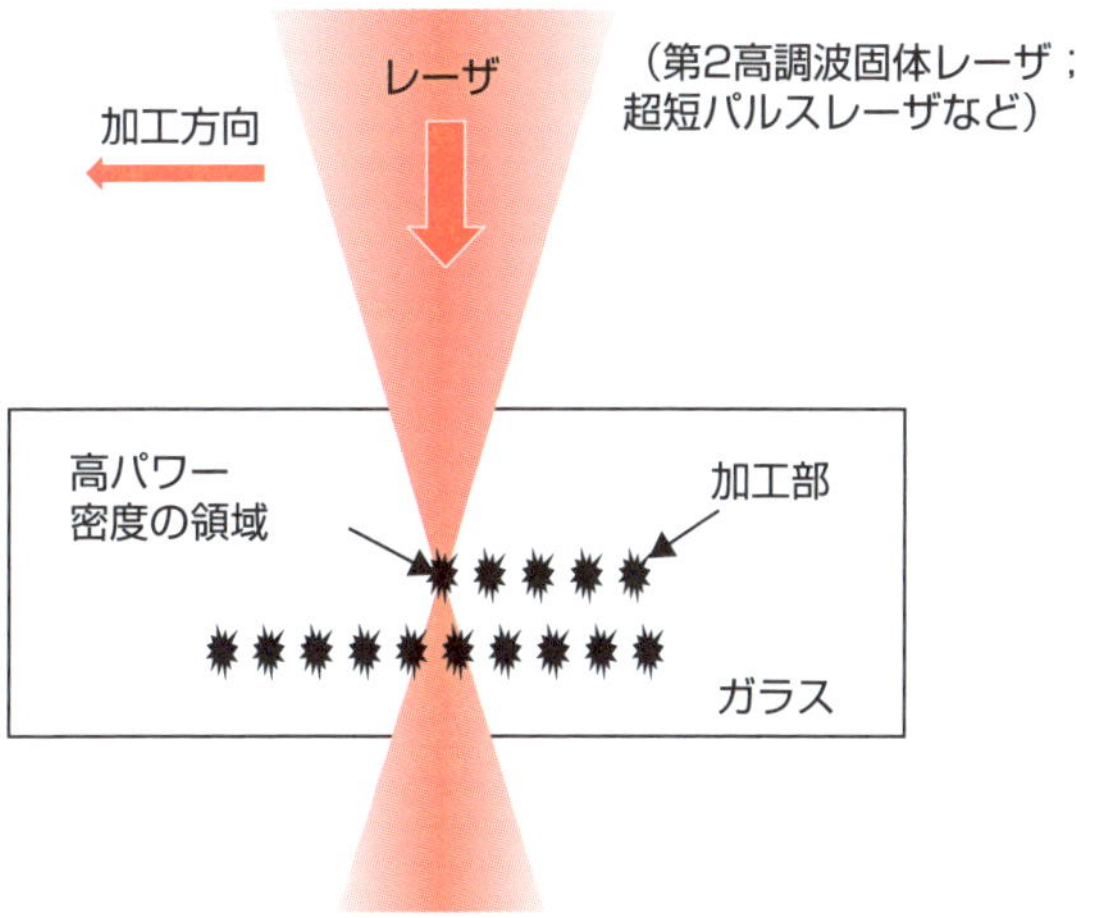

レーザで作られたガラスのお土産品

フェムト秒レーザによるガラスの接合

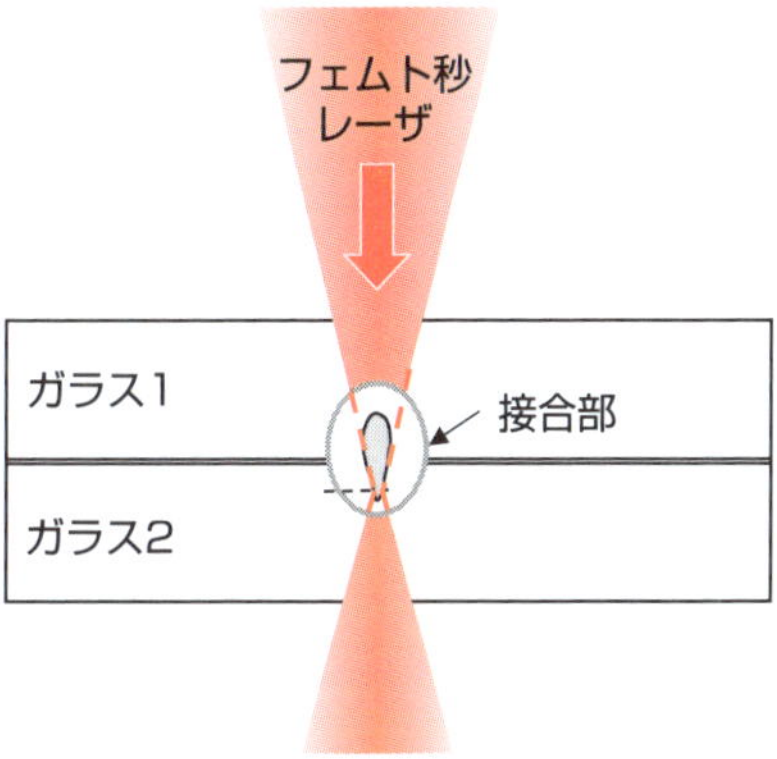

フェムト秒レーザによるガラス内3D光導波路の作製（将来技術）

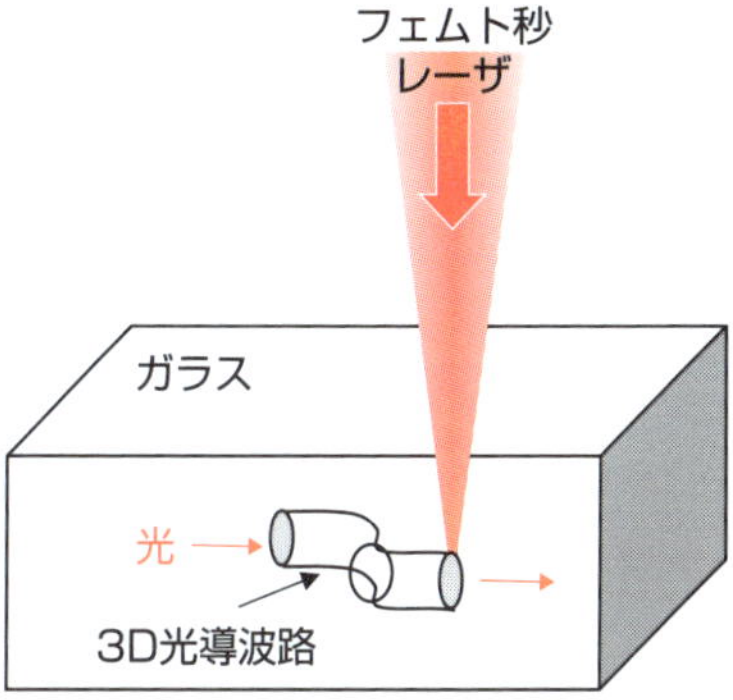

51 半導体リソグラフィとTFTアニール加工

エキシマレーザが電子産業の発達を支える

トランジスタやIC、LSIの集積回路、コンデンサなどの半導体デバイス（素子）は、携帯電話やテレビなどの電子機器、冷蔵庫、車載用マイコンなどに内蔵されています。こうした半導体デバイスの進歩は、回路パターンを加工形成するリソグラフィ技術により支えられています。

リソグラフィプロセスは、マスクデータ補正、マスク製造、露光の3つに分けられます。マスクデータ補正プロセスでは、マスクに形成されるデバイスパターンのデータをOPC（光近接効果補正）およびDFM（製造容易性設計）用計算機で加工し、マスク製造プロセスでマスク原版が製造されます。露光プロセスでは、マスク原版に描かれた半導体デバイスの微細な素子や回路パターンを、露光装置（ステッパ）によってレーザなどの露光光に感光するレジストを利用し、シリコンウェハ上に複製させます。

露光用のレーザは、KrF（波長：248nm）やArF（同193nm）のエキシマレーザと、開発中のF_2レーザ（同157nm）ですが、現在、光リソグラフィによる微細化が理論限界に来ています。

スマートフォンやタブレット、デジタルカメラ、携帯型ゲーム機には、液晶か有機ELの薄膜トランジスタ（TFT）の高精細パネルが用いられています。TFTは、半導体の結晶状態によりアモルファス（非結晶）シリコンと、ポリ（多結晶）シリコンに分けられます。ポリシリコンはアモルファスシリコンに比べ、電子が約100倍速く移動できます。

そこで、ガラス基板表面にアモルファスシリコンを成膜し、必要な箇所だけにレーザを照射・加熱し、アニールすることでポリシリコンに改質させ、TFTディスプレイが製造されます。アニーリングに用いられるレーザは、XeClエキシマレーザ（波長：308nm）か第2高調波のグリーンの固体レーザ（同512、532、535nm）です。

要点BOX

- ●エキシマレーザ露光で半導体デバイスを作製
- ●TFT用アニーリングでアモルファスシリコンからポリシリコンに改質

半導体デバイス製造プロセスにおけるリソグラフィプロセス

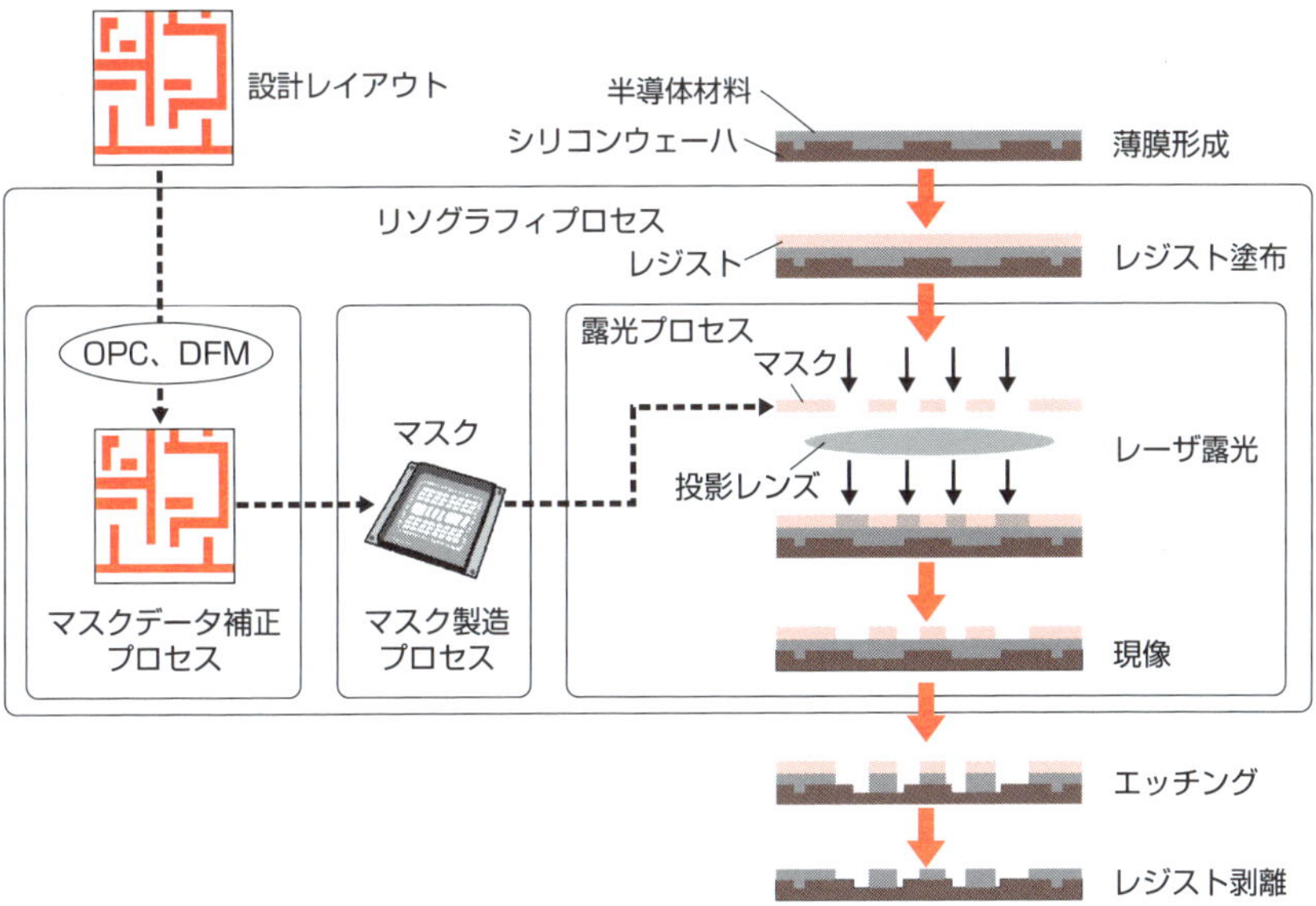

薄膜トランジスタパネル作製時のa-Siからp-Siへの改質による電気特性

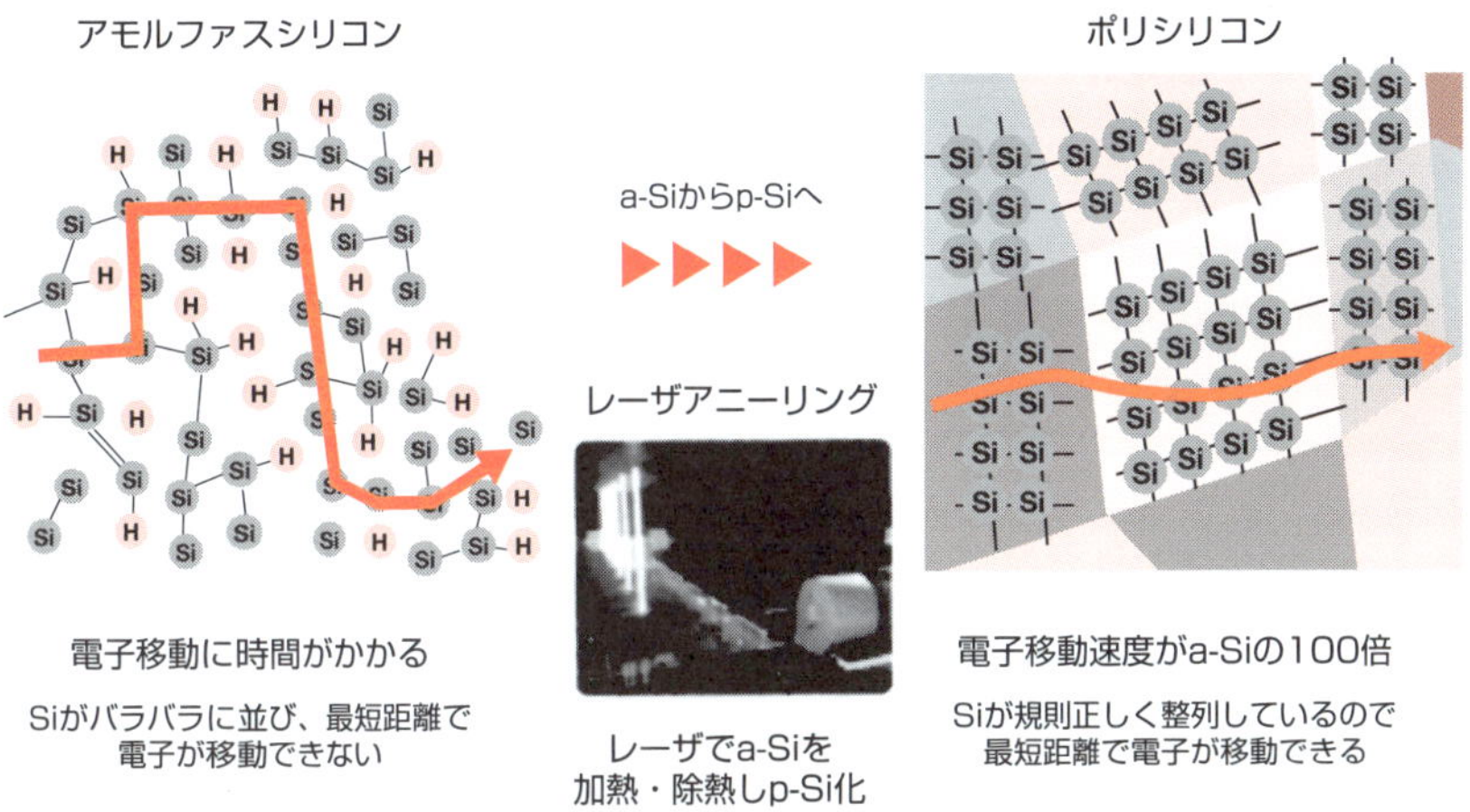

Column

状態図から何がわかるか？

材料と材料加工を扱う人にとって、状態図を理解することは非常に重要で、表面処理や溶接の結果が理解でき、異種材料の溶接の可否が見えてきます。簡単のために、Cu(銅)-Ni（ニッケル）とAl（アルミニウム）-Mg（マグネシウム）の2元系の平衡状態図で説明していきます。

平衡状態図は、各組成の物質が、長時間、ある温度に保持されたときの相の構成割合を表示したものですが、鋳造や表面溶融処理、溶接の場合の凝固時は平衡状態から大幅にずれた状況になり、生成相の割合が異なります。

Cu-Niの場合は、液相線と固相線の温度範囲の狭い全率固溶体を生成し、金属間化合物を生成しませんので、凝固割れや高温割れ、焼割れの心配がありません。また、Cu板とNi板の異材溶接は容易であると判断されます。

一方、AlとMgには、合金量が多くなると広い凝固温度範囲が存在しますので、レーザによるスポット溶接では凝固割れが発生しやすく、注意が必要です。また、金属間化合物が生成しますので、Al板とMg板の異材（溶融）溶接は非常に困難です。

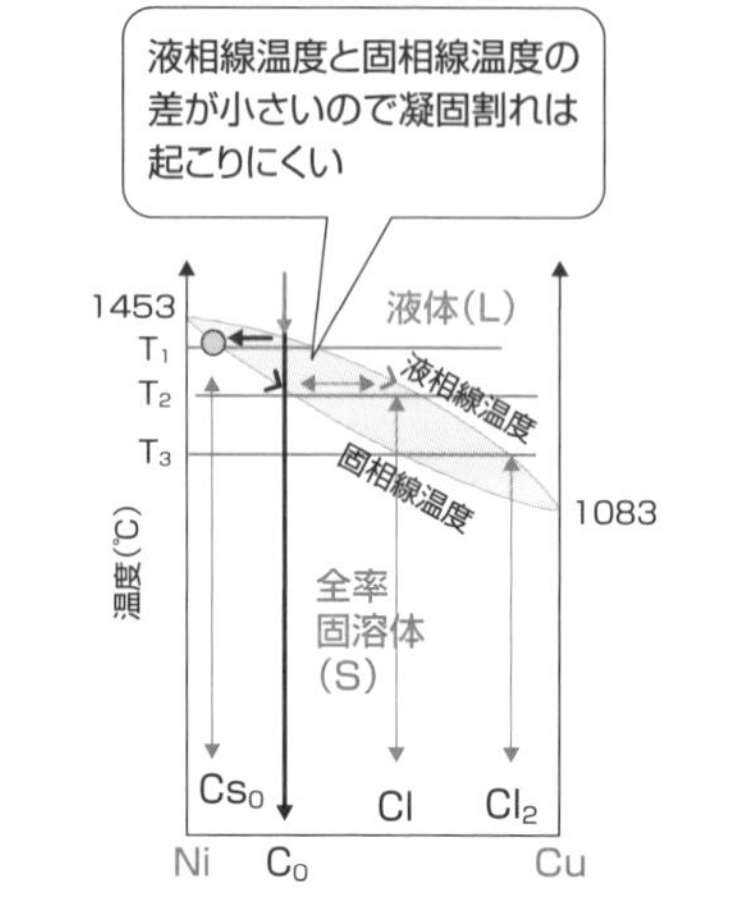

Cu-Ni 2元系平衡状態図

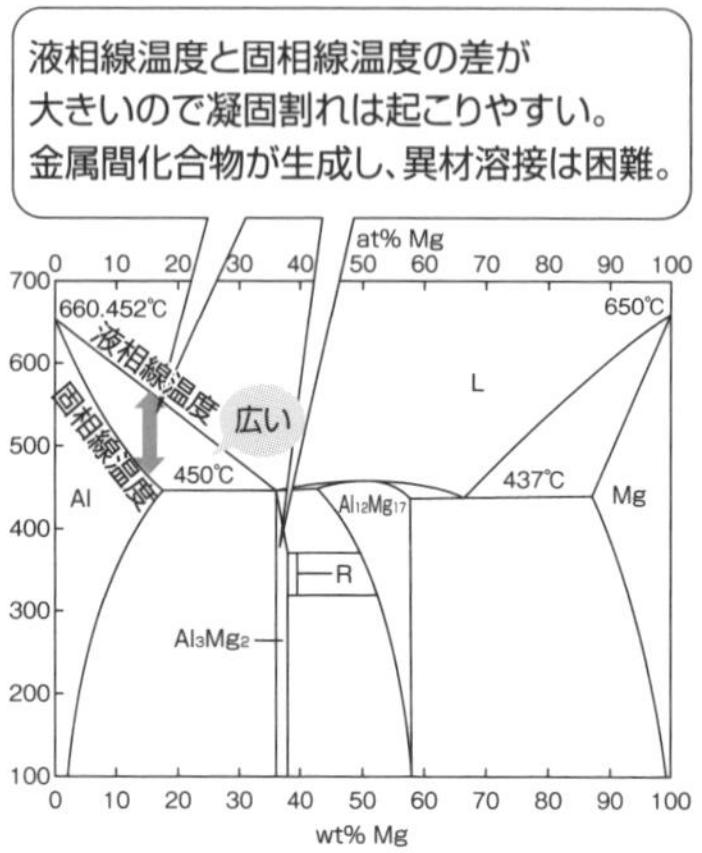

Al-Mg 2元系平衡状態図

第7章

材料から見た用途の拡がり

52 鉄鋼材料のレーザ加工

使用量が最も多く実施例もさまざま

自動車や船舶、建築、機械など身の周りで最も多く用いられている金属は鉄鋼です。鉄鋼は一般構造用圧延鋼（SS）や溶接構造用圧延鋼（SM）、機械構造用炭素鋼（SC）、機械構造用低合金鋼、高張力鋼（590MPa、780MPaなど）と種類が多く、レーザ加工が積極的に適用されています。

鉄鋼のレーザ切断は、CO_2レーザからファイバレーザに代わりつつあります。薄板を高速に切断でき、厚板でも長焦点化とパルス化の工夫により、きれいな切断面が得られつつあります。最近は、さらに硬い超高張力鋼のレーザ切断も始まっています。炭素鋼では、レーザ表面焼入れやクラッディング（肉盛）の表面硬化法で、疲労強度の上昇や耐摩耗性の向上が図られています。

鉄鋼のレーザ溶接も盛んに行われています。亜鉛めっき鋼薄板（板厚：0・6～2・5㎜）のレーザ重ね溶接では、ギャップがないと高速溶接でスパッタが激しく、アンダフィルビードとなり、低速溶接でポロシティが発生します。しかし、ギャップを0・1㎜程度空けておくと、ポロシティのない良好な溶接ビードが得られます。亜鉛めっき鋼板にはレーザブレージングも行われており、きれいなブレーズ形状の表面を得ることが可能です。

レーザによるテーラードブランク溶接では、溶接金属部と一部の熱影響部は硬化し、強度が高くなります。また、強度差や板厚差のある鉄鋼薄板の突合せ溶接では、良好な溶接部が作製できます。

船舶や橋梁用の鉄鋼厚板の溶接は、実施工でギャップがあるため、CO_2、ファイバまたはディスクレーザと、MAGまたはCO_2ガスアークを用いるハイブリッド溶接で行われます。アンダフィルやアンダカット、ポロシティや割れなどの溶接欠陥のない溶接部を作製するには、レーザとアークにおいて、適切な条件を選定することが必要になってきます。

要点BOX
- ●レーザ切断、表面改質、溶接例が多い
- ●薄鋼板の重ね溶接時にはギャップが効果的
- ●厚鋼板にはハイブリッド溶接を実施

亜鉛めっき鋼薄板のレーザ重ね溶接現象に及ぼすギャップと亜鉛蒸気の影響

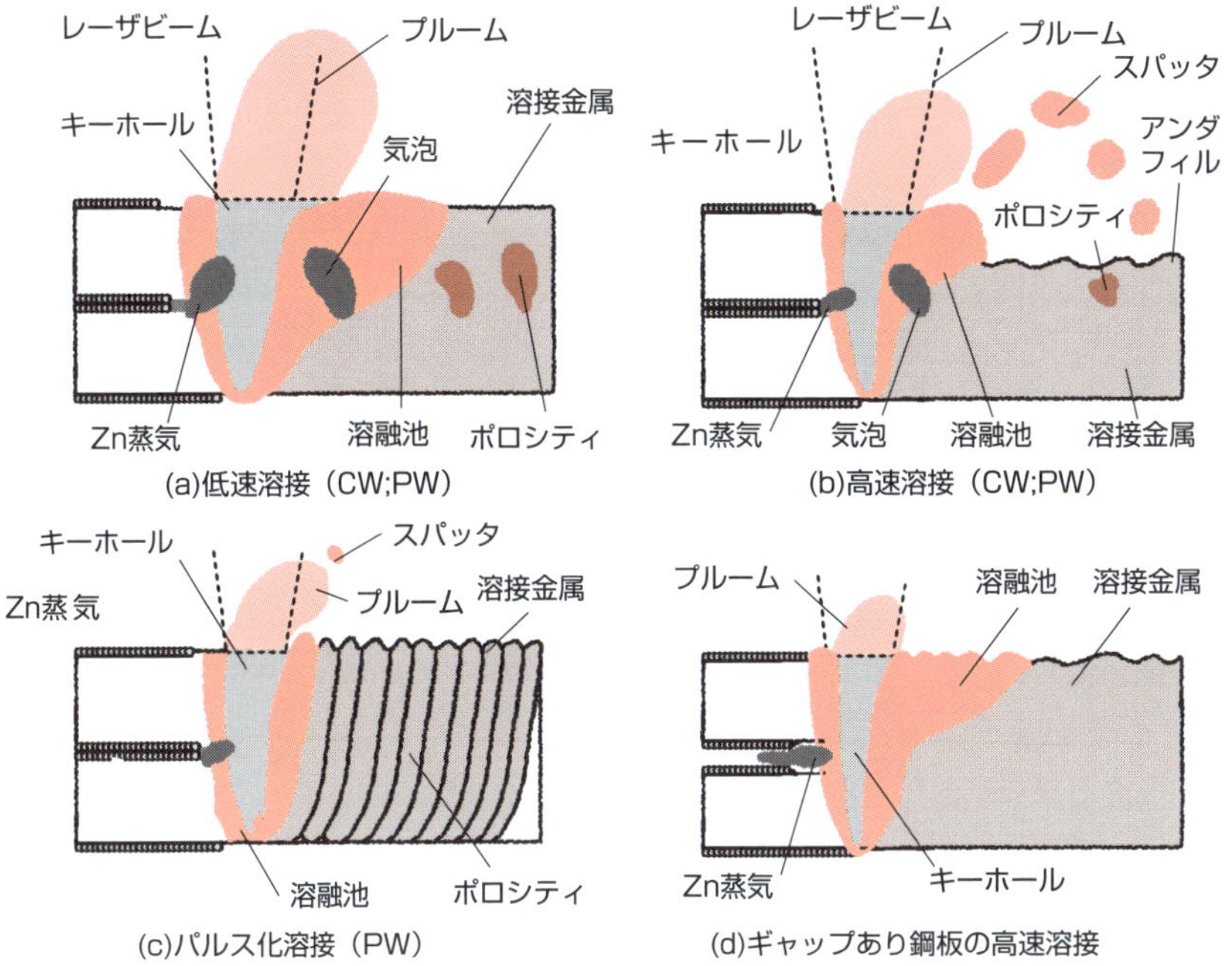

鉄鋼材料における各種溶接部の硬さ分布の比較

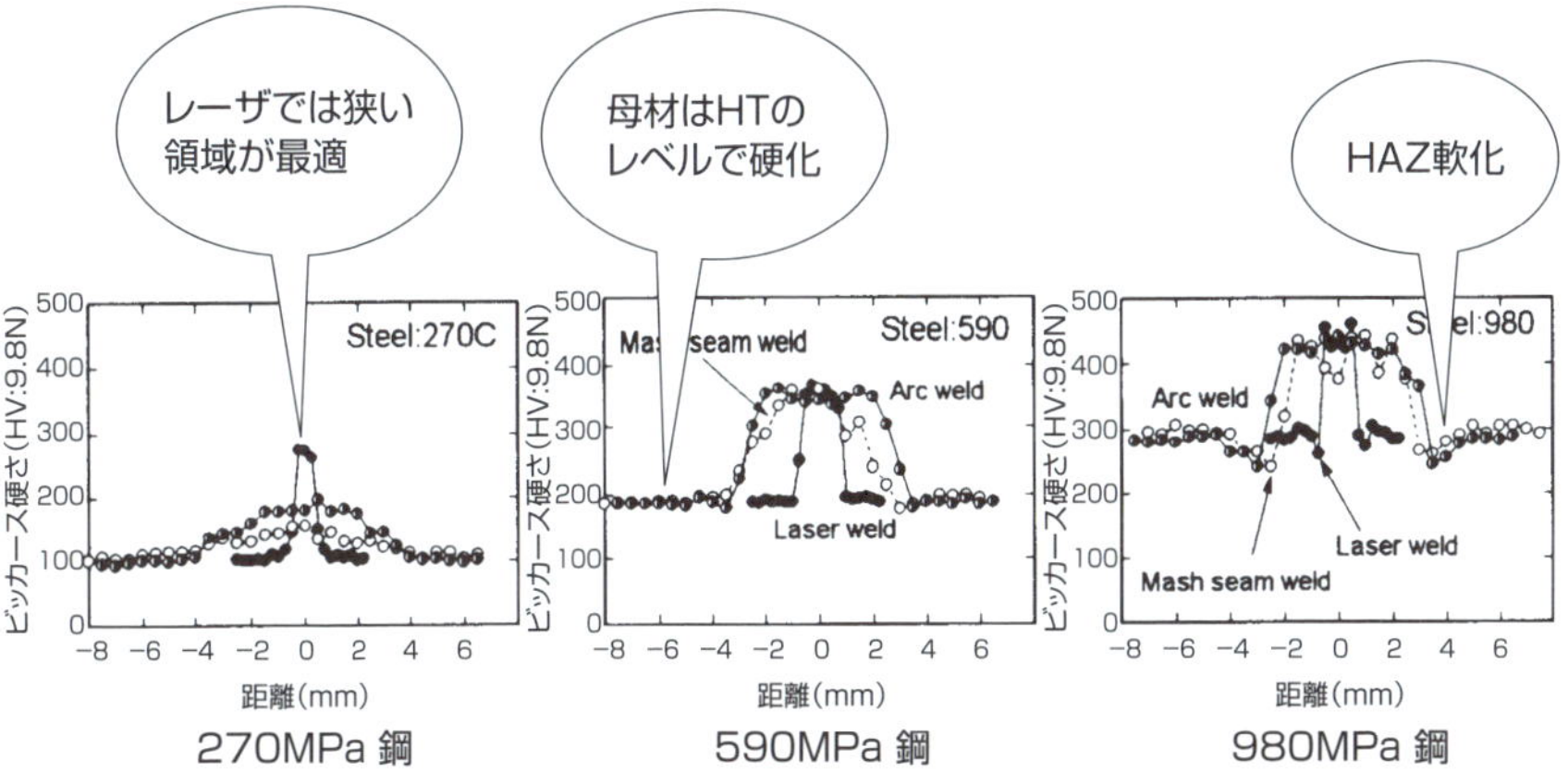

53 アルミニウム合金のレーザ加工

加工には高パワーを要する

アルミニウム（Al）とAl合金は、比重が約2.7で、鋼の1／3と軽くて塑性加工性に優れ、表面に酸化膜ができるため空気中や水中で耐食性があるなど、優れた特性を持っています。それを活かして車両や船舶、航空宇宙機器、土木、建築、電池ケースなどに使用されています。Al合金は、展伸材（加工合金）と鋳造材（鋳物合金）に大別されます。そして、冷間加工で強度が高められる非熱処理（加工ひずみ硬化）合金と、熱処理によって強くなる熱処理（時効析出硬化）合金に二分されます。

Al合金のレーザ切断は、酸素ガス中では、高融点で粘性の悪いアルミナ（Al_2O_3）酸化物が生成するため、通常は窒素かアルゴンガス中で行われます。

Al合金の耐摩耗性を改善するため、レーザクラッディングや合金化などが検討されました。処理部の特性はAl母材に希釈されると低下し、また母材からガス欠陥が誘発されるため、母材の溶融と希釈を抑えるクラッディングにより品質が安定化され、シリンダヘッドの処理に利用されました。

Al合金のレーザ溶接は、熱伝導率が鉄の約4倍と高く、レーザの反射率も高いことから溶融溶接が困難でした。しかし最近では、高パワーレーザの利用で容易になっています。特に、リングモードレーザの重畳かMIGとのハイブリッド溶接で、きれいな表面外観が得られます。ただ溶接金属部にポロシティが発生しやすく、条件設定が重要です。また凝固割れが発生するため、パルスの条件を避け、低速に溶接するなどを必要とする場合もあります。

加工硬化の非熱処理合金と、時効硬化の熱処理合金は、溶接金属部と熱影響部の硬さが母材のO材（焼きなまし状態）レベルに低下するため、継手強度が大幅に低下します。室温で時効硬化できる合金では、溶接後時間の経過に伴って溶接部の硬さが徐々に回復し、継手強度が若干増します。

要点BOX
- ●アルミニウムは熱伝導率と光反射率が高い
- ●表面がきれいな溶接ビード部が作製できる
- ●レーザ溶接部の硬さ・強度は母材より劣る

レーザ溶接金属部中のポロシティの生成に及ぼす溶接速度の影響

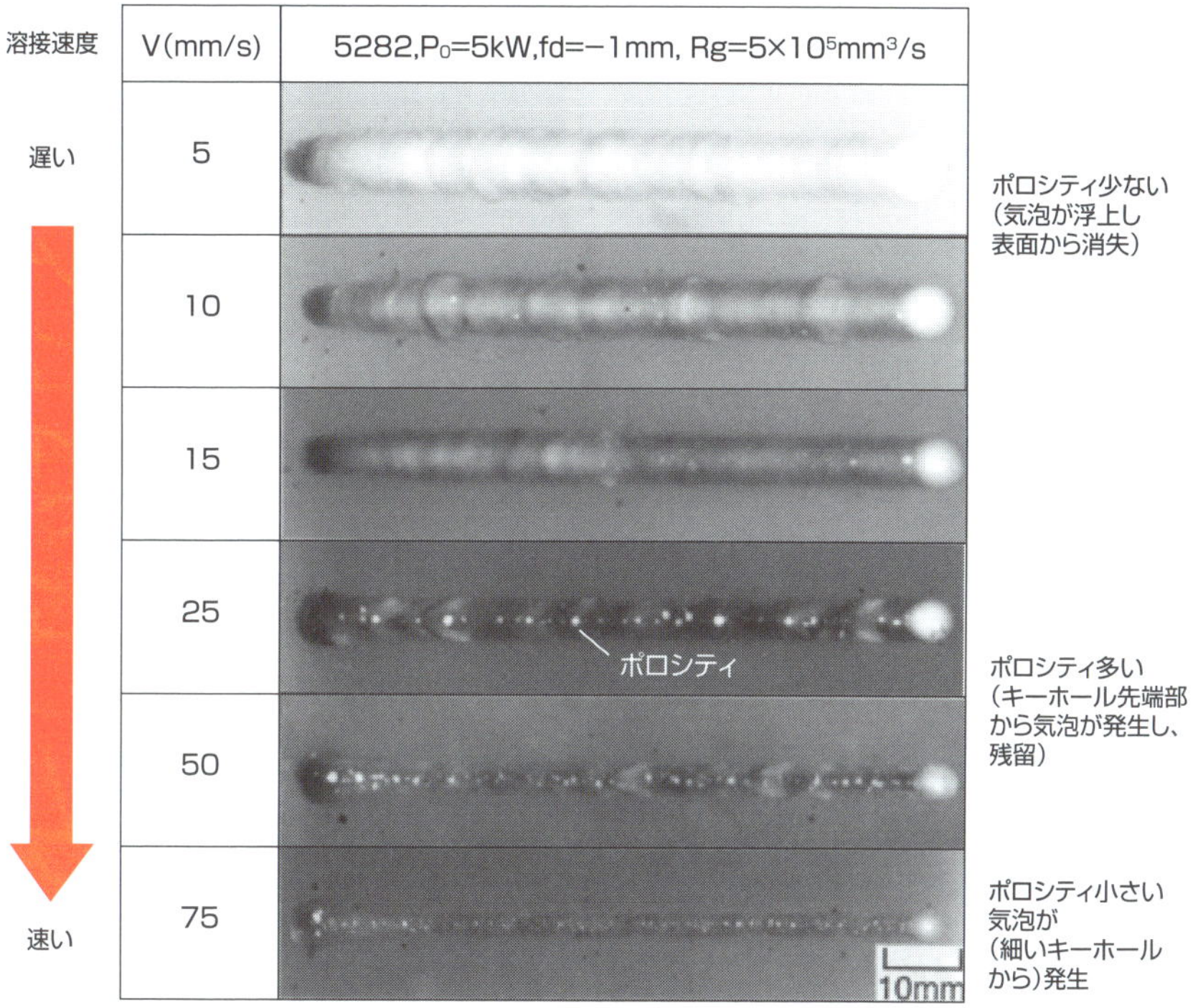

レーザ溶接部の引張強さ特性(比較)

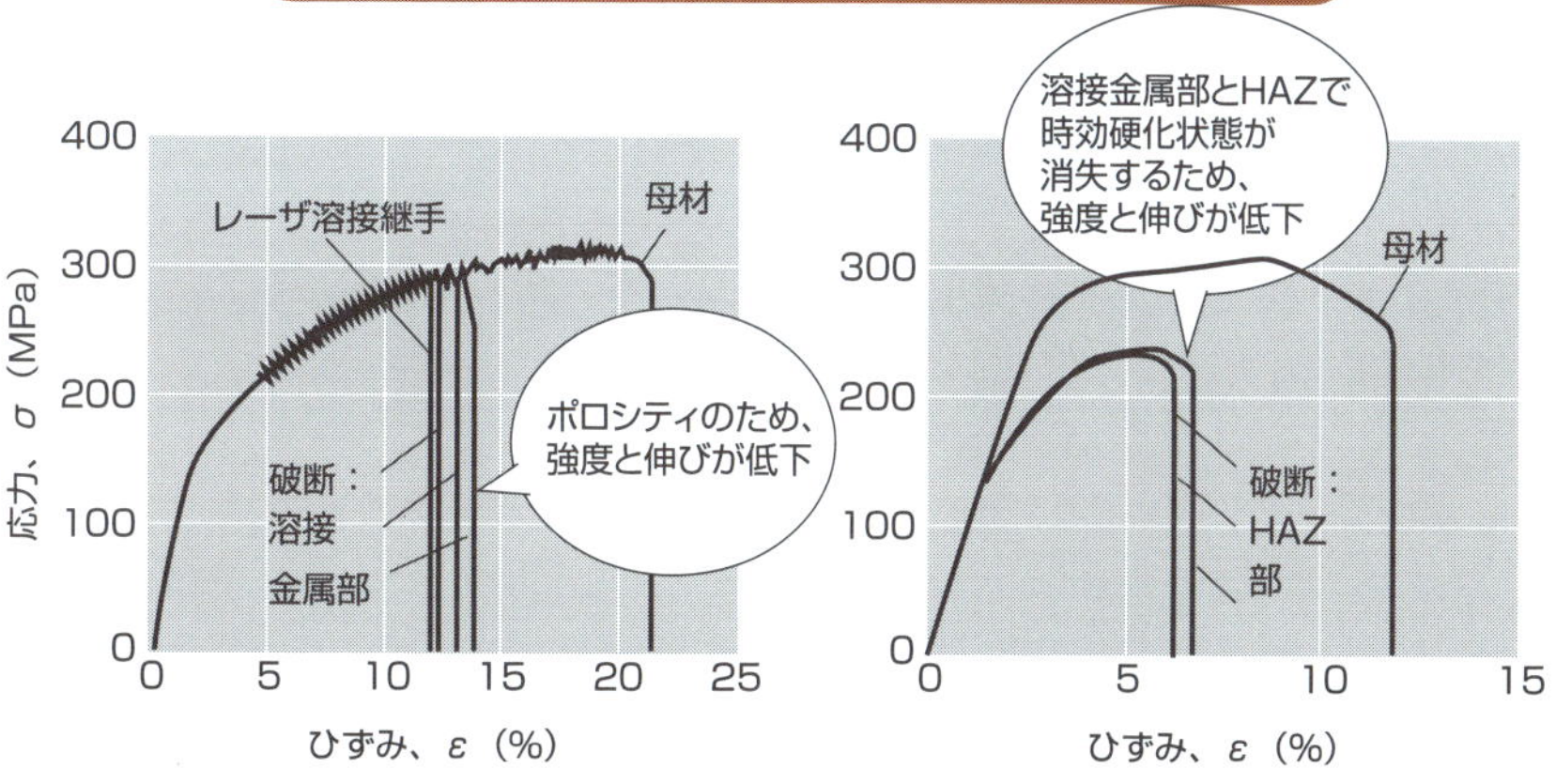

A5083P-O合金のレーザ溶接継手　　A6061P-T6合金のレーザ溶接継手

54 マグネシウム合金・銅合金のレーザ加工

溶接に対する適性は正反対

マグネシウム（Mg）とMg合金は、比重が約1・8で鉄鋼の1／4と小さく、実用金属材料中で最も軽く、比強度が高いのが特徴です。航空機や自動車、電子機器の部品などに多用されています。耐食性と耐熱性が低いのが欠点でしたが、近年の精錬・溶解技術の向上により、不純物濃度が下がって耐食性が向上しました。最近では良好な放熱性や電磁波シールド性が注目され、ノートパソコンやカメラ、携帯電話の筐体にも使われています。

Mg合金は、加工（展伸）、鋳造、ダイカストのほか、お粥状の半溶融合金を金型内に射出成形するチクソモールディング法などで作られています。

Mg合金のレーザ溶接では、展伸材の場合、焦点はずしの条件で良好な溶込み形状のレーザ溶接ビードが作製できます。一方、マクロ偏析のある鋳造材やダイカスト材、チクソモールド材では、ポロシティが生成しやすく注意が必要です。

一方、銅は電気や熱伝導が良いため電気材料として多用され、電気自動車用電池などに使われています。純銅には、電解銅から作られる酸素を含むタフピッチ銅（電解精銅）、酸素を含まない高伝導率の無酸素銅などがあります。銅合金には黄銅、リン青銅、アルミニウム青銅などがあり、給水管や食品加工装置などに用いられ、ブレージング用ワイヤにも利用されています。

純銅のレーザ溶接は、熱伝導率と光反射率が高いため一般に困難です。高パワーのファイバやディスクレーザだと溶接できますが、大きなスパッタが時折発生するという問題があります。そこで高ピークパワーのシングルモードファイバレーザでは、ビームを回転させる方法で良好な溶接部を得ています。現在、Cuに対して吸収率の高いブルーレーザや第2高調波のグリーンレーザの開発が進んでいますが、まだ低パワーのため深い溶接ビードは作製できません。

要点BOX
- ●マグネシウム合金のレーザ溶接は、低融点かつ低沸点という特性のため容易に行える
- ●高熱伝導率、高反射率の銅はレーザ溶接が困難

AZ31マグネシウム合金の展伸材におけるディスクレーザ溶接部の表面外観と断面写真

	表面	断面
高速度 低入熱	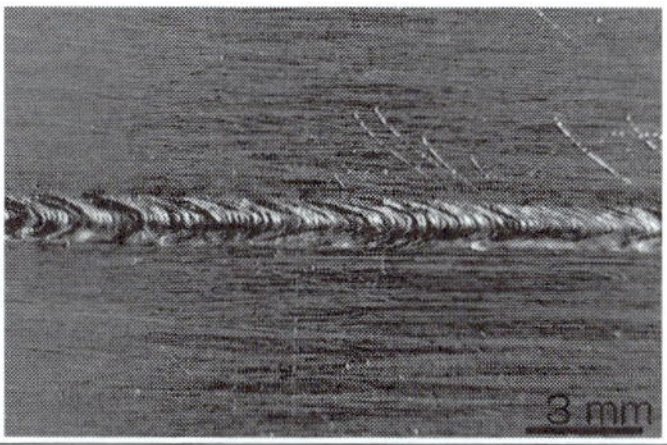	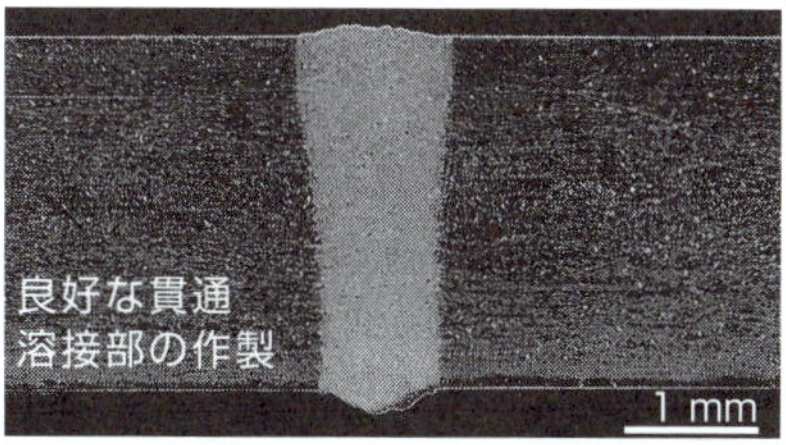
低速度 高入熱		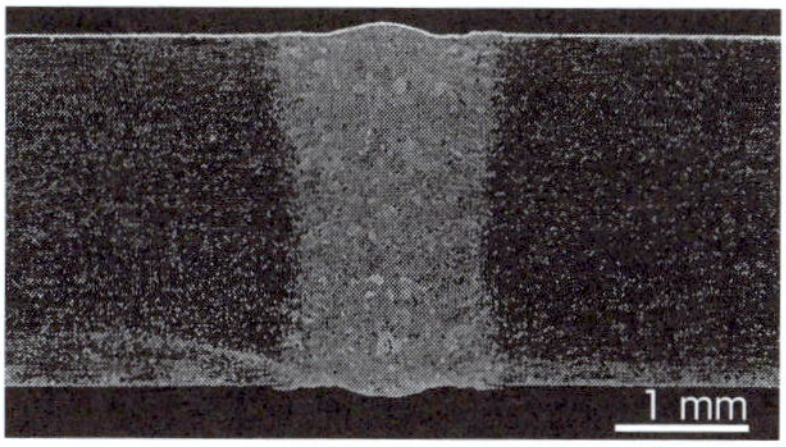

AZ91マグネシウム合金におけるNd:YAGレーザ溶接部の断面写真

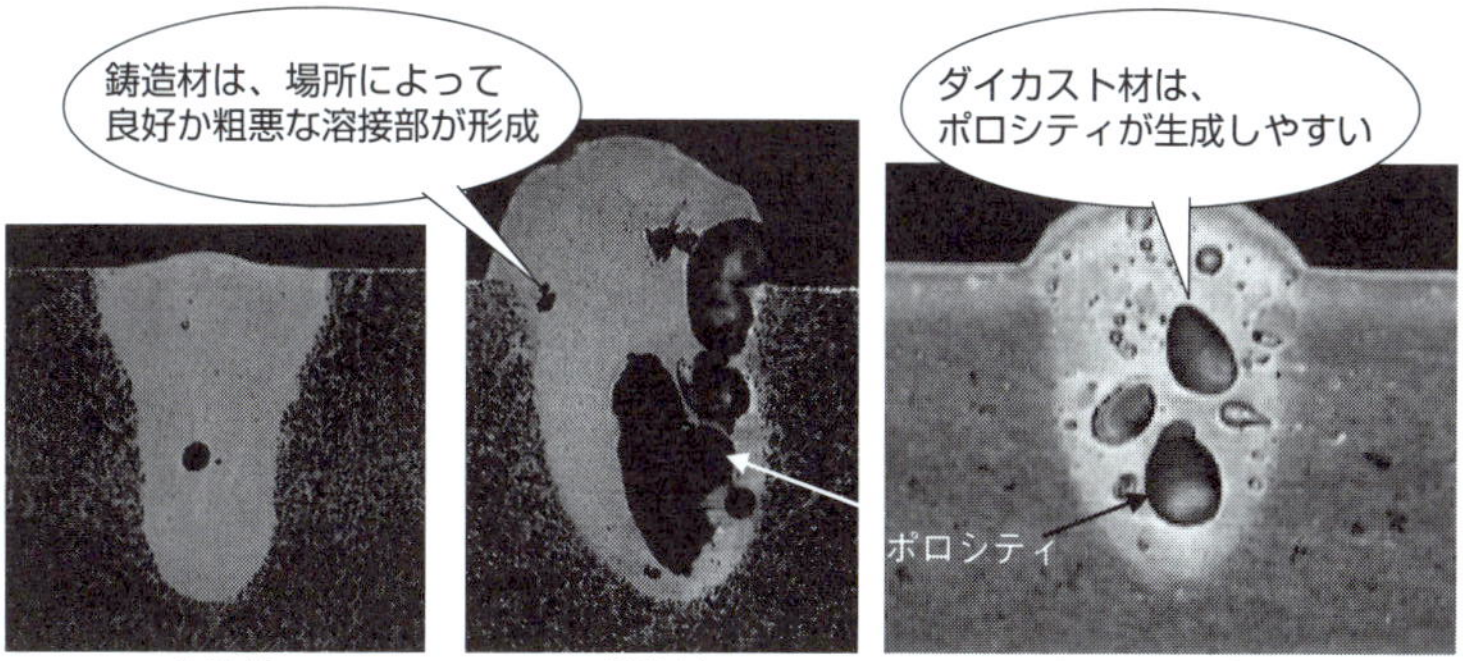

鋳造材　鋳造材　ダイカスト材

レーザパワー： 1.2 kW； 溶接速度： 40 mm/s,
焦点位置（ビーム径： 0.6 mm), Arシールドガス

純銅に対するシングルモードファイバレーザによる回転溶接とその断面写真

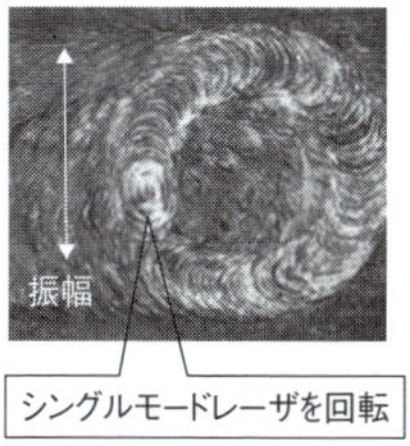

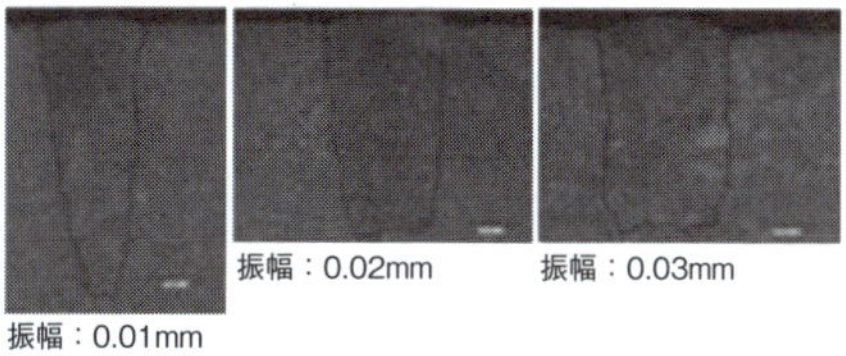

レーザパワー：1kW；溶接速度:1m/分；周波数:300Hz

55 チタン合金・ニッケル基合金のレーザ加工

高価材の加工で付加価値をさらにアップ

チタン（Ti）とTi合金は、比重が約4・5で鋼より約40％軽く、強度や延性、比強度などの機械的特性が高い性質があります。強さを450℃の高温まで保持でき、酸化被膜により優れた耐食性を有し生体適合性が優れているため、航空機やジェットエンジン、ガスタービン、スポーツ器具、眼鏡フレーム、医療などに利用されています。

Ti合金は、高温で酸化、窒化、炭化が起きて脆くなり、300℃以上で水素を吸収して脆化します。切削加工が難しく、価格が高いのが欠点です。

金属組織は、アルファ（α）型、ベータ（β）型、α＋β型の3つに分類されます。代表的な合金は、耐食性の良いα型の純Ti、良好な強度と靭性を兼ね備えたα＋β型のTi-6Al-4V合金などです。

TiとTi合金のレーザ切断では、酸化物や窒化物の生成を防ぐために、アルゴン（Ar）かヘリウム（He）の不活性ガス中で行わなければなりません。

TiとTi合金のレーザ溶接では、急冷のために針状組織となりますが、溶接部は母材より硬化・強化し、問題はほとんどないようです。ただレーザを吸収しやすく、レーザ溶接中にスパッタが発生しやすいため、焦点はずしの設定など適切な条件で、レーザ溶接を行うようにすることが求められます。

一方、ニッケル（Ni）基合金は、Ni-Cu系、Ni-Al系、Ni-Fe系、Ni-Cr系合金などに分類されます。いずれも耐熱性と耐食性に優れ、化学工業用途やジェットエンジンなどに用いられています。

各種材料のレーザクラッディング用粉末にも用いられます。タービンブレードの補修用にレーザクラッディングを行うと、多結晶合金や一方向合金の場合は結晶粒界に凝固割れが発生しやすく、注意が必要です。また、単結晶合金の場合は供給粉末を溶融池にうまく投入でき、クラッディング量を適量に調整すると、補修が可能になります。

要点BOX
- ●チタンは耐食性や機械的特性が良い
- ●シールドが良いとレーザ溶融溶接は容易
- ●ニッケル基合金の溶融では凝固割れに注意

チタンのディスクレーザ溶接部の表面外観と断面

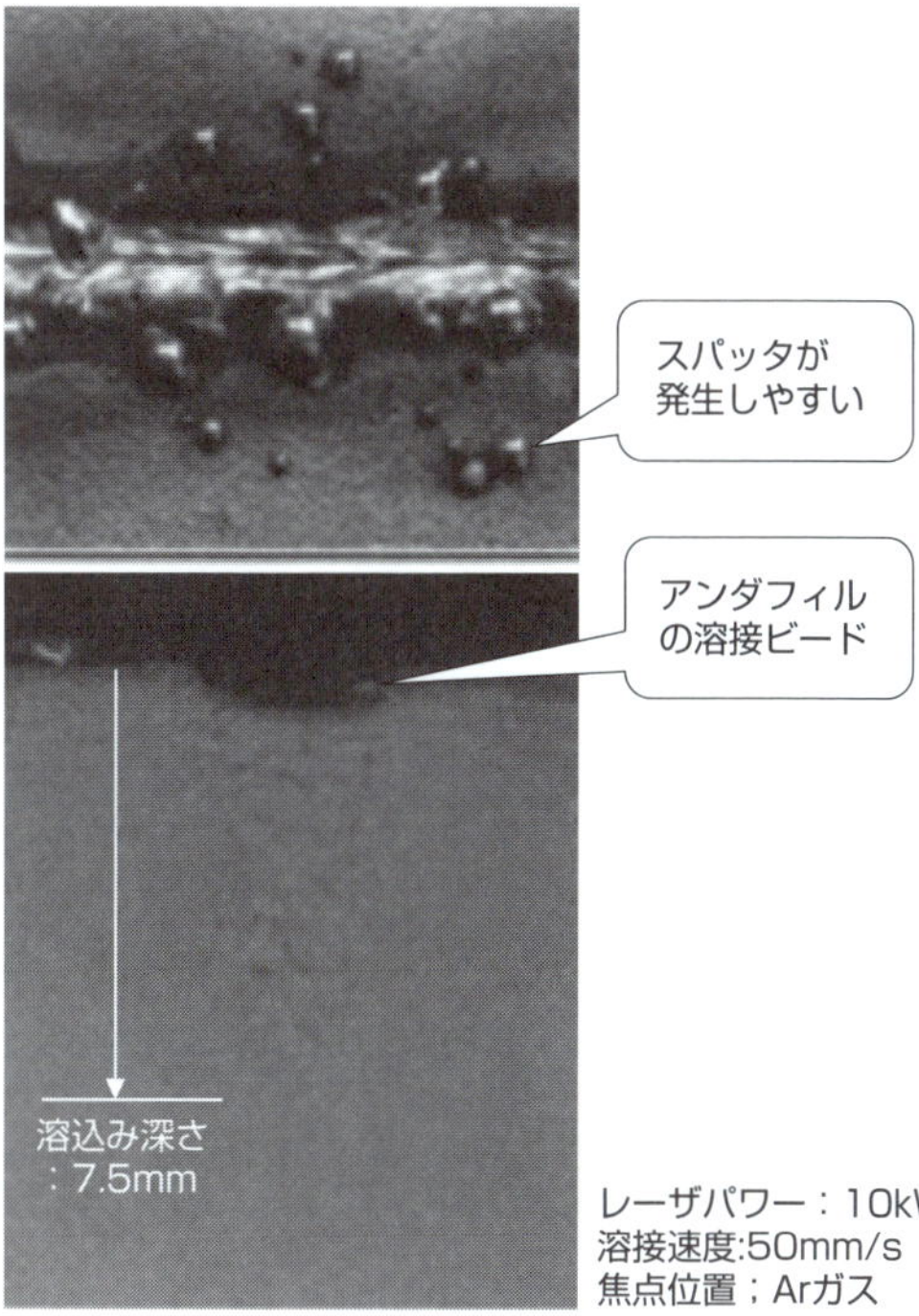

レーザパワー：10kW
溶接速度:50mm/s
焦点位置；Arガス

チタンのパルスYAGレーザ溶接部の生成に及ぼす適応制御の影響

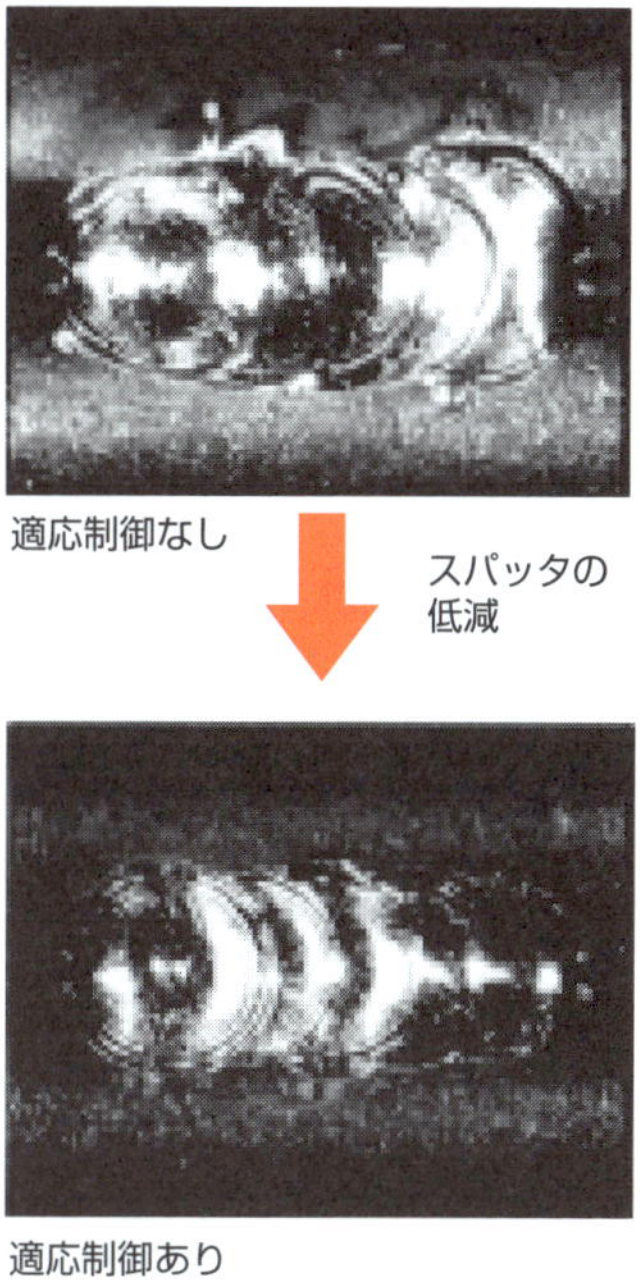

ニッケル基超合金の単結晶タービンブレードのレーザ補修CMSX4クラッド部の断面

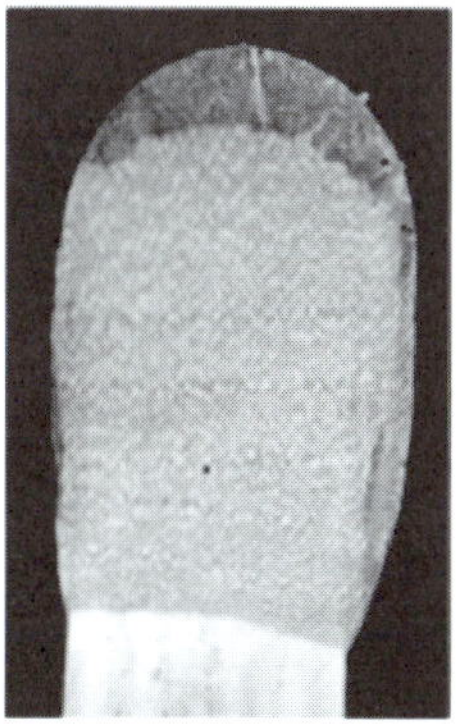

56 セラミックスのレーザ加工

機械加工では難しい穴あけ・割断ができる

金属が酸素、窒素、炭素と結合すると、高硬度なセラミックスができます。アルミナ（Al_2O_3）、ジルコニア（ZrO_2）、窒化ケイ素（Si_3N_4）、窒化アルミニウム（AlN）、炭化ケイ素（SiC）などのセラミックスは、耐熱性、耐食性、耐摩耗性、高硬度、軽量性などの各特性に優れ、ニューセラミックスやファインセラミックスと呼ばれて注目されています。ただし、機械加工は苦手です。

セラミックスは、レーザの吸収率が高く熱伝導率が低いため、レーザをよく吸収して蒸発・昇華し、穴あけや割断、切断の除去加工が可能です。アルミナやジルコニアでは溶融部が残留し、また窒化ケイ素ではSiとN_2に分解し、溶融のSiが残留し、割れが発生する場合があります。このため、高ピークパワー・短パルスレーザの照射や、KOH溶液中や水中でのレーザ照射によって割れの低減・防止が図られています。

アルミナの穴あけ加工をKrFエキシマレーザで行うと、熱影響部のない形状精度の優れた加工部が得られます。また、QスイッチYAGレーザによりアルミナへ小さな穴（径：0.05㎜：深さ：0.1㎜程度）を多数連続的にあけて、光の乱反射による濃淡をつけるマーキングが行われています。

レーザで穴を連続的にあけ、浅い溝加工をした後、力を加えて溝に沿って分割する割断に使えます。

レーザ切断法は板材を溶融、蒸発させ、融液を吹き飛ばして分離する加工法で、各種セラミックスに適用されています。割れ防止のため、適切な条件を選択することが必要です。

純度の良くないアルミナでは、CO_2レーザ溶接が可能です。割れの発生を防ぐために高温加熱状態（一般に1000℃以上）が欠かせず、溶接後も割れ防止のため徐冷されます。昇華性のセラミックスの接合では、Al箔を用いてレーザろう付されます。

要点BOX

- ●レーザ穴あけでは融液の排除が重要
- ●セラミックスのレーザ切断や割断が可能
- ●レーザ溶接は高温加熱し、徐冷する

窒化ケイ素の穴あけ加工に及ぼす照射回数の影響

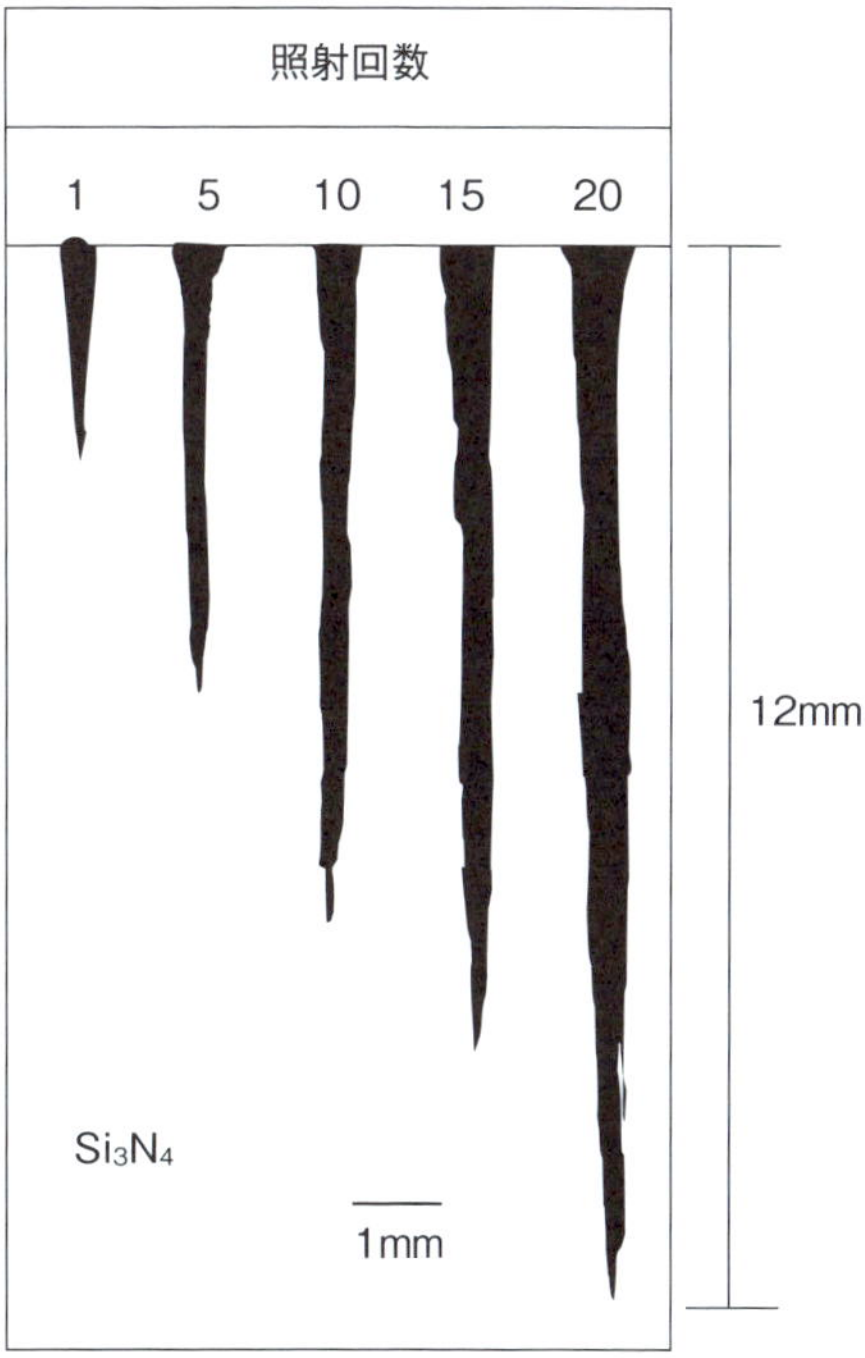

アルミナのマーキング例

セラミックスのレーザ切断例

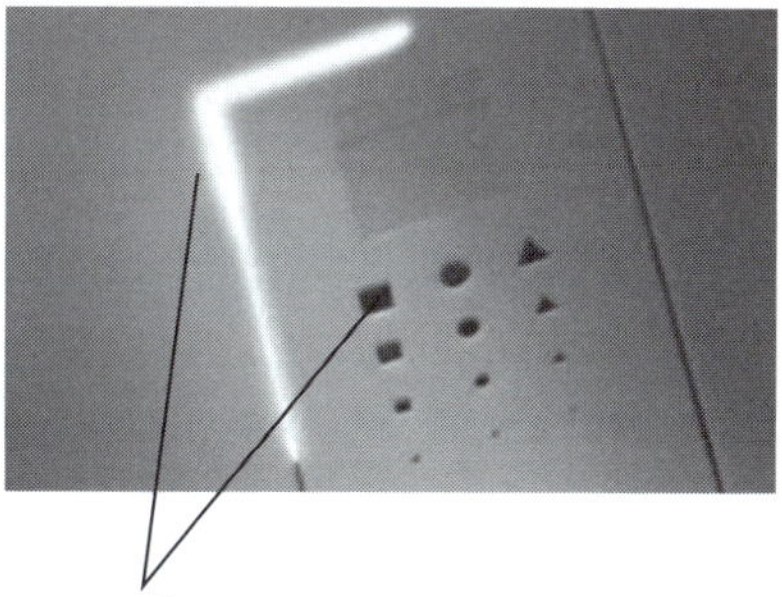

セラミックスのレーザブレージング法の概念図

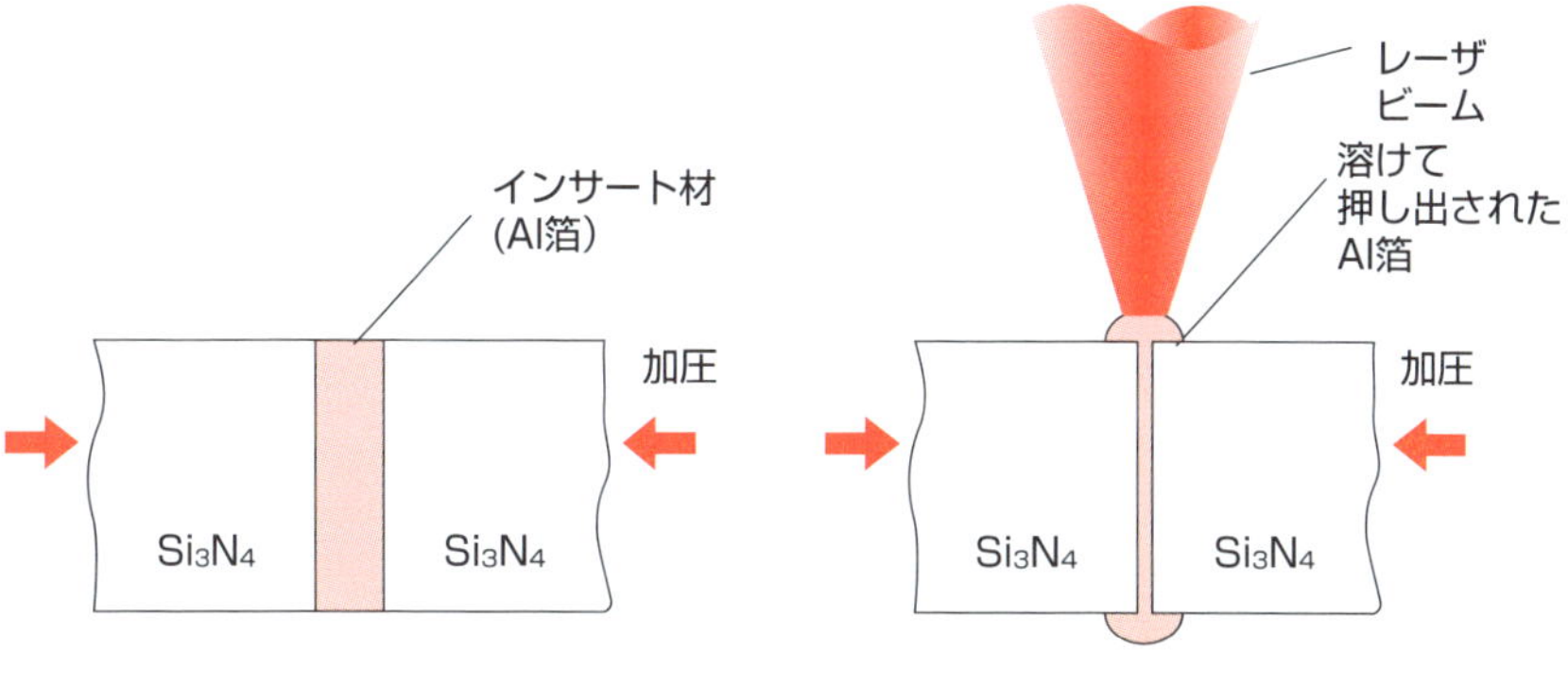

(a) レーザ照射前　　(b) レーザ照射中

57 プラスチックおよびCFRPのレーザ加工

熱可塑性樹脂はレーザ接合が行える

プラスチックは合成樹脂であり、加熱で軟化する熱可塑性樹脂と加熱によって流動性を失う熱硬化性樹脂に分けられます。合成樹脂と天然樹脂を合わせて「レジン」と呼ばれたり、高分子であることから「ポリマー」と呼ばれたりします。プラスチックは軽量で、耐腐食性や絶縁性などが優れているため、自動車部品や医療器具、電子機器部品などいろいろなところに用いられています。

プラスチックの穴あけは、波長が短いエキシマレーザか、波長が長いパルス発振のCO_2レーザで行われます。切断は主に連続のCO_2レーザで行われます。

ポリアミド（ナイロン：PA）などのプラスチックの接合では、上に透過性樹脂板を置き、下にカーボンブラックを含んだレーザを吸収する板を置きます。レーザは、透過材を通過して吸収材で吸収され、下板が溶融した後に上板が溶融して接合されます。半導体レーザによる接合法はインテークマニホールド、ヘッドランプなどで実用化されています。

プラスチックの中で機械的特性が最も優れた熱硬化性のCFRP（炭素繊維強化プラスチック：Carbon Fiber Reinforced Plastics）は、飛行機やスポーツカーなどで使われ、熱可塑性のCFRPも高級な自動車に使われつつあります。

CFRPの切断は、ウォータージェット法か機械的切断・切削法で実施されています。しかし、円形の穴あけが困難なほか、工具の消耗が激しいなどの欠点があります。そこで、CFRPの切断が各種レーザで挑戦されています。

パルス幅が10 ns以下の第2高調波レーザでは、パルス周波数が小さいと熱影響部の少ない切断部が得られますが、切断に長時間を要します。一方、高輝度ファイバレーザを十数回深さ方向に繰り返して超高速切断すると、熱影響部の少ない切断が短時間で可能で、この方法が有望視されています。

要点BOX

- 同種樹脂の透過材と吸収材で接合可能
- CFRPのレーザ切断では、プラスチック母材の熱影響を狭くするか、なくす必要がある

レーザによるプラスチック（樹脂）溶着のメカニズム

①レーザ透過性樹脂板を上にし、レーザ吸収性樹脂板を下に重ね合わせて密着

②レーザを透過性樹脂側から照射。直ちに、吸収性樹脂が加熱されて溶融

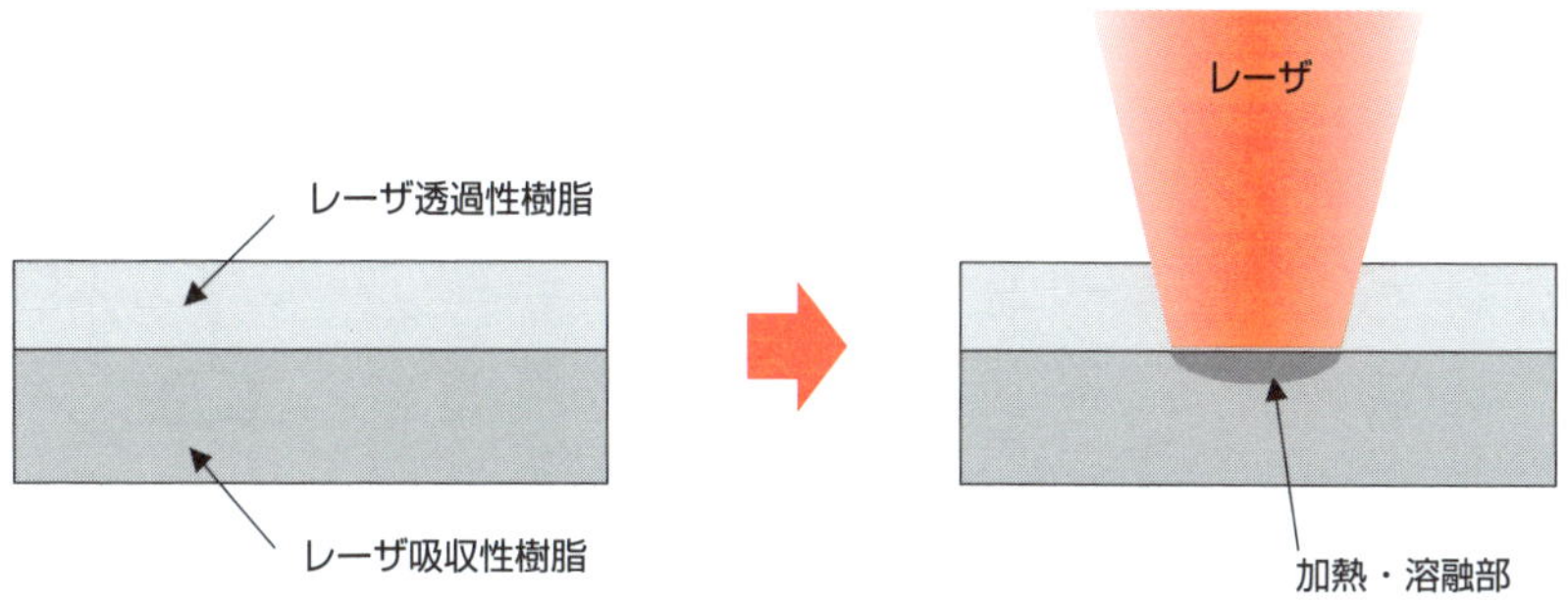

③吸収性樹脂からの熱伝達により、透過性樹脂も溶融

④周囲への熱伝達で自然冷却が起こって固化し、溶着・接合

CFRPのレーザ切断面のHAZに及ぼす切断条件の影響

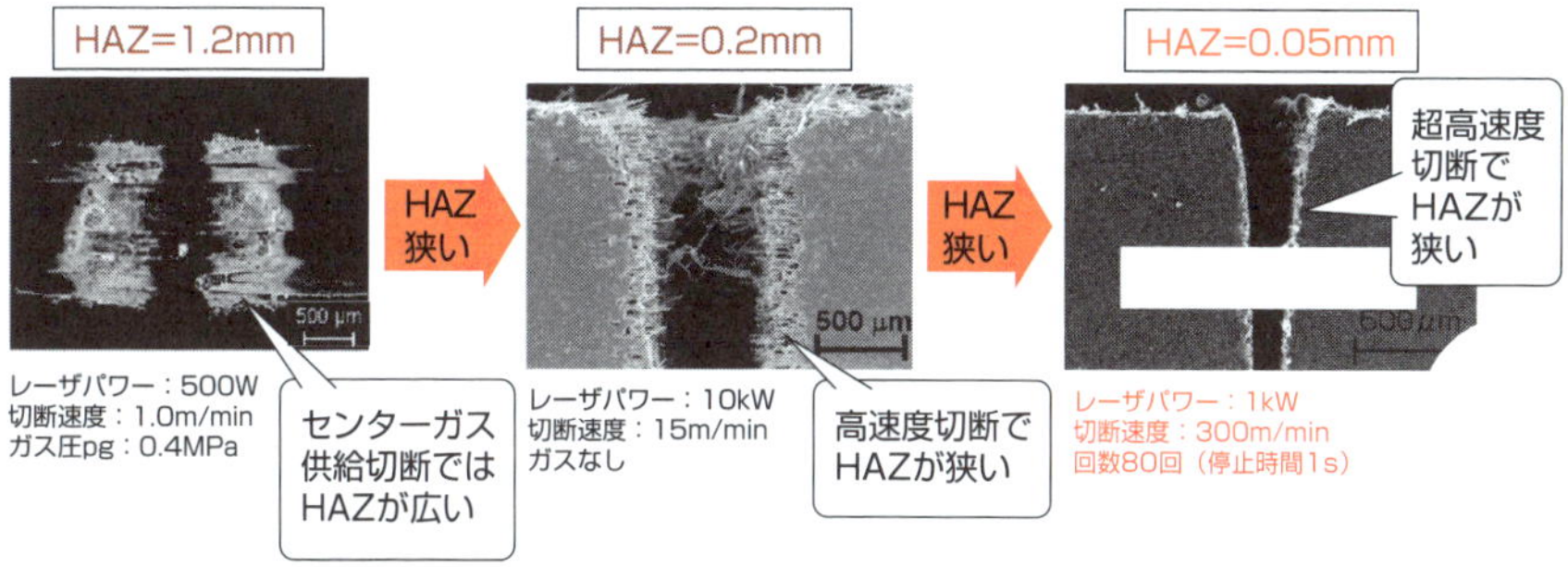

レーザパワー：500W
切断速度：1.0m/min
ガス圧pg：0.4MPa

レーザパワー：10kW
切断速度：15m/min
ガスなし

レーザパワー：1kW
切断速度：300m/min
回数80回（停止時間1s）

58 異種金属材料のレーザ接合

マルチマテリアル化のキーテクノロジー

近年、環境問題に配慮した輸送機器・構造部材の軽量化と工業製品の高機能化・高性能化・高付加価値化への要望から、自動車ではマルチマテリアル化が進められ、異種材料の接合に対するニーズが高まっています。従来、異種材料の溶接・接合は非常に難しく、ボルト・ナット、リベットなどの機械的締結か、接着剤による接着が一般的でした。そこへ現れたのが、レーザによる異材溶接法です。

多量に使用される鉄鋼材料（Fe）と軽量のアルミニウム（Al）合金のレーザ溶接では、Feを上板に、Alを下板にする高速重ね溶接が推奨されます。レーザ溶接ビードでは、FeがAl側に流れ込み、そのFeとAl溶融部の境界線で、硬くて脆いAl_3Fe、Al_5Fe_2、Al_2Feの金属間化合物が形成されます。高速度ほど金属間化合物の生成量が抑制できるため、機械的引張せん断強さの高い継手が作製できます。ただし、速度が速すぎると、Al中の溶込みが得られないため、引張せん断荷重は低下します。強い継手は適切な条件で得られることになります。

鉄鋼材料（Fe）とマグネシウム（Mg）合金のレーザ溶接では、突合せ継手でレーザの照射位置をFe側にして、溶融部の熱でマグネシウム合金を溶かせて接合する手法が開発されています。この場合、溶融したMg中のAlがFe中に拡散するため、接合できたと考えられます。また、Znめっき鋼板とMg合金のレーザ重ね溶接では、鋼板を上板にして、熱伝導で裏面まで溶かす条件で溶融したZnと、下板の溶融したMgが反応してMg-Zn共晶を生成しますが、機械的強度が非常に高い継手が作製されています。

最近、電気自動車の開発に伴い、リチウムイオン電池の大型化が進み、その電極の純Alと純Cuのレーザ異材接合が着手されています。どちらからでも、金属間化合物の生成を抑制するため、部分溶込みの溶接部を作製するのがよいことがわかります。

要点BOX

- ●Fe-Alの重ね溶接で高強度な継手を作製
- ●亜鉛めっき鋼とMg合金の重ね溶接が実現
- ●Cu-Alの重ね溶接も可能

SPCCとA5052のレーザ重ね+突合せ同時溶接継手

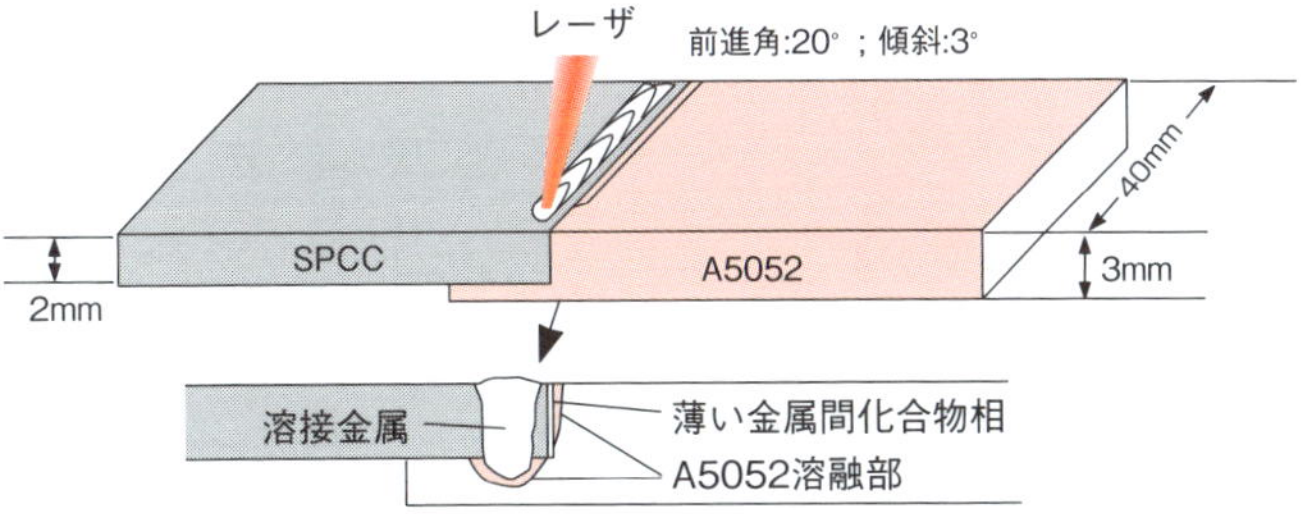

(a)レーザ溶接継手

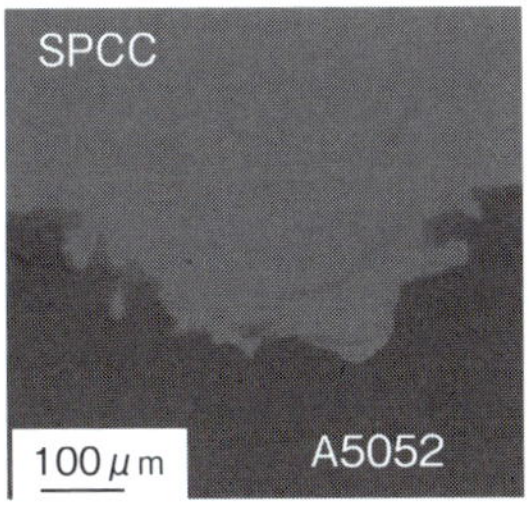

(b)重ね溶接部

(c)突合せ溶接部

CuとAlのレーザ重ね溶接継手

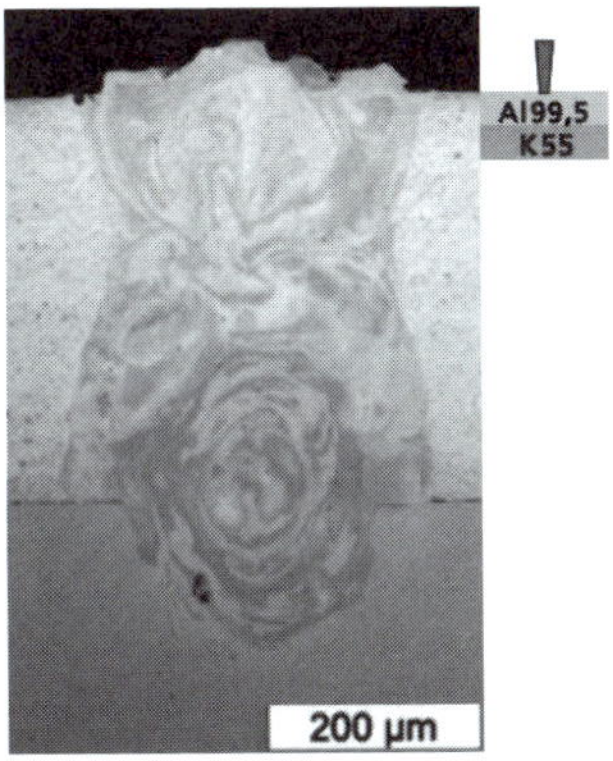

(a) Al（上）-Cu（下）
レーザ重ね溶接部

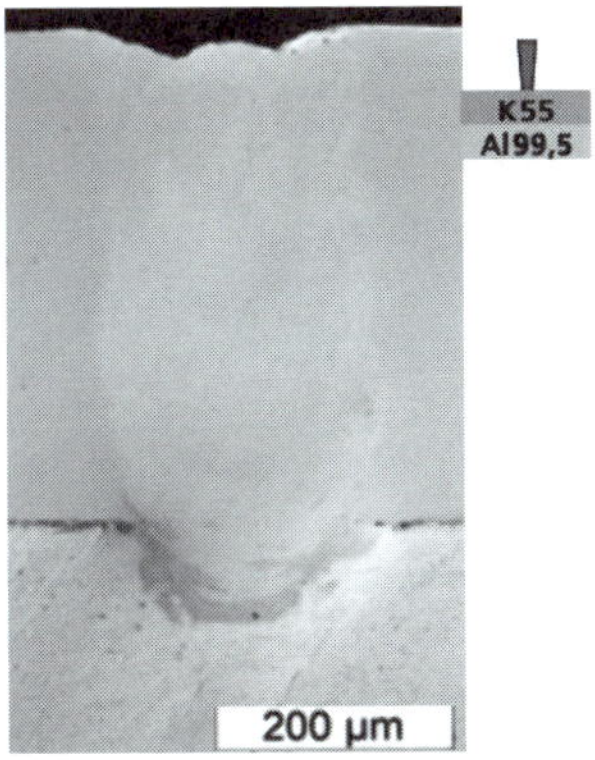

(b) Cu（上）-Al（下）
レーザ重ね溶接部

59 金属とプラスチック、CFRPのレーザ接合

直接接合の実現で機能が飛躍的に高まる

金属とプラスチックは、自動車や車両、航空機、電機・電子機器などほとんどすべての産業分野で利用され、接合は重要な必須技術となっています。

通常、金属とプラスチックの異種材料接合は、接着剤による溶着、またはねじ、ボルト、リベットなどによる機械的締結で行われています。しかし、エポキシ系やアクリル系接着剤では有機溶剤が用いられるため、その蒸発が作業者の健康を害することでVOC規制（揮発性有機化合物の排出抑制）の対象となり、また接着に長時間を要するなどの問題点があります。一方、機械的締結では、製品設計の自由度が制限され、別の加工工程と他の部品を必要とする欠点があります。

レーザによる金属とプラスチックの直接接合は、これらの欠点を解決できます。接合でレーザが金属に吸収され、金属の急加熱によってプラスチックが溶融し、分解して微小な気泡が発生することにより溶融プラスチック内に高圧が発生し、活性化した溶融プラスチックが流動して高温の活性固体金属に密着し、溶着すると考えられます。溶融プラスチックは、凹部内に入り込むアンカー効果による機械的接合が起こります。さらに、酸化被膜を介した化学結合やファンデルワールス力による物理的結合により、高強度接合継手が得られます。

レーザは、プラスチック側から照射する場合は透過が可能であり、金属側から照射する場合は下板のプラスチックが溶融し、一部気泡が発生する温度まで加熱できるものです。接合・溶着はどの金属でも可能ですが、プラスチックは熱可塑性のものであり、高強度な継手が作製できるのはPETやPAなどの酸素原子を有するエンジニアリングプラスチックです。PA基のCFRPも、金属側からレーザを照射すると金属との接合が可能です。どの継手も、接着剤を用いていないため長期間安定です。

要点BOX
- ●酸素原子を持つ熱可塑性樹脂は金属と接合
- ●金属と接合可能なプラスチック基のCFRPの場合はレーザ接合ができる

金属とプラスチックのレーザ接合

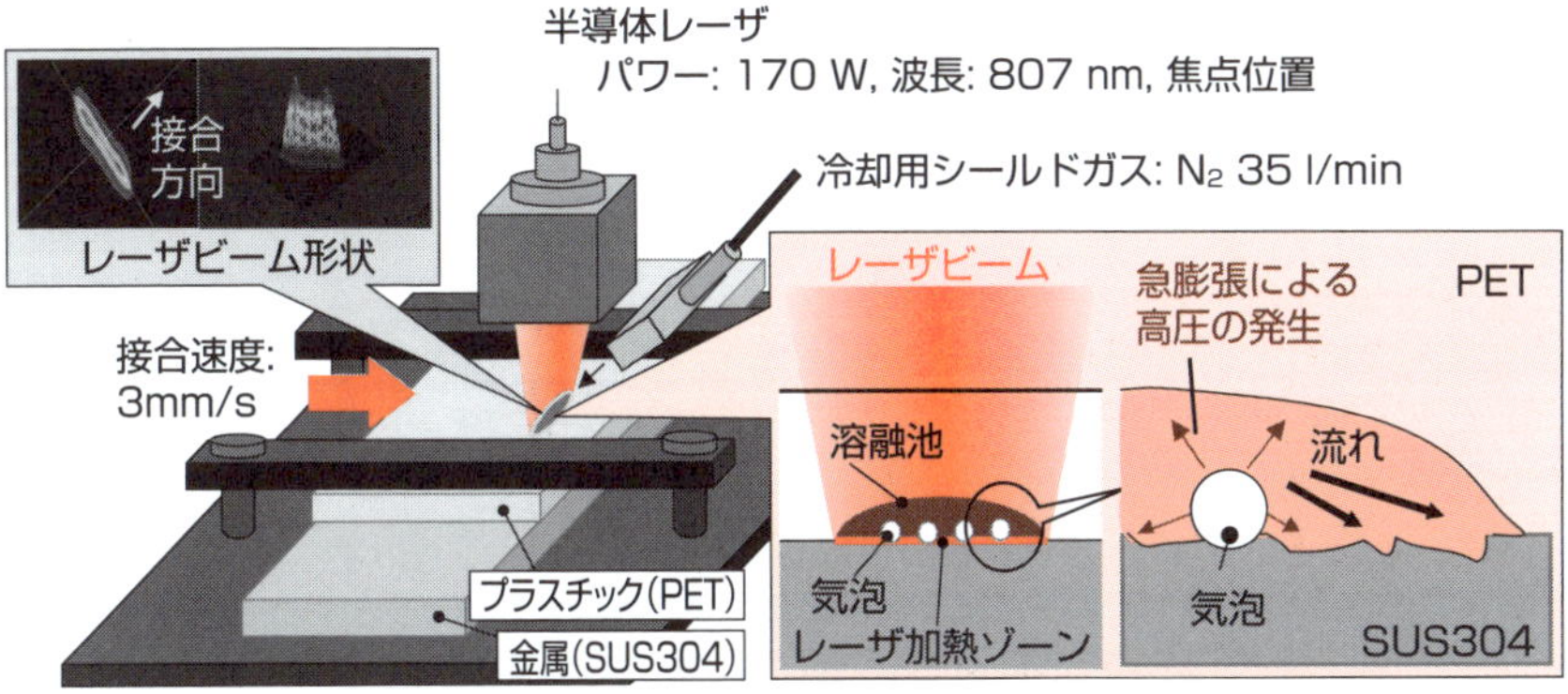

SUS304とPETのレーザ直接接合継手の引張試験後の試験片

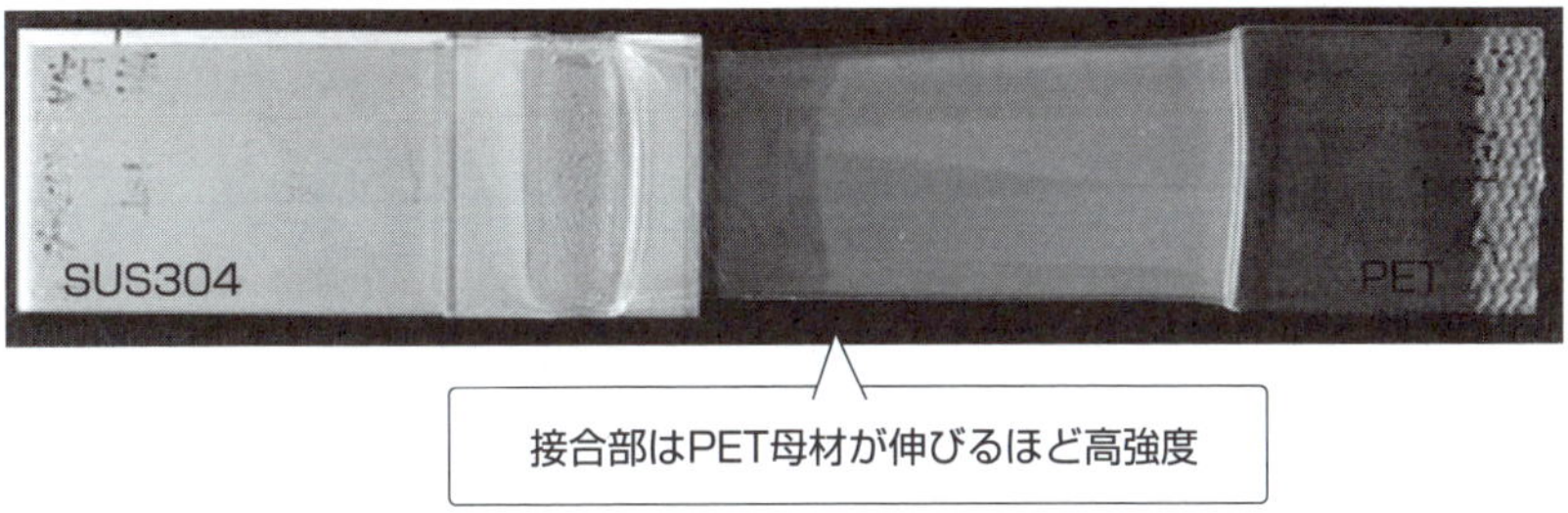

SUS304とPETのレーザ直接接合部の電子顕微鏡写真

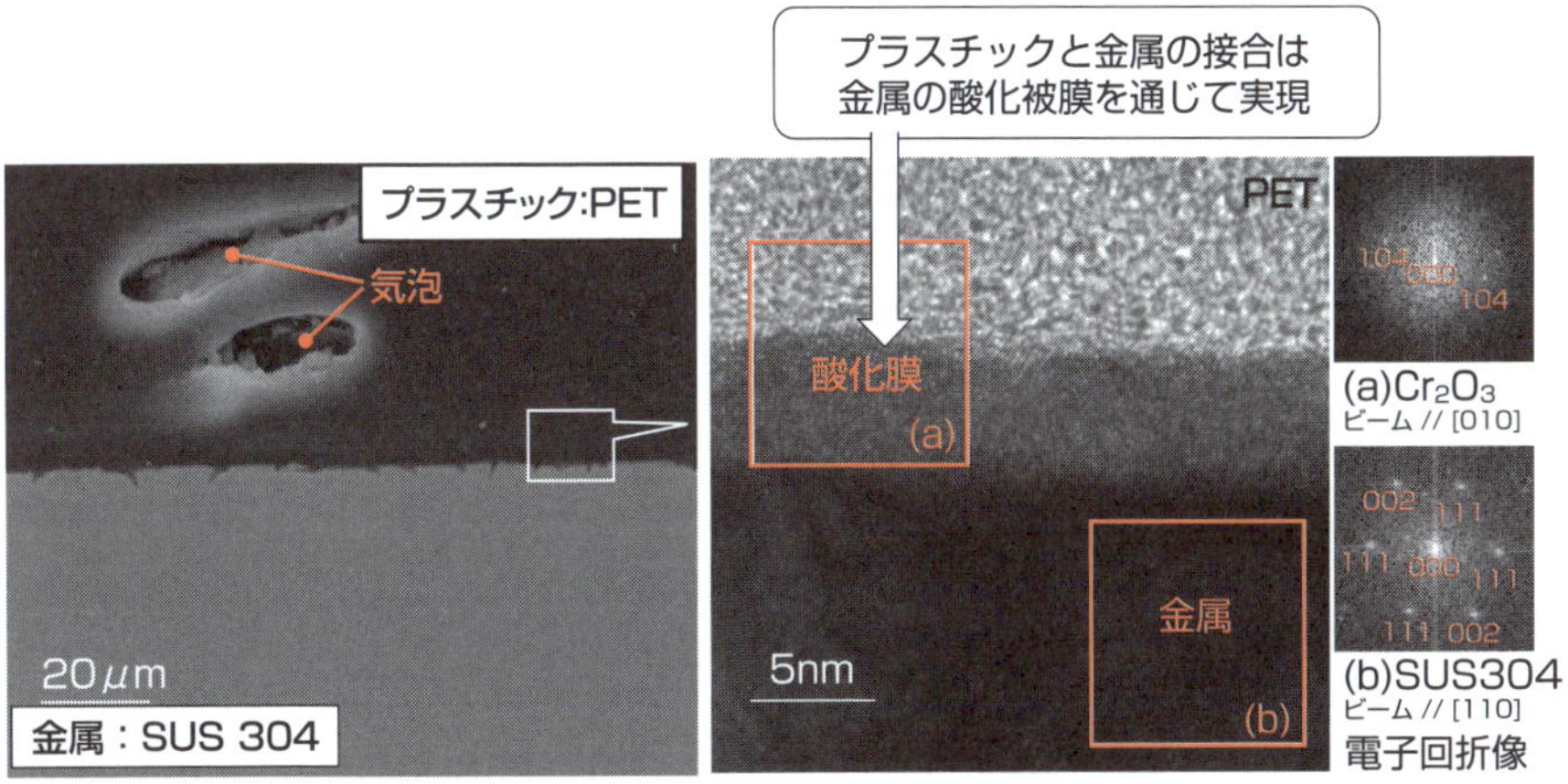

Column

凝固割れはどうして起こるの？

金属材料（合金）の鋳造や溶接の凝固時には、高温割れの一種である、凝固割れが起こります。そこで、凝固割れの起こりやすさや割れの発生機構を状態図と凝固状況と比較して理解してみましょう。

どのような合金（金属材料）でも、鋳造時や溶接時には液相から固相への凝固が起こります。その凝固途上では外部から引張変形が付加されたり、材料自身の収縮ひずみなどによってひずみが付加されたりします。その変形や付加ひずみの程度が材料固有の「割れ発生のための最小ひずみ」より大きく付加されると、凝固割れが発生します。

通常の合金系では、合金に強度を上げるために添加される溶質濃度やどうしても含有される望ましくない不純物元素の濃度が低い場合と多くて共晶組成に近い場合、融液の存在する凝固温度範囲が狭くなり、割れは起こりにくい状態になっています。

一方、溶質濃度（合金元素）が適度に増加している場合や不純物元素が多い場合、溶質（合金や不純物）元素が結晶粒界にミクロ偏析して、融液が低温まで存在する状況となり、凝固温度範囲が広くなります。その結果、割れの起こりやすい温度範囲も広くなり、割れ発生のための最小ひずみも小さくなり、割れが起こりやすくなっています。割れが起こるのは、そのような材料（合金）となります。

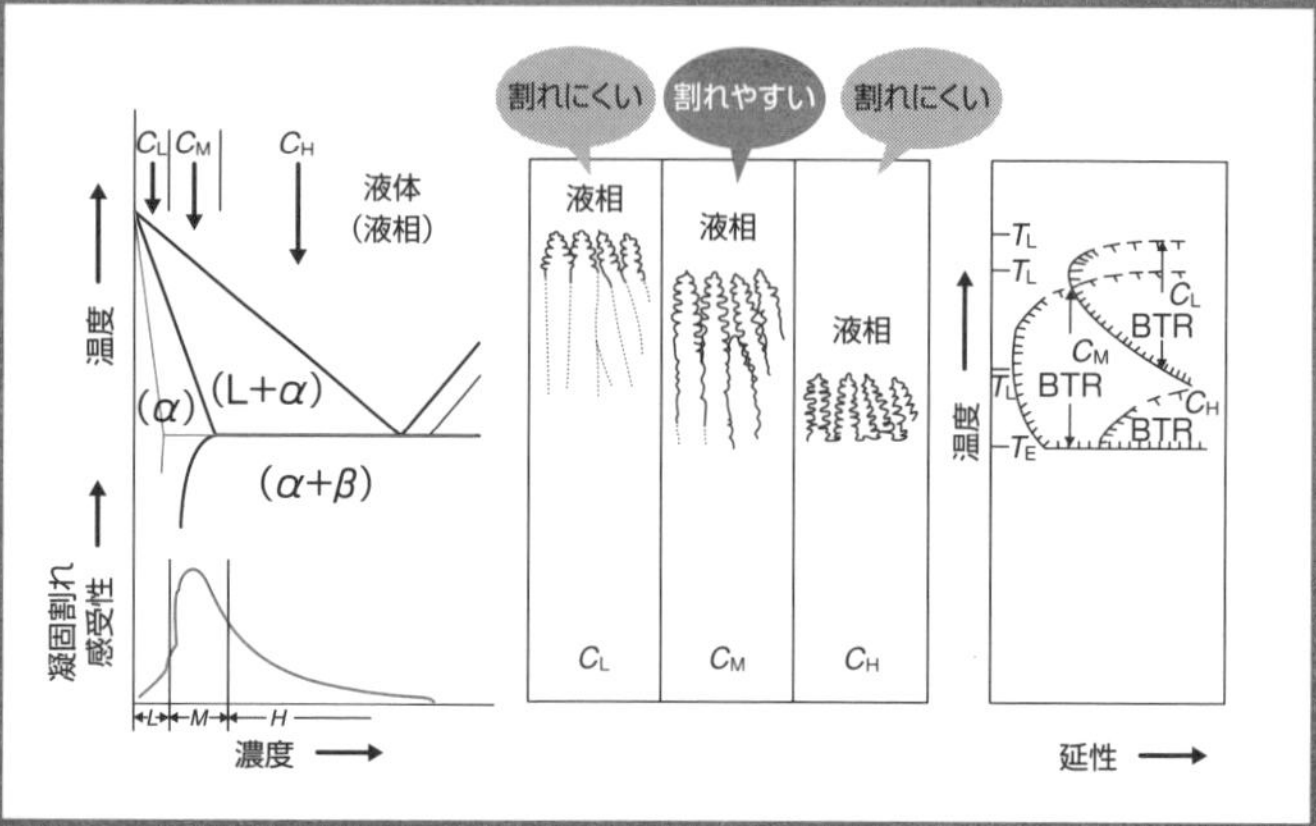

第8章

各工業分野での新しい適用の姿

60 自動車分野での応用

軽量化と高強度化が支える基幹技術

自動車分野では、レーザの開発とともに早い時期から接合加工（樹脂溶着）、除去加工、表面改質の各種レーザ加工法が利用されてきています。

レーザによるテーラードブランク溶接は、1980年代半ばより大型フロアなどで採用が始まり、現在はドアを含めて世界中の自動車ボディで適用され、管やタンクなど他部品との接合に展開されています。利用されるレーザは、最近は高パワー・高効率・高品質のファイバ、ディスク、半導体レーザです。材料も、各種鉄鋼材から1500MPa級の高張力鋼やアルミニウム合金も検討されています。

自動車ボディの3次元接合については、亜鉛めっき鋼やアルミニウム合金に対して高効率の固体レーザ溶接かレーザブレージング法、レーザとMIGアークのハイブリッド溶接法で実施されています。

自動車部品の接合では、1986年頃にオルタネータ・ステータコアの溶接やエアコン用電磁クラッチの溶接で、アーク溶接など他の方法に代わってCO_2レーザ溶接が採用されています。また、球状黒鉛鋳鉄と低合金鋼からなるクラッチなどは、日本では従来ボルト締結か電子ビーム溶接が行われていましたが、軽量化と低コスト化の観点から高効率レーザ溶接が採用されつつあります。この場合、鋳鉄で硬くて脆いセメンタイト相が生成し、焼割れが発生しやすいため、予熱・後熱処理か、ニッケル含有量の高いワイヤの利用が不可欠です。

リモート溶接は、レーザの高品質化と周辺技術の向上により実用化されたもので、抵抗スポット溶接に代わって高生産性と省力化が実現されています。

レーザ表面改質法としては、パワーステアリングギアハウジングやディーゼルエンジンピストンリング溝、シャフトなどのレーザ焼入れ、エンジンバルブやエンジンバルブシートのレーザクラッディングで耐摩耗性の向上が図られています。

要点BOX
- ●レーザによるテーラードブランク溶接が普及
- ●リモートレーザ溶接による高生産プロセス
- ●溶接とブレージングによる車体・ドアの作製

自動車へのレーザ加工の適用例

●マグネットクラッチプーリ
●オルターネータコア
●インジェクタ
●ECUリード
◆インテークマニフォールド
◆キャニスター
◆カットオフバルブ
■エンジンバルブ
■バルブシート

●ドアなどのテーラードブランク
●ルーフ
●リアパーティションパネル
●ルーフの3次元溶接
●マフラー
◆ハイトセンサー

● 接合加工
◆ 樹脂溶着
▼ 除去加工
■ 表面改質

▼A/T部品
●A/T部品
▼メータプレート
◆フォグランプ
▼サスペンション部品
●インパネリーンフォース

アルミニウム合金製自動車ボディの3次元レーザ溶接例

自動車ボディと レーザ溶接ロボット

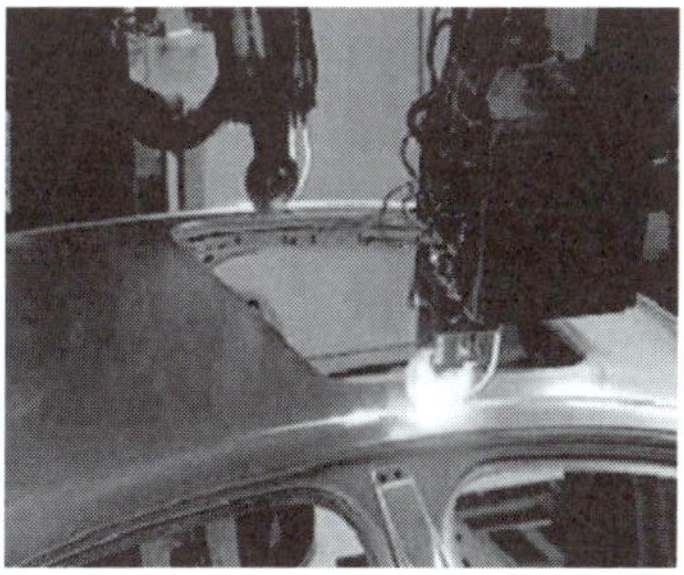

自動車ボディのレーザ溶接

鋳鉄と低合金鋼のクラッチのボルト締結からレーザ溶接への変更

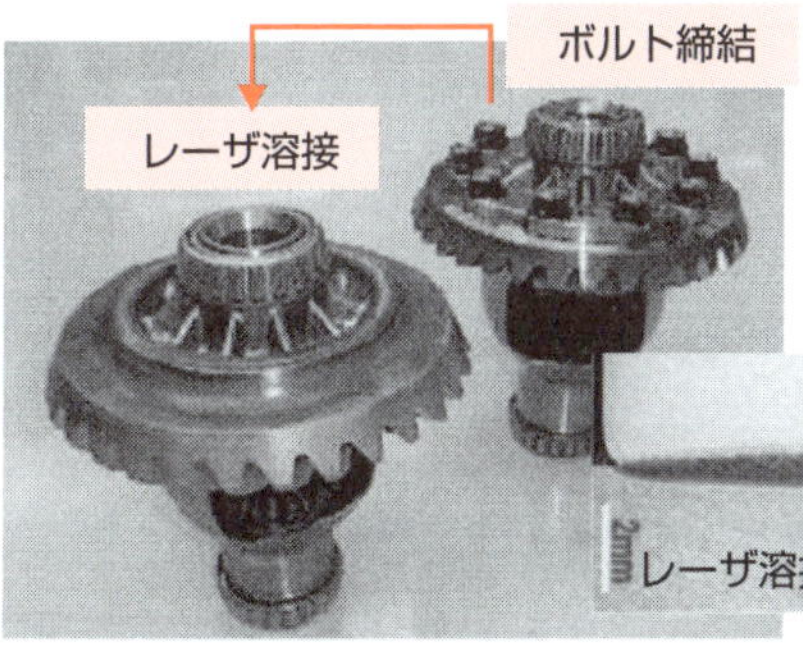

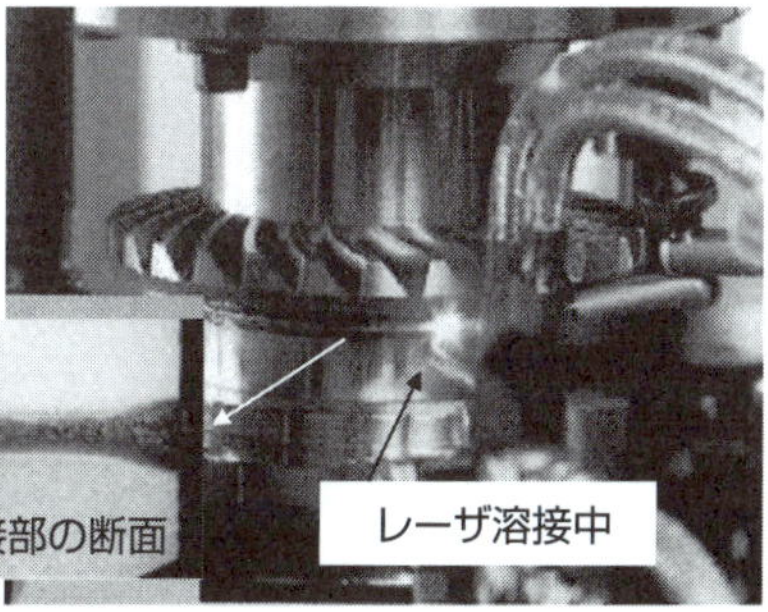

61 鉄道車輌・航空機での応用

接合部の強化に向けてレーザ適用が進む

最近の鉄道車両・電車は、オーステナイト系ステンレス鋼かアルミニウム合金で作られています。

ステンレス鋼製車両の製造では従来、抵抗スポット溶接が適用されてきました。しかし、ひずみ変形が大きく、溶接後煩雑なひずみ取り作業があり、また外面からスポット溶接痕が見えます。そこで、ステンレス鋼SUS304のレーザ重ね溶接継手に対し、車体内側（上板表面）からレーザを抑え治具付き集光ヘッドを移動させながら照射して、部分溶込みの溶接部を生成し、製作時の変形が少なく、外面から溶融痕が見られない車体が製作されるようになってきています。ファイバレーザを用い、パワー3kW、速度5～6m/minの条件で溶接します。

アルミニウム合金製車両の製造は、ファイバレーザとMIGアークのハイブリッド溶接法で、全長約25mのA6N01S-T5押出材が溶接されています。なお、車両製造会社によっては、摩擦攪拌溶接やMIGアーク溶接が利用されています。

航空機の接合は通常、構造用接着剤とリベット・ボルトかビス止めが主に用いられています。これまで溶融溶接が行われたことはありませんでした。しかし近年、スラブ型の高パワー・高品質CO_2レーザが開発され、エアバス社のA380などの飛行機の胴体腹部パネルにおいて、A6013系合金のスキン（外板）とストリンガ（補強板）のT型すみ肉溶接に2台の3.5kW CO_2レーザが2方向から同時に照射されて溶接が実施されています。

A6000系は凝固割れが起こりやすいため、凝固割れ防止用に高シリコン（Si）入りワイヤが利用され、その溶融を確認するため、プルーム中のSiの発光信号がモニタリングされています。一方、飛行機のジェットエンジンファンケースにTi-6Al-4V合金が使われていますが、その溶接には現在ファイバレーザが利用されています。

要点BOX
- ●ステンレス鋼製車両はファイバで重ね溶接
- ●アルミ合金製車両はハイブリッド溶接
- ●飛行機のフレームは2台のCO_2レーザを適用

オーステナイト系ステンレス製車両のレーザ溶接

(a) 断面マクロ　(b) 表面外層外観　(c) 裏面内側外観

ステンレス製車両

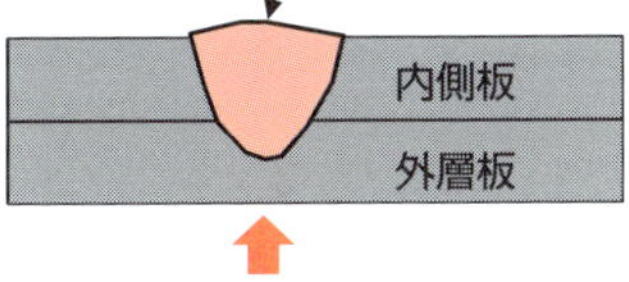

アルミニウム合金製航空機の外板と補強板の2ビーム同時レーザ溶接

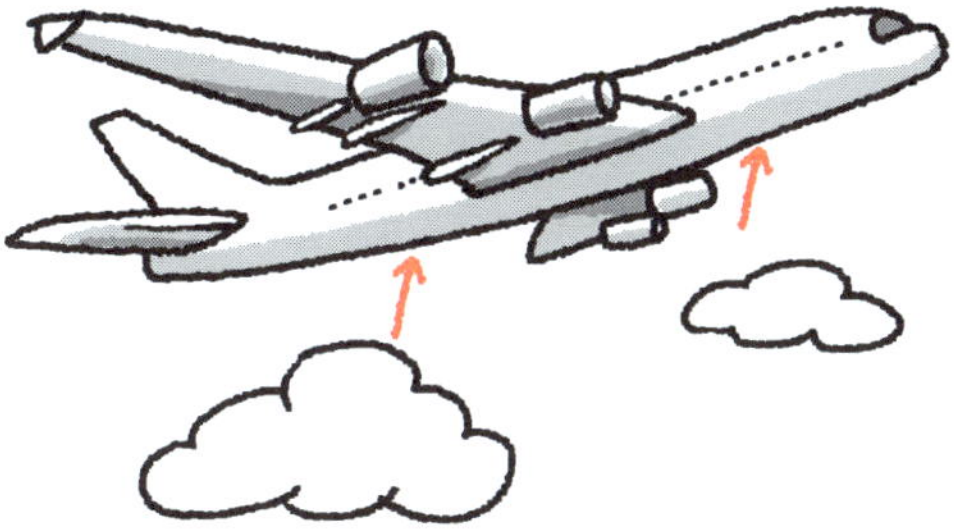

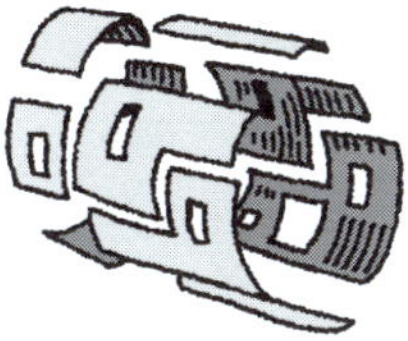

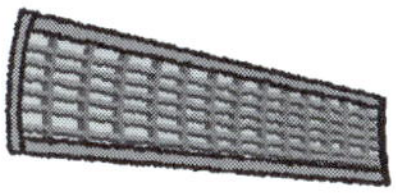

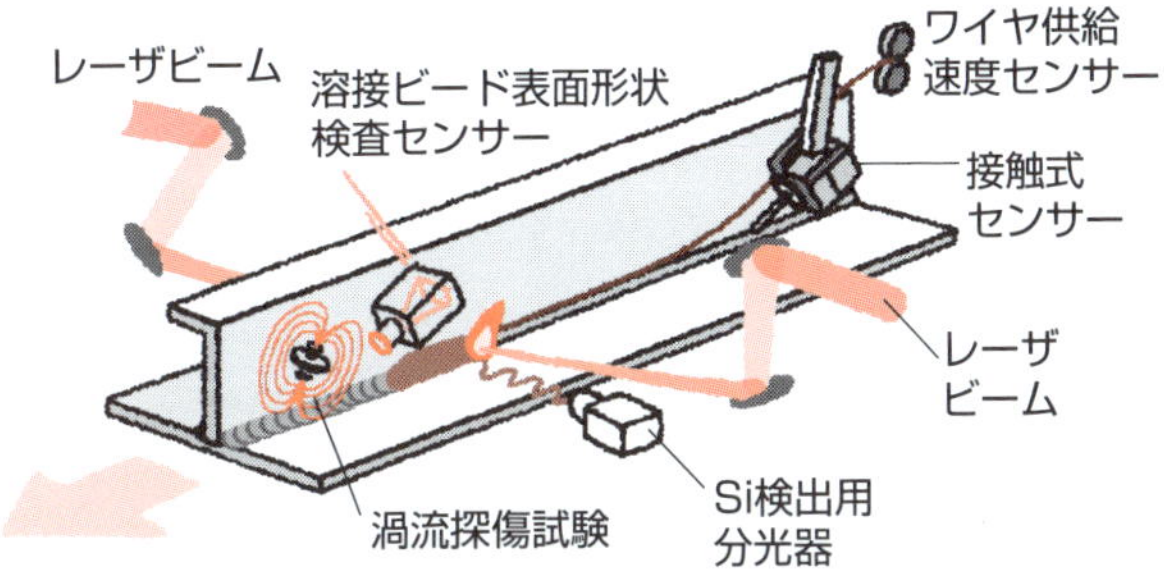

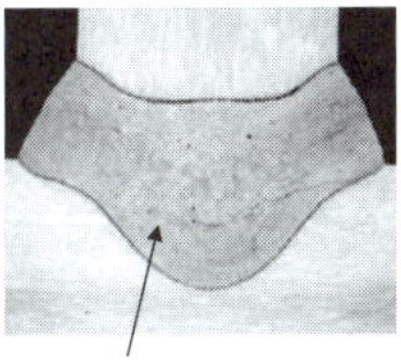

T継手のレーザ溶接部

62 造船・橋梁・重工業での応用

レーザ・アークハイブリッド溶接法を検討

造船や建築、パイプラインではTMCP（Thermo-Mechanical Control Process：制御圧延と加速冷却を併用して製造された）鋼の出現により、溶接構造用圧延鋼材の高張力鋼が用いられ、橋梁では耐候性鋼材が使われることもあります。通常は、サブマージアーク溶接やMIG／MAG、CO_2ガスアーク溶接法が利用されますが、実構造物の板間のギャップに対応するため、レーザとアークを併用したハイブリッド溶接法の適用が検討されています。

ヨーロッパでは客船の製造に、CO_2レーザとMAGアークのハイブリッド溶接法が突合せ継手に適用され、続いてディスクレーザもしくはファイバレーザとMAGアークのハイブリッド溶接法が突合せ継手やすみ肉継手に用いられています。日本でも、ファイバレーザとCO_2ガスアークのハイブリッド溶接が一般商船に対して適用されたことがあります。

ハイブリッド溶接法の適用には、後工程の削減や建造工数の減少によるコスト縮減、工期の短縮、溶着金属量の低減による重量の軽減などのメリットがあります。板が厚くなると、溶落ちが起こりやすくなり、アンダフィルやアンダカットなどの溶接欠陥が発生しやすくなるため、それらを防ぐため裏当てが用いられます。

原子力・核燃料関連も含めた重工業の分野では、高張力鋼やステンレス鋼の厚板が用いられ、溶接・接合法は高パワー・高輝度レーザ溶接か、レーザ・MAGもしくはCO_2ガスアークハイブリッド溶接法、レーザ・MIGアークハイブリッド溶接法が適用されようとしています。また、ステンレス鋼に対して、圧力容器細管内面へのレーザクラッディング、水中でのレーザ補修溶接や切断、遠隔によるレーザ溶接や切断などが検討されています。このほか、ボイラの検査・計測の前処理、プラントの除染にレーザクリーニング法が開発されています。

要点BOX
- ●船舶にレーザ・アークハイブリッド溶接を適用
- ●重工業分野でレーザクラッディング、補修溶接、水中レーザ溶接や切断などが検討される

客船用床板のレーザ・アークハイブリッド溶接

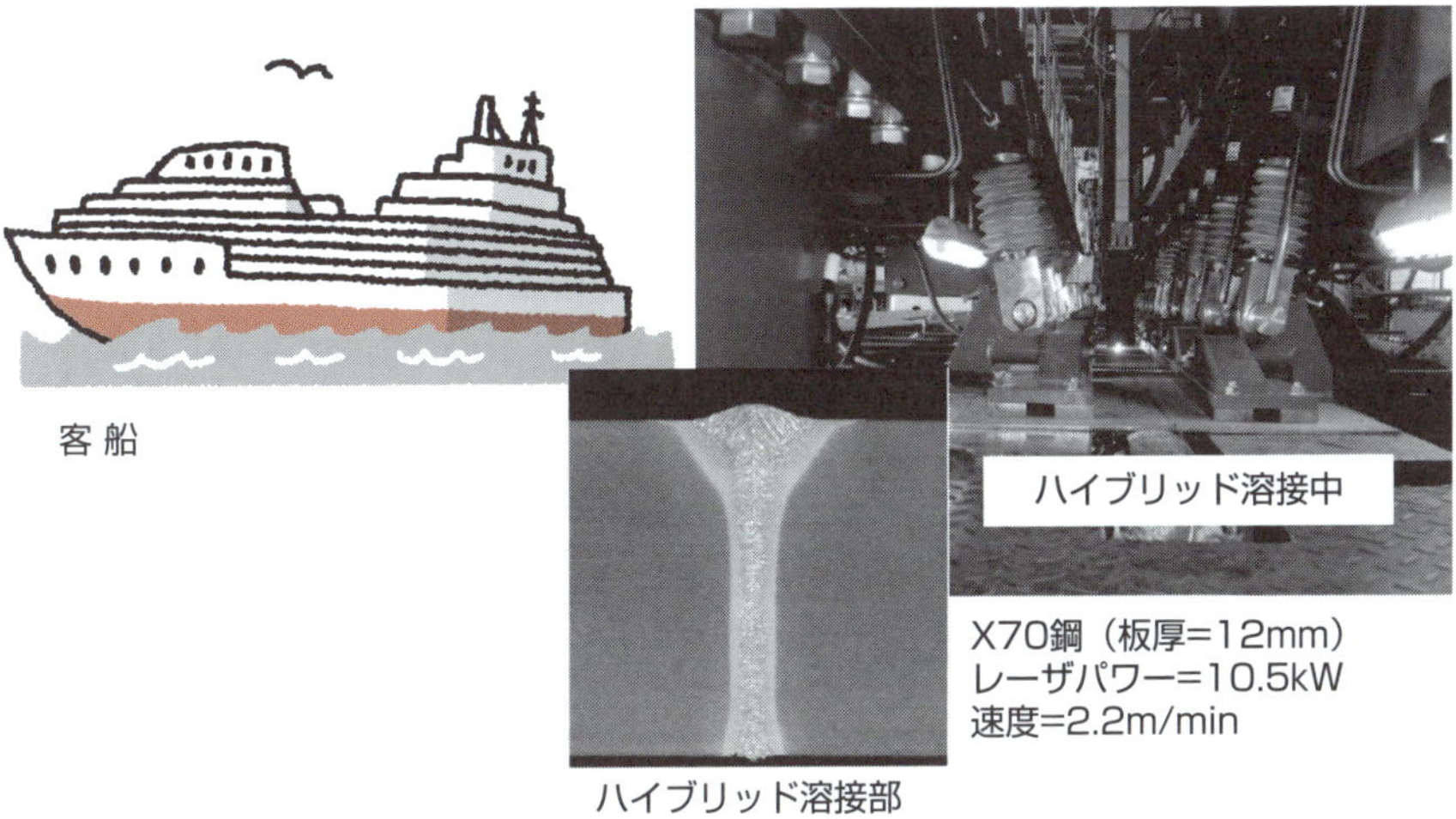

水中レーザ補修溶接

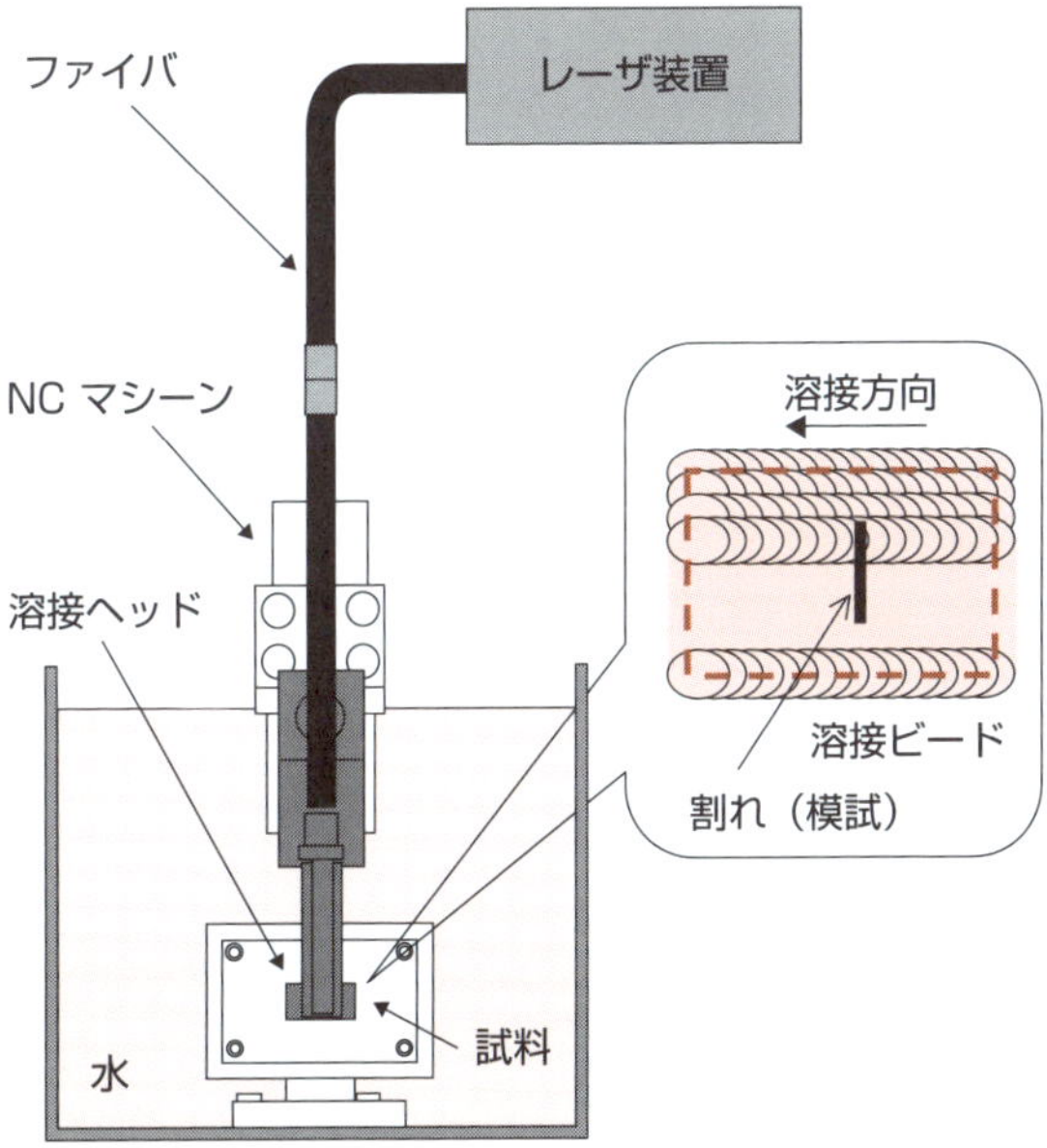

63 エレクトロニクス・電機分野での応用

微細な穴あけ・切断のテクニックが問われる

エレクトロニクス（電子）産業はテレビやデジカメ、携帯電話、制御機器、トランジスタ、集積回路、コンピュータなどを製造する分野です。一方、電機産業は冷蔵庫や照明機器、電池、発電機、電話などを製造する分野を言います。いずれも、さまざまな製品に対して各種レーザが利用されています。

携帯電話の中にはプリント基板があり、そこには約50㎛程度のVIAホール（穴）が無数にあけられ、銅で配線されています。それらの穴は短パルスCO_2レーザ照射で、1分間に約5000個と超高速度に作られています。今後、直径50㎛以下の穴の作成が求められ、そのためにはファイバレーザかディスクレーザなどの第3または第4高調波のUVレーザの適用が進められています。

携帯電話のLiイオン電池のケースはA3003などのアルミニウム合金で作られ、蓋との溶接や注液後のキャップの封止溶接に入熱を少なく溶接するために、パルスYAGレーザによるスポットシーム溶接かリモート連続ファイバレーザによる高速溶接が行われています。また携帯電話用ガラスの切断には、CO_2レーザかQスイッチディスクレーザなどが使われます。そして、各種部品のマーキングにはLD励起YAGレーザやYVO$_4$レーザが利用されます。

地球温暖化対策やエネルギーコスト削減の観点から、太陽電池の製造が注目されています。太陽電池は、多結晶シリコン（Si）や単結晶Siの結晶型と、薄膜Siや合金系の薄膜型があります。たとえば薄膜Siタイプの製造プロセスでは、Qスイッチレーザによるスクライビングが行われ、基本波レーザ（P1）とグリーンレーザ（P1、P2）が利用されます。

初期にはフレーム電動機にCO_2レーザ溶接が適用され、小型モータロータのバランシングではYAGレーザで部分的な除去が行われ、ビデオセンサーの調整にレーザフォーミング法が適用されています。

要点BOX
- ●パルスCO_2レーザで携帯電話基板を穴あけ
- ●携帯電話用電池ケースにレーザ溶接を適用
- ●太陽電池の製造に各種レーザが活躍

携帯電話に適用されているレーザ加工技術

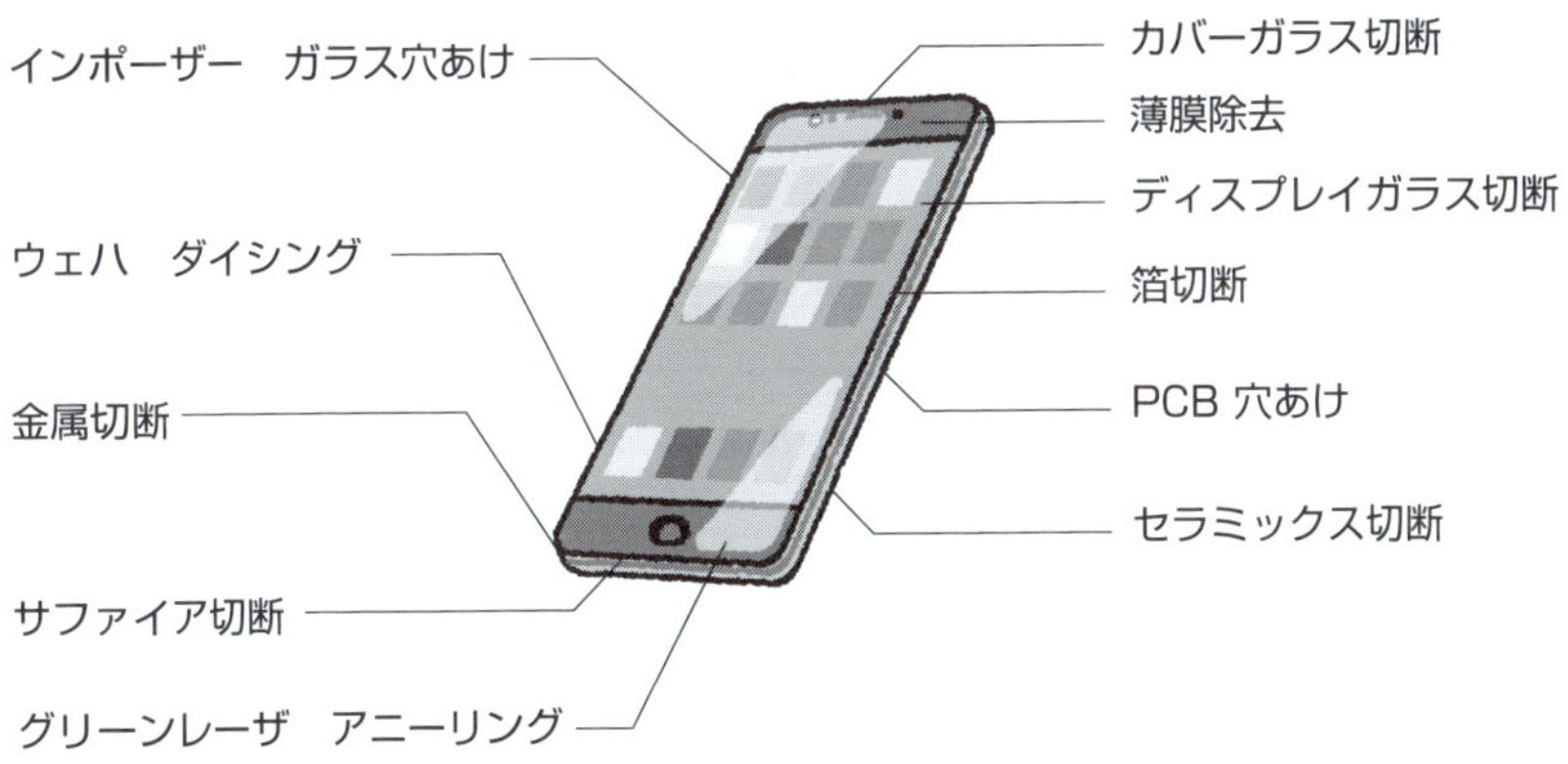

プリント基板のビアホール（穴あけ）の例

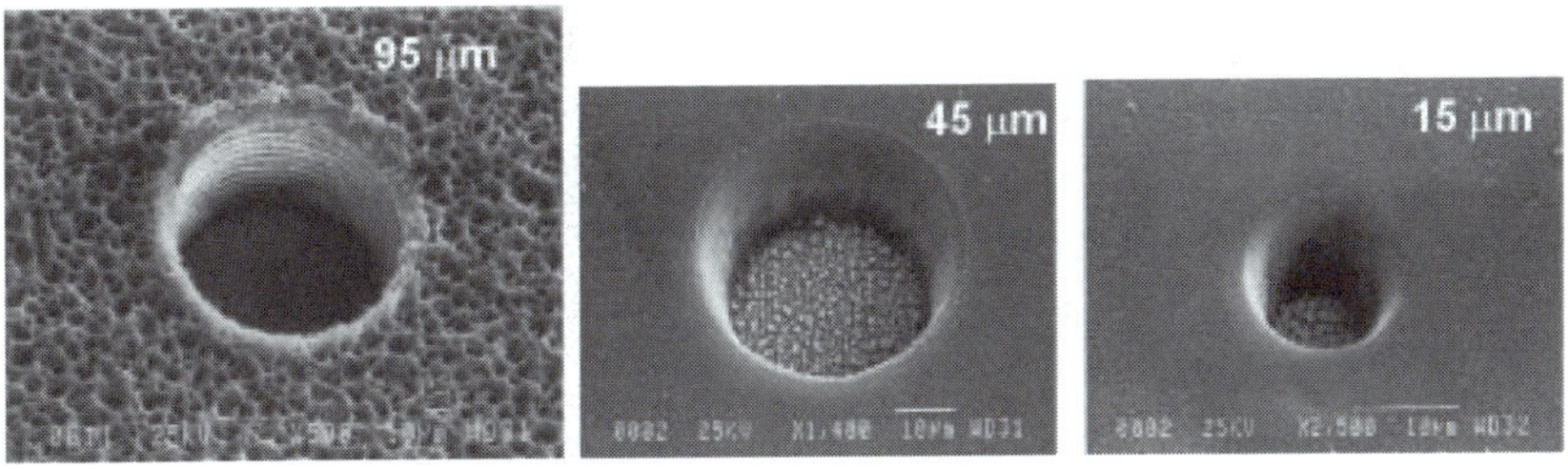

(a) CO_2レーザ　(b) UVレーザ　(c) UVレーザ

薄膜シリコン太陽電池の製造プロセス（模式図）

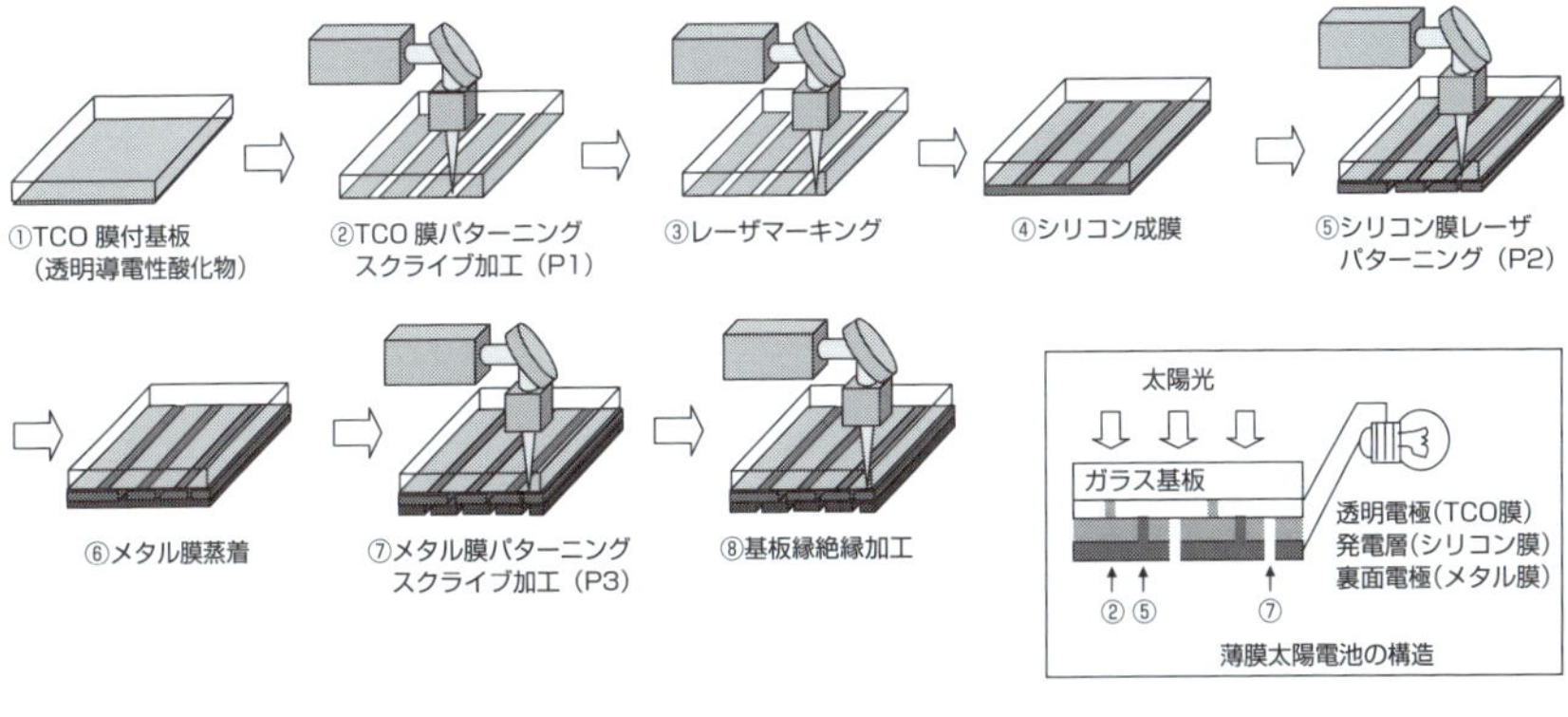

64 材料（鉄鋼・軽金属）製造分野での応用

製造過程や処理過程で使われる高出力レーザ

鉄鋼メーカーでは連続鋳造法でスラブが作られ、それを熱間圧延して板厚を薄くし、酸洗と焼鈍を行って熱延鋼板が製造されます。一方、熱間圧延後のコイル板厚を冷間圧延によってさらに薄くし、酸洗・焼鈍と表面処理をして冷延鋼板が作製されています。

現在、生産性の向上や品質の安定化、コイル始終端の歩留り改善などを目的に、各ラインの入側で先に通板したコイルの終端と、次に通板するコイルの始端がレーザで溶接される「コイル継ぎ」の連続処理が行われています。このコイル継ぎは、初期は行われていませんでしたが、生産性向上の観点からまずフラッシュバット・TIG・MIG・抵抗シーム溶接などが適用されました。次に、これらの代替としてレーザ溶接が適用されました。

レーザ溶接は24時間連続操業で、平均数分間隔で溶接が繰り返されています。コイル継ぎのサイクルタイムは2分以内と高生産性を確保し、完全自動化が可能で、継手特性の改善ができます。ステンレス鋼や高合金鋼にも適応でき、メリットが多くあります。なお、高合金鋼の溶接では溶接金属部や熱影響部が硬くなり、脆くなって割れるため、フィラワイヤが利用されます。

初期のレーザは、高出力のCO_2レーザが適用され、最近はファイバレーザかディスクレーザなどの利用が増えています。溶接中にスパッタが発生する課題もありますが、それを低減するレーザビームモードの開発もあわせて行われています。

このほか、ステンレス鋼などの薄板をロール成形させ、レーザ溶接を長手方向に連続して行うことで長尺のパイプが製造されています。

鉄鋼・軽金属メーカーとも、製造している各種材料のレーザ溶接性について検討し、溶接継手の機械的特性について評価されています。

要点BOX

- ●レーザ溶接で高生産性のコイル継ぎが実現
- ●レーザ溶接によりパイプを連続的に作製
- ●各材料でレーザ溶接継手の特性が評価される

冷間圧延鋼板の製造(コイル継ぎ)ライン

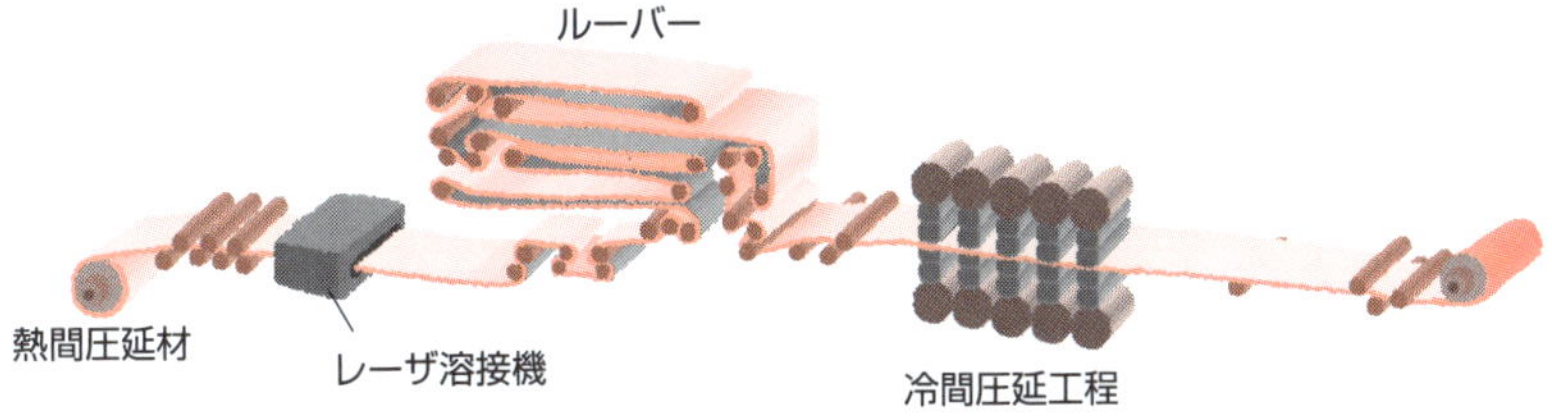

鋼板製造ラインのコイル継ぎ用レーザ溶接機

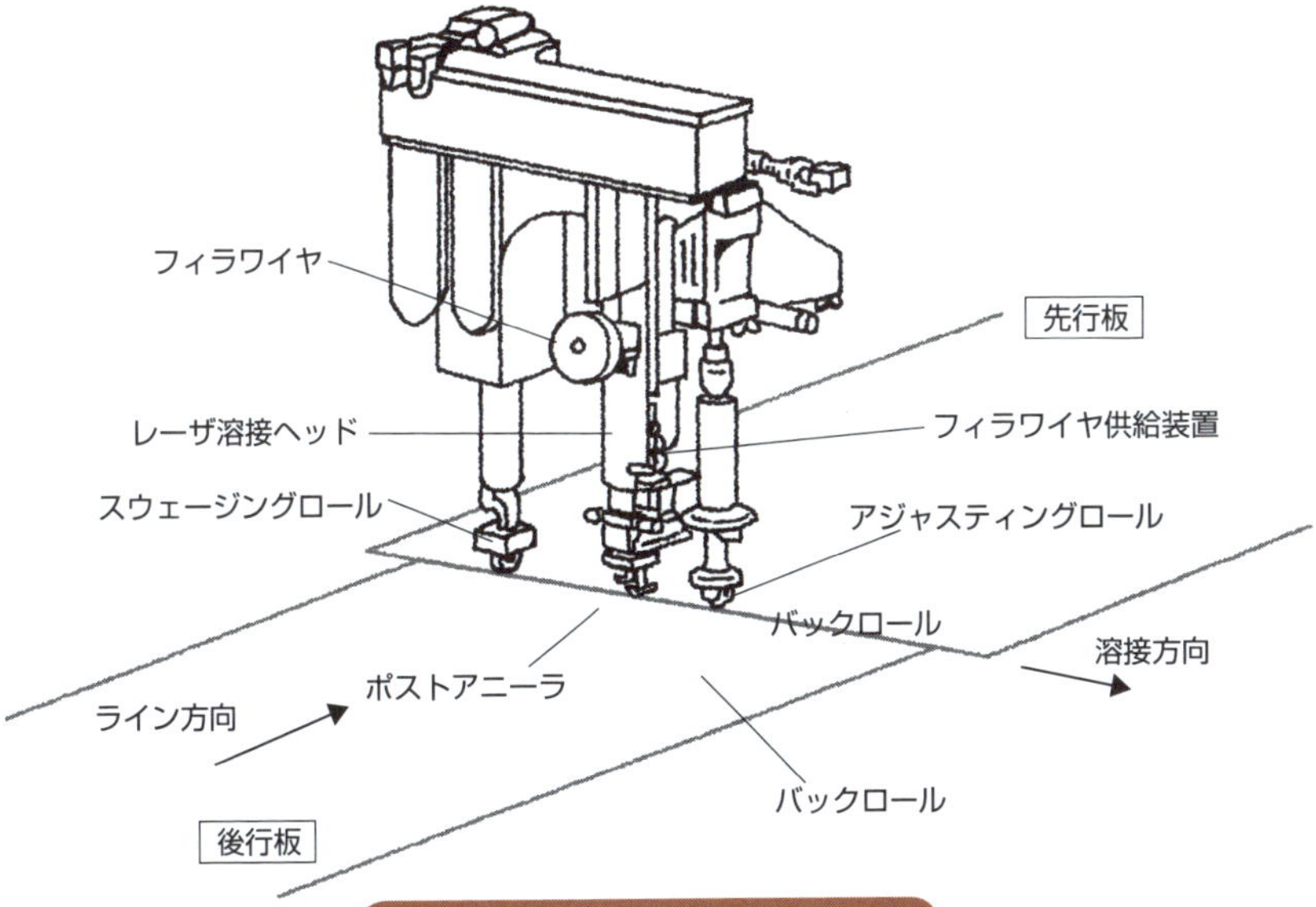

レーザ溶接中とパイプ製造

65 板金・装飾品・医療分野での応用

レーザ切断・溶接の良さを各種製品で反映

板金業界では、各社CO_2レーザを搭載した切断機が開発され、販売されています。各種金属材料のレーザ切断や穴あけをトライし、適切な条件を導出して販売に寄与されています。

最近は、ファイバ・ディスク・半導体レーザを搭載した切断機が各社から販売されています。各種金属材料に対し、CO_2レーザよりレーザの（照射初期の）吸収率が高いことで、薄板では高速に切断が可能です。しかし、厚板は融液が多量に形成されるため切断品質が若干劣り、レーザビームの長焦点化やパルス化などの　改善策が取られています。

金型業界では、ランプ励起の小型パルスYAGレーザを搭載した装置が準備され、実体顕微鏡で観察しながら、ワイヤを使って金型の補修溶接をする方法が開発されました。現在、レーザ発振効率の良いLD励起のレーザが利用されています。

眼鏡業界では、チタン合金製の眼鏡フレームにパルスYAGレーザでスポット溶接を行い、それを繰返してシーム溶接をする方法が開発され、実用化されています。特に、従来の抵抗スポット溶接では、溶接痕が認められ、溶接部の特性も劣化することがあったのに対し、レーザ溶接では改善されました。また、連続発振のファイバレーザでシーム溶接をする高速処理法も検討されています。

宝石業界では白金、金や銀の指輪の作製に、パルスYAGレーザによるスポット溶接が利用されてきました。最近は、さらに微小な溶融部を作製できるファイバレーザも利用されています。ダイヤモンドを保持する金属の爪にパルスレーザを照射し、溶融固定する方法も取られています。

医療の分野では、血管拡張のステント・バルーンがレーザ切断によって作られています。また、ペースメーカーや外科手術用ハサミ・ナイフに対して、レーザ溶接やレーザマーキングが適用されています。

要点BOX

- ●チタン製眼鏡フレームにレーザスポット溶接
- ●パルスレーザで貴金属を溶接する
- ●レーザ切断で血管拡張用ステントを作る

鋼のレーザ切断中の板金用レーザ切断機

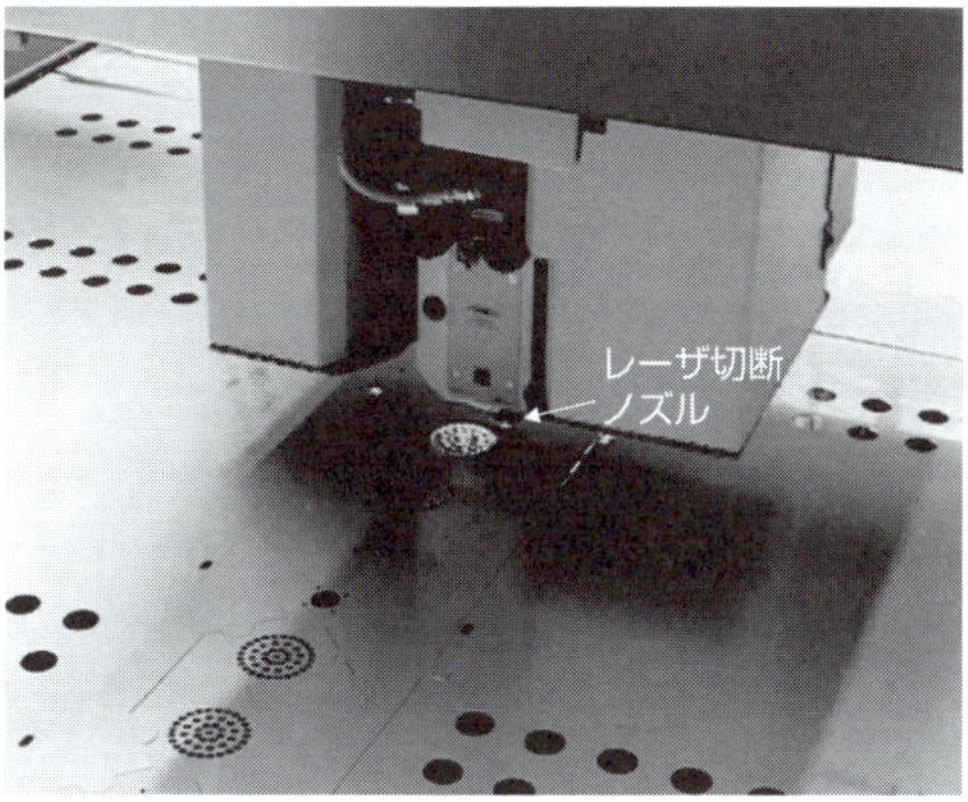

レーザ溶接が適用・実用化された眼鏡フレーム

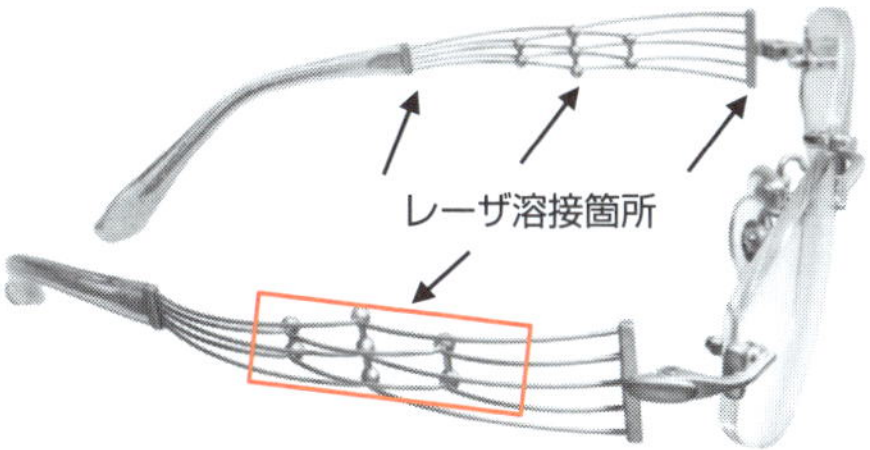

レーザ切断で作製されたステント・バルーン

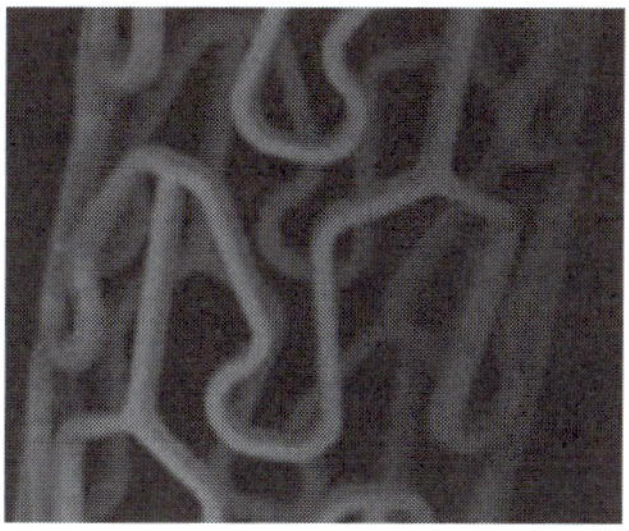

レーザ溶接で作製され、レーザマーキングされたペースメーカ

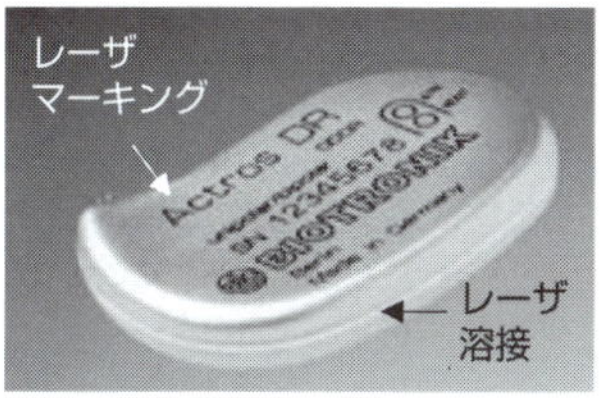

レーザ溶接で作製された眼科用チタン合金製持針器

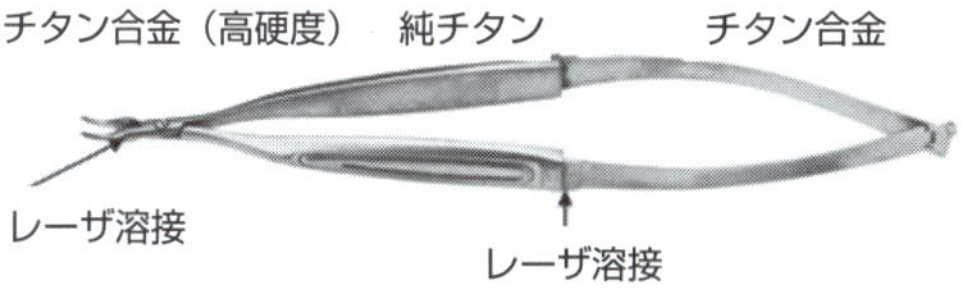

Column

レーザの研究でノーベル賞を受賞した先人たち

アーサー・アシュキン博士

2018年10月2日、同年のノーベル物理学賞の受賞者が発表されました。レーザの研究で大きな業績を残した米ベル研究所のアーサー・アシュキン博士、仏エコール・ポリテクニーク（理工学学校）のジェラール・ムル博士、カナダ・ウォータールー大学のドナ・ストリックランド博士の3人です。

アシュキン氏は、レーザ光を使ってウイルスなど微小な物体をとらえて動かす「光学ピンセット」を発明し、1987年に生きた細菌を傷つけずに捕らえることに成功しました。また、ムル氏とストリックランド氏は1980年代に高強度のレーザパルス（フェムト秒レーザ）を生み出す方法を開発しました。このレーザは既存材料に細かい穴をあけたり、細かく切ったりすることができ、目のレーシック手術にも利用されています。

ジェラール・ムル博士

今回、アシュキン氏は96歳と過去最高齢での受賞であり、ストリックランド氏は3人目の女性受賞者で、従来は学生や助手は受賞者として認められませんでしたが、今回は学生時の成果であることに驚かされています。

チャールズ・H・タウンズ（米国）、ニコライ・G・バゾフ（旧ソ連）、アレクサンドル・M・プロホロフ（旧ソ連）が1964年にレーザの発振原理を提案したことでノーベル物理学賞を受賞していますが、以後も1981年にアーサー・L・シャウロウ博士がレーザ分光学への貢献で、2009年にはチャールズ・カオ博士（米・英国）が「光ファイバの父」として、2014年には、赤崎勇博士（日）、天野浩博士（日）、中村修二博士（日・米）が「高輝度青色発光ダイオードの発明」で同賞を受賞しています。レーザや光関連で受賞した方が多いのは喜ばしいことです。

ドナ・ストリックランド博士

S. Katayama: Handbook of laser welding technologies、ed. by S. Katayama、Woodhead publishing Limited、pp. 332-373 (2013)

M. Wahba and S. Katayama: Trans. of JWRI、Vol. 41 No. 1、pp. 11-23 (2012)

J. Gedicke、et al.: Proc. of ICALEO 2010、LIA、M403、pp. 844- 849 (2010)

K.W. Jung、Y. Kawahito and S. Katayama: Journal of Laser Applications、Vol. 24 No. 1、Web 012007 (1-8) (2012)

三瓶和久：レーザ加工学会誌、Vol. 16、No. 1、pp. 8-15 (2009)

菊地淳史：第 86 回レーザ加工学会講演論文集, pp. 33-38 (2016)

平嶋利行ほか：川崎重工技報、160、pp. 50-53、(2006)

M. Litmeyer and H. Lembeck: 第 70 回レーザ加工学会講演論文集, pp. 139-143 (2008)

J. Schumacher、et al.: Proc. ICALEO 2002、LIA、94、Section A-Welding、pp. 311–317 (2002)

山岡弘人 (IHI)：Personal Communication (2016 レーザー加工技術展 基調講演)

中村 浩：第 75 回レーザ加工学会講演論文集, pp. 39-43 (2011)

LaserStar Technologies Corp. (Website Homepage) (2018) ; https://www.laserstar.net/en/products/

コヒレント・ジャパン㈱ Web Homepage; アプリケーション（短パルスレーザによる微細加工） www.coherent.co.jp/application/mmp/ (2018)

E. Beyer (Fraunhofer IWS) : Personal Communication

アマダ・ミヤチ Web Homepage (2018)：レーザマーカー

www.amy.amada.co.jp/product/category/laser_marker/

森 一平：鉄と鋼, 72巻 10号、pp.1507-1512 (1986)

S. Katayama and A. Matsunawa: Proc. ICALEO '85、LIA、pp.19-25 (1985)

H.W. Bergmann and E. Geissler: Proc. ECLAT '90、pp.321-331 (1990)

H. Haddenhorst、E. Hombogen and N. Jost: Proc. ECLAT '90、pp.651-660 (1990)

IHI検査計測：IHI技法, Vol. 54 No. 3 (2014)

佐野雄二：LMPシンポジウム2011, ㈳日本溶接協会, pp. 139-147 (2011)

桐原慎也：「新たなものづくり3Dプリンタ活用最前線」(NTS) (2015)

大久保雅隆：豊田中央研究所R&Dレビュー, Vol. 28 No. 2 (1993、6)

杉岡幸次：レーザ加工学会誌, Vol. 12、No. 2、pp. 96-100 (2005)

岩間誠司：レーザ加工学会誌, Vol. 15、No. 2、pp. 90-94 (2008)

松縄 朗, 片山聖二, 荒田吉明：高温学会誌, Vol. 13 No. 2、pp.69-78 (1987)

A.Matsunawa、S. Katayama、et al.: Surface and Coatings Technology、43/44、pp. 176-184 (1990)

東木達彦, 大西廉伸：東芝レビュー, Vol. 67 No. 4、pp.2-6 (2012)

岡田達雄, 杉岡幸次：J. Plasma Fusion Res.、Vol. 79 No. 12、pp. 1278-1286 (2003)

V-Technology Web Homepage: IR情報 (2018)； https://www.vtec.co.jp/ir/process_tft.html?0

R. Poprawe: Personal Communication (2017 レーザー加工技術展　基調講演). 軽金属学会40周年事業実行委員会記念出版部 編：「アルミニウムの組織と性質」(1991)

村上陽太郎, 亀井 清, 山根壽己, 長村光造：「金属材料」(朝倉書店) (1994)

泰山正則ほか：レーザ加工学会誌、Vol. 12、No. 3、pp. 137-142 (2005)

片山聖二：レーザー研究, Vol. 38 No. 8、pp. 594-602 (2010)

片山聖二：軽金属, 第62巻 第2号、pp. 75-83 (2012)

片山聖二：溶接学会誌, 第84巻 第8号, pp.582-590 (2015)

【参考文献】

谷腰欣司:「とことんやさしい光の本」(日刊工業新聞社)(2005)

谷腰欣司:「【図解】レーザーのはなし」(日本実業出版社)(2000)

新井武二, 沓名宗春, 宮本 勇:「レーザー加工の基礎(下巻)」(マシニスト出版)(1993)

新井武二「絵とき レーザ加工 基礎のきそ」(日刊工業新聞社)(2007)

渡辺正紀, 佐藤邦彦「溶接力学とその応用」,(朝倉書店)(1965)

片山聖二ほか: 第71回レーザ加工学会講演論文集, pp. 109-118 (2008)

片山聖二:溶接学会誌, 第78巻 第2号, pp.124-138 (2009)

片山聖二:溶接学会誌, 第78巻 第8号, pp.682-692 (2009)

片山聖二:溶接学会誌, 第80巻 第7号, pp.593-601 (2011)

片山聖二:スマートプロセス学会誌,Vol. 1、No. 1、pp.8-19 (2012)【第3〜8章】

増原 宏:「レーザープロセッシング応用便覧」(NGT)(2006)

永井治彦:「レーザプロセス技術 −基礎から実際まで−」(オプトロニクス社)(2008)

T. A. Znotins、D. Poulin and J. Reid: Laser Focus、54 (May 1987)

片山聖二:ふぇらむ, Vol. 17、No. 1、pp.18-29 (2012)

川人洋介, 片山聖二:レーザー研究, Vol. 32 No. 5、pp. 357-363 (2004)

沓名宗春:「'92 最新ハイテク加工ハンドブック」, テック出版, pp. 75-88 (1992)

山田 猛:溶接学会誌, 第63巻 第4号, pp.297-302 (1994)

米谷 弘:近畿車輛技報, 第13号, No.10, pp. 33 − 35 (2006)

内藤恭章, 水谷正海, 片山聖二: 溶接学会論文種, 第24巻 第2号, pp.149-161 (2006)

日本アビオニクス㈱ Web Homepage (2018):レーザはんだ付け;http://www.avio.co.jp/products/assem/application/electronic-parts/soldering/

サーボロボ・ジャパン㈱ パンフレット (Web; https://servo-robot.com/)

プレシテック・ジャパン㈱ パンフレット (2018)(Web; https://www.precitec.de/jp/precitec-group-start-page/)

宮崎俊行, 宮沢 肇, 村川正夫, 吉岡俊朗「レーザ加工技術」(産業図書)(1991)

中村 強:第81回レーザ加工学会講演論文集, pp. 1-6 (2014)

索引

今日からモノ知りシリーズ
トコトンやさしい
レーザ加工の本

NDC 549.95

2019年1月30日 初版1刷発行
2024年5月31日 初版3刷発行

発行者 井水 治博
発行所 日刊工業新聞社
東京都中央区日本橋小網町14-1
(郵便番号103-8548)
電話 書籍編集部 03(5644)7490
販売·管理部 03(5644)7403
FAX 03(5644)7400
振替口座 00190-2-186076
URL https://pub.nikkan.co.jp/
e-mail info_shuppan@nikkan.tech
印刷·製本 新日本印刷(株)

●DESIGN STAFF
AD——志岐滋行
表紙イラスト——黒崎 玄
本文イラスト——小島サエキチ
ブック·デザイン —— 大山陽子
(志岐デザイン事務所)

●
落丁·乱丁本はお取り替えいたします。
2019 Printed in Japan
ISBN 978-4-526-07924-5 C3034

●著者
片山 聖二(かたやま・せいじ)

昭和26年 兵庫県に生まれる
昭和50年 大阪大学大学院工学研究科溶接工学専攻修士課程修了
昭和55年 大阪大学大学院工学研究科溶接工学専攻博士後期課程単位取得退学
昭和56年 大阪大学溶接工学研究所助手(工学博士)
平成9年 大阪大学接合科学研究所助教授
平成14年 大阪大学接合科学研究所教授
平成25年 大阪大学接合科学研究所長
平成28年 大阪大学 退職
大阪大学 名誉教授 (現在)
平成28年 (株)ナ・デックス 技術統括フェロー/ナデックスレーザR&Dセンター長 (現在)

主な著書
Handbook of laser welding technologies (Edited by S. Katayama) Woodhead Publishing
Fundamentals and Details of Laser Welding (Springer)(2020) ほか

学協会
レーザ加工学会会長(平成22年~平成27年)、監事(平成17年~現在)
溶接学会理事(平成23年~26年度)、高エネルギービーム加工研究委員会委員長(平成23年~27年度)
日本溶接協会理事(平成25年~26年度)、レーザ加工技術研究委員会委員長(平成27年~令和4年)、
軽金属溶接協会理事(平成24年~平成26年度)、レーザ溶接委員会委員長(平成14年~令和4年)
JIW委員会理事, 第IV委員会委員長 (平成20年~令和元年) ほか

受賞
軽金属溶接構造協会論文賞(平成4年)
平成12年度・平成18年度溶接学会論文賞(平成13年・平成19年)
軽金属溶接論文賞(平成18年・平成21年)
経済産業大臣第4回ものづくり日本大賞特別賞(平成24年)
溶接学会業績賞(平成25年)
溶接学会フェロー(平成26年)
平成26年度科学技術分野文部科学大臣表彰科学技術賞(開発部門),
第41回井上春成賞(平成28年)
日本溶接協会業績賞(平成29年)
軽金属溶接協会 協会賞(令和5年) ほか